· 高职高专土建类专业系列规划教材 ·

主　编　陶玲霞　朱兆健
副主编　鲁玉芬　李方灵　张　立

土力学与地基基础（第2版）

合肥工业大学出版社

书 名	土力学与地基基础(第2版)
主 编	陶玲霞 朱兆健
责任编辑	陈淮民

出 版	合肥工业大学出版社
地 址	合肥市屯溪路 193 号(230009)
发行电话	0551 - 62903163
责编电话	0551 - 62903467
网 址	www. hfutpress. com. cn
版 次	2010 年 9 月第 1 版
	2013 年 7 月第 2 版
印 次	2015 年 7 月第 6 次印刷
开 本	787 毫米×1092 毫米 1/16
印 张	15.5
字 数	323 千字
书 号	ISBN 978 - 7 - 5650 - 1437 - 6
定 价	29.60 元
印 刷	合肥星光印务有限责任公司
发 行	全国新华书店

图书在版编目(CIP)数据

土力学与地基基础/陶玲霞,朱兆健主编 . —2 版 . —
合肥:合肥工业大学出版社,2013.7(2015.7 重印)
　ISBN 978 - 7 - 5650 - 1437 - 6

　Ⅰ.①土…　Ⅱ.①陶…②朱…　Ⅲ.①土力学—高
等职业教育—教材②地基—基础(工程)—高等职业教
育—教材　Ⅳ.①TU4

中国版本图书馆 CIP 数据核字(2013)第 175213 号

前　言

（第 2 版）

　　《土力学与地基基础》是土建类建筑工程技术等多个专业的必修专业基础课。是一本适合高职高专学生能力培养的需要，以必需、够用为度所编写的土建专业教材。本书针对高职高专及技师学院学生的学习特点，加强和工程实际密切相关的基本理论知识的阐述，而弱化纯理论计算的内容；通过大量的实例分析及实践训练环节，以达到培养学生动手能力和实际工作能力的目的。

　　本书遵照现行国家正式颁布的相关规范，系统地阐明了土力学的基本理论，介绍了地基基础的基本原理。全书共分十一章：工程地质；土的物理性质及工程分类；土的压缩性与地基沉降计算；土的抗剪强度与地基承载力；土压力与挡土墙设计；工程建设的岩土工程勘察；天然地基上的浅基础设计；桩基础与深基础；软弱地基处理；特殊土地基；地震区的地基基础。本书内容简明扼要、重点突出、图文并茂、便于自学。各章附有思考与实训题，以加深对于专业知识的理解和掌握。

　　本书自出版发行以来，经过三年多的教学实践，编者对于本教材有了更深刻的认识。借这次修订机会将原教材中的文字错误进行了订正，也对新的知识和规范做了补充，使之更适用于教与学。

　　本书由陶玲霞和朱兆健担任主编。参编人员有陶玲霞、朱兆健、鲁玉凤、李方灵、张立、管红兵、李顺刚、段淑娅、开明、石伟、辛立江、彭国梁等老师。参编的学校和单位包括安徽建工技师学院、安徽新华学院、芜湖职业技术学院、安徽水利水电职业技术学院、淮南职业技术学院、滁州职业技术学院、六安职业技术学院和芜湖勘察测绘设计研究院等。

　　本书编写过程中，得到各位作者所在院校各部门的大力支持，本书参阅并引用了一些专业书籍的内容，在此特向各位编著者表达诚挚的谢意！

　　限于作者的水平有限，书中错误和不当之处恳请读者批评指正。

编　者

2013 年 6 月

前　言

（第2版）

目 录

绪　论

一、土力学与地基基础的概念

　　土力学与基础工程是土建类专业的主要技术课之一。基础是建筑物最下部的结构部分,其作用是承上传下。通常会将基础的底部扩大,以便将建筑物上部结构传下来的荷载分散均匀地传给地基。凡是埋深不超过 5m,并且用一般方法就可以施工的基础称为浅基础(条形基础、独立基础、片筏基础、箱形基础等);而埋深超过 5m 或需要用特殊方法才可以施工的基础为深基础(桩基础、沉井、地下连续墙等)。地基是承受建筑物荷载的土(岩)层,直接与基础接触,因修建建筑物而引起的附加应力和变形不可忽略的土层为持力层,持力层以下的土层为下卧层,承载力小于持力层的下卧层为软弱下卧层。良好的地基承载力高而压缩性低,无需改造或简单处理就能满足工程要求的地基为天然地基;经过人工改造才能达到设计要求的地基为人工地基。

　　为了保证建筑物的安全和正常使用,除了基础本身必须满足强度、耐久性和调整地基变形的要求以外,还必须保证地基具有足够的承载力、稳定性及符合要求的变形性能。而土力学正是研究土的力学性能如:强度、变形及变形随时间变化的规律,并将其应用于工程中的一门应用科学;同时土力学也是一门实验科学,土工试验是土力学的重要组成部分。

二、地基与基础在工程中的重要性

　　基础是建筑物的根基,而地基则是稳固基础的土(岩)层,一旦勘察、设计或施工不当,轻则引起建筑物上部结构开裂,影响建筑物的正常使用、降低建筑物的耐久性;重则会使整栋房屋倾斜甚至倒塌,严重危及人的生命及财产安全。而很多工程事故正是由于地基和基础不当引起的。为了建筑的百年大计,防患于未然,必须认真地分析古今中外事故发生的原因,并引以为鉴。总结古今中外的实例,地基与基础的事故主要是由于地基与基础的强度问题和地基土的变形问题这两方面的原因造成的。由于土的碎散性,三相性和天然性,受力后将发生变形。如果这种变形超过了一定的限度,就会影响建筑物的安全性和正常使用,这类问题在土力学中叫做变形问题;如果地基土受力超过了它承载的极限能力,土便发生剪切破坏,建筑物将随之倾斜甚至倾覆,这类问题在土力学中叫做强度问题。在荷载作用下,地基、基础和上部结构三部分彼此联系、相互制约。设计时应根据地质勘察资料,综合考虑地基——基础——上部结构的相互作用与施工条件,进行经济技术比较,选取安全可靠、经济合理、技术先进和施工简便的地基基础方案。

[想一想]
1. 地基与基础共同点和区别是什么?
2. 什么是地基的持力层?

[问一问]
引起地基与基础事故的原因是什么?

除此之外,地基与基础的重要性还体现在经济指标和工程特殊性两方面。地基与基础的费用可以占到总造价的 1/3 到 1/4,尤其对于复杂地基和高层或超高层建筑费用甚至更高。因此,根据实际的场地条件正确地选择地基和基础的形式和处理方法是十分重要的;而地基与基础属于隐蔽工程,一旦不慎留下隐患往往是在已经产生后果的情况下才会被发现,修补也十分困难。

[问一问]
　地基与地基工程有什么特殊性?

三、地基与基础事故实例分析

(一)加拿大特朗斯康谷仓的地基事故

1. 基本资料

该谷仓平面呈矩形(如图 0-1),南北向长 59.44m,东西向宽 23.47m,高 31.00m,容积 36368m³,谷仓为圆筒仓,每排 13 个圆仓,5 排共计 65 个圆筒仓。谷仓基础为钢筋混凝土筏板基础,厚度 2m,埋深 3.66m。谷仓于 1911 年动工,1913 年完工,空仓自重 20 万千牛,相当于装满谷物后满载总重量的 42.5%。1913 年 9 月装谷物,10 月 17 日当谷仓装入 31822m³ 谷物时,发现 1h 内竖向沉降达 30.5cm,结构物向西倾斜,并在 24h 内谷仓倾斜度离垂线达 26°53′,谷仓西端下沉 7.32m,东端上抬 1.52m,而上部钢筋混凝土筒仓完好无损。

滑动面

图 0-1　加拿大特朗斯康谷仓

2. 事故原因分析

谷仓地基土事先未进行调查研究,据邻近结构物基槽开挖试验结果,计算地基承载力为 352kPa,应用到此谷仓。1952 年经勘察试验与计算,发现基底之下为厚十余米的淤泥质软粘土层。谷仓地基实际承载为 193.8～276.6kPa,远小于谷仓破坏时发生的压力 329.4kPa,从而造成地基的整体滑动破坏。基础底面以下一部分土体滑动,向侧面挤出,使东端地面隆起。谷仓地基因超载发生破坏而滑动,属于地基强度破坏。

[想一想]
　为什么说特朗斯康谷仓属于强度破坏?

3. 事故处理

在地基下面做了七十多个支撑于基岩上的混凝土墩,使用 388 个 50t 千斤顶以及支撑系统，才把仓体逐渐纠正过来，但其位置比原来降低了 4m。

(二)意大利比萨斜塔地基事故

1. 基本资料

该塔自 1173 年 9 月 8 日动工，经历三个建造期，于 1370 年完工。斜塔呈圆筒形(如图 0-2)，塔身 1~6 层均由大理石砌成，斜塔顶上 7~8 层为砖和轻石料筑成。塔身内径约 7.65m，基础底面外直径 19.35m，内直径 4.51m。塔高 56.7m，全塔总荷重约为 145kN，塔身传递到地基的平均压力约 500kPa。到上世纪 90 年代，塔北侧沉降量约 90cm，南侧沉降量约 270cm，塔倾斜约 5.5°，十分严重。比萨斜塔向南倾斜，塔顶离开垂直线的水平距离已达 5.27m，比萨斜塔基础底面倾斜值，经计算为 0.093，而我国国家标准《建筑地基基础设计规范》GBJ 7－89 中规定：高耸结构基础的倾斜，当建筑物高度 H_g 为：50m$<H_g\leqslant$100m 时，其允许值为 0.005。即比萨斜塔基础实际倾斜值已等于我国国家标准允许值的 18 倍。由此可见，比萨斜塔倾斜已达到极危险的状态，按南侧每年沉降 1.4mm 推算，2003 或 2004 年斜塔可能倒塌。为了安全，斜塔于 1990 年 1 月 14 日被封闭。

2. 事故原因分析

一些学者提供了塔的基本资料和地基土的情况(如图 0-3)。比萨斜塔地基土由上至下，可分为 8 层：①~③层为砂质粉质土，④~⑦层为粘层，⑧层为砂质土层。地下水位深 1.6m，位于粉砂层。根据上述资料分析，比萨斜塔倾斜的原因应该是：

图 0-2　比萨斜塔

海拔高程(m)

3.00　耕植土①
1.40　f_k　粉砂②
-4.00　粉土③
-7.00　上层粘土④
-17.50　中间粘土⑤
-22.50　砂土⑥
-24.50
下层粘土⑦
-37.00　砂土⑧

图 0-3　地基剖面图

[做一做]

收集苏州虎丘塔资料，说明为什么把虎丘塔称为"中国的比萨斜塔"。

(1)钟塔基础底面位于第 2 层粉砂中。施工不慎,南侧粉砂局部外挤,造成偏心荷载,使塔南侧附加应力大于北侧,导致塔向南倾斜。

(2)塔基底压力高达 500kPa,超过持力层粉砂的承载力,地基产生塑性变形,使塔下沉。塔南侧接触压力大于北侧,南侧塑性变形必然大于北侧,使塔的倾斜加剧。

(3)钟塔地基中的粘土层厚达近 30m,位于地下水位下,呈饱和状态。在长期重荷作用下,土体发生蠕变,也是钟塔继续缓慢倾斜的一个原因。

(4)在比萨平原深层抽水,使地下水位下降,促使钟塔的倾斜率增加。当天然地下水恢复后,则钟塔的倾斜率也回到常值。

[做一做]

收集资料,分析上海莲花河畔景苑楼倾覆事故的原因及危害性。

3. 事故处理

根据处理时期的不同,分为先期处理和近期处理两个阶段。

(1)先期处理

① 卸荷处理:为了减轻钟塔地基荷重,1838 年至 1839 年,于钟塔周围开挖一个环形基坑。基坑宽度约 3.5m,北侧深 0.9m,南侧深 2.7m。基坑底部位于钟塔基础外伸的三个台阶以下,铺有不规则的块石。基坑外围用规整的条石垂直向砌筑。基坑顶面以外地面平坦。

② 防水与灌水泥浆:为防止雨水下渗,于 1933～1935 年对环型基坑做防水处理,同时对基础环周用水泥浆加强。

③ 加固:为防止比萨斜塔散架,还需对塔身加固。

(2)近期处理

1990 年封闭后在斜塔北侧的塔基下码放了数百吨重的铅块,并使用钢丝绳从斜塔的腰部向北侧拽住,还抽走了斜塔北侧的许多淤泥,并在塔基地下打入 10 根 50m 长的钢柱。历时 10 年半的比萨斜塔拯救工作已全部结束,纠偏校斜43.8cm,除自然因素外,可确保 3 个世纪内不发生倒塌危险,斜塔已于 2001 年重新对外开放。

四、本课程的主要内容、特点及学习方法

本课程的主要内容包括三个方面:工程地质的基本知识、土力学的基本知识、地基与基础的设计。

1. 工程地质的基本知识

主要介绍土的成因、土的物理性质及物理状态指标、地基土的工程分类及建筑地基场地的地质勘察。

2. 土力学的基本知识

首先介绍了土的抗剪强度及地基土的承载力、抗剪强度测定方法和工程应用;土的极限平衡的概念、临塑荷载、临界荷载、极限荷载的物理意义和计算方法;确定地基允许承载力的理论和经验方法。

其次介绍地基土压缩性、土的变形计算及控制指标。受建筑物影响的那部分地层称为地基;建筑物向地基传递荷载的下部结构就是基础。建筑物的建造

使地基中原有的应力状态发生变化,这就必须运用力学方法来研究荷载作用下地基土的变形和强度问题,以便使地基设计满足两个基本条件:①控制基础沉降使之不超过地基的允许沉降量。②作用于地基的荷载不超过地基的承载能力。因此需要学习附加应力和地基沉降量的计算方法,了解地基允许变形量的概念和影响因素等。

同时还介绍了土压力理论及挡土墙设计计算,要求掌握三种土压力产生的条件、计算方法和原理;挡土墙的设计计算方法。

3. 地基与基础设计

主要介绍浅基础和桩基础的设计及地基处理方案的设计。包括各种浅基础的类型及设计、基础底面尺寸的确定、建筑物地基变形及稳定验算、结构设计;深基础着重介绍桩基础的设计计算,另外简单介绍一些常见的软土地基的处理方法。

本课程的特点是课程内容多,涉及范围广,同时又是一门理论性、实践性都很强的课程。需要结合建筑制图、建筑材料、建筑构造、建筑力学等专业基础课的知识才能更好地掌握和理解。学习时应该突出重点,结合工业与民用建筑专业的特点,重视工程地质的基本知识,培养阅读和使用工程地质勘察资料的能力;牢固掌握土的应力、变形、强度和地基计算等土力学基本原理,从而能够应用这些基本概念和原理,结合有关建筑结构理论和施工知识,分析和解决地基基础问题。同时,应结合工程实际,查找资料认真分析典型工程成功和失败的原因,使理论知识得以印证。

本章思考与实训

1. 地基和基础在建筑中各起到什么作用?
2. 什么是天然地基和人工地基?
3. 什么是深基础和浅基础?
4. 地基和基础的重要性主要体现在哪几个方面?
5. 本课程主要包括哪些内容?如何才能学好这门课?

第一章 工程地质概述

【内容要点】

1. 熟悉岩石与矿物的类型及三大岩石的工程地质性质;
2. 了解土的成因类型;
3. 熟悉不良的地质条件及其对工程建设的影响;
4. 熟悉地下水的埋藏条件并掌握地下水对工程建设的影响。

【知识链接】

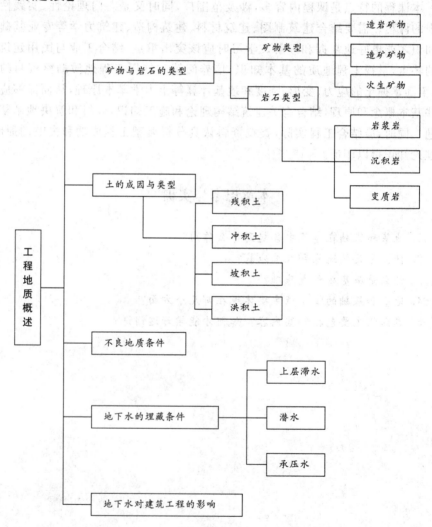

第一节　矿物与岩石的类型

一、矿物的类型

地壳中的化学元素,除极少数呈单质存在,绝大多数的元素都以化合物的形态存在于地壳中。这些存在于地壳中的具有一定化学成分和物理性质的自然元素和化合物,称为矿物。地壳中的已知矿物有 3000 多种,但常见的只有 200 多种,其可分为:

1. 原生矿物

指火成岩中在岩石初凝固(结晶)期间所形成的矿物,其可分为:

(1)造岩矿物

指组成岩石的矿物。如长石、石英、云母、方解石、橄榄石等,是组成岩石的常见矿物。

(2)造矿矿物

指组成矿石的矿物。如黄铁矿、磁铁矿、黄铜矿、方铅矿等组成矿石的常见矿物。

2. 次生矿物

自然界的矿物在地质作用形成的过程中,同时又受到各种地质作用而不断发生变化,只有在一定的物理化学条件下才相对稳定。当外界条件改变时,矿物的内部构造和性质就会发生变化,而形成新的次生矿物,如高岭石、蒙脱石、伊利石等粘土矿物。

二、岩石的类型

地壳中的岩石是由一种或多种矿物组成的。按成因可分为岩浆岩(火成岩)、沉积岩(水成岩)和变质岩三大类。

1. 岩浆岩

在地壳的深部,由于组成物质中放射性元素集中,不断蜕变而放出大量的热能,使物质处于高温(＞1000℃)高压(＞100 万大气压)的热熔可塑状态。当地壳变动时,上部岩体的压力一旦降低,热熔可塑状态的物质立即转变成炽热熔融体,称为岩浆。

[问一问]
岩浆岩是如何形成的?

按冷凝成岩浆岩的地质环境不同,可将岩浆岩分为以下三种类型:

(1)深成岩

岩浆侵入至地壳深处约 3km 冷凝而成的岩石,由于岩浆压力与温度相对较高,温度降低缓慢,所形成的岩浆岩结晶良好。

(2)浅成岩

岩浆侵入至浅部(＜3km),由于岩浆的压力与温度降低较快,所以形成岩浆岩的结晶较小。

(3)喷出岩

沿地表裂缝因火山喷发形成的岩浆岩,在地表的条件下,温度和压力降低迅速,矿物来不及结晶或结晶较差。

岩浆岩的工程地质性质主要表现为:

① 新鲜岩浆岩岩石(除少数喷出岩类外)一般具有较其他岩类岩石高的力学指标;

② 深成岩体往往规模庞大、岩性均一、致密坚硬,是大型工民建建筑物的良好地基;另外深成岩体抗风化能力弱,风化层较深(可达 100m),受多期构造变动影响后断裂破碎强烈,破坏了完整性、均一性,岩体强度降低;

③ 颗粒细小的浅成岩强度高,不易风化,而斑状结构的岩石易风化、强度相对较低。

2. 沉积岩

[问一问]
沉积岩是如何形成的?

暴露在地表的岩石,经长期的日晒雨淋和风化作用,逐渐破碎和分解,形成岩石碎屑、细粒粘土矿物及其他溶解物等产物。这些产物经风、流水、冰川和火山等地质作用,除了风化及进一步破碎和分解外,还被搬运到江河、湖泊、海洋等低洼静水环境中,经过分选后,按一定规律沉积下来逐渐形成松散沉积物。这些沉积物进过长期的压密、重结晶、胶结等复杂的地质作用过程,硬结成岩,这种岩石称为沉积岩。

沉积岩工程地质性质主要表现为:

(1)由硅质、钙质(碳酸盐等)胶结而成的砾岩(角砾岩)、砂岩有较高的强度。

(2)化学岩中碳酸盐岩(灰岩、白云岩)具有较高的强度。

(3)泥质岩石,如泥岩、页岩强度低,遇水易软化,常成为岩体中的软弱夹层,使地基沿之发生剪切破坏,边坡岩体沿之发生滑动破坏。

(4)化学岩中的石膏类岩体遇水易软化、膨胀,不适合做地基。

(5)化学岩中的碳酸盐岩体具有足够的强度作一般工民建建筑物地基。

(6)碳酸盐岩地区要特别注意的工程地质问题。如地表溶蚀现象给建筑物带来的不均匀沉陷(如石芽地基);由于地下溶蚀洞穴以上岩体厚度不够造成的地基垮塌现象;水工建筑物在岩溶地区的渗漏问题等。

(7)建筑材料方面:质纯的碳酸盐岩及钙质、硅质胶结砂岩是良好的混凝土骨料;粉砂质粘土岩是良好的土石坝心墙材料;页岩可作烧制砖瓦的材料。

3. 变质岩

[想一想]
变质岩是由什么原因产生的?

在地球形成和发展的过程中,由于地球内力和外力作用的影响,使地球物质和物理化学条件发生了变化,引起原地壳中固体岩石发生矿物成分、结构和构造甚至化学成分的改变,从而形成新的岩石,这一促使原有岩石发生性质改变的作用称为变质作用。由岩石(常称母岩)经变质作用后形成的新的一类岩石称为变质岩。

变质岩的工程地质性质主要表现为:

(1)经变质作用后形成的变质岩岩石大多具有较高的强度,有的强度甚至超过了母岩,如石英岩(母岩为石英砂岩)、板岩(母岩为泥岩);

(2)片麻岩、板岩等锯片状构造的变质岩因其易于开采、剥离,常可用作墙体、堡坎等的砌块；

(3)粘土岩经变质后强度有所提高(形成板岩等变质岩)，但在水的长期作用下可能会软化；

［做一做］
　请列表总结三大岩石的工程地质性质。

(4)由动力变质作用所形成的断层角砾岩、碎裂岩、糜棱岩工程地质性质差，作为边坡岩体、地基岩体以及洞室围岩体均不利。

第二节　土的成因类型

地表的岩石经风化，剥蚀成岩屑，又经搬运、沉积而成的沉积物，年代不长，未经压紧硬结成岩石之前，呈松散状态，称为第四纪沉积物，即土。不同成因类型的土，各具有一定的分布规律和工程地质特性。根据搬运和沉积的情况不同，可分为以下几种类型。

［问一问］
　什么是"土"？常分成哪几种类型？

1. 残积土

残积土是指母岩表层经风化作用破碎成为岩屑或细小颗粒后，未经搬运，残留在原地的堆积物。它的特征是颗粒表面粗糙、多棱角、粗细不均、无层理。残积土厚度及其特征随所处区域的岩石不同而不同。由于残积土没有层理构造，裂隙多，均质性很差，作为建筑物地基应注意不均匀沉降和土坡稳定性问题。在残积土上建造建筑物，如果其厚度较小，可以把这部分土挖掉，将建筑物直接建在下伏基岩上，如图1-1所示。

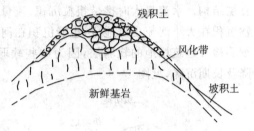

图1-1　残积土示雪

2. 坡积土

坡积土是雨雪水流的作用力将高处岩石风化产物缓慢地冲刷、剥蚀、顺着斜坡向下移动、沉积在较平缓的山坡上而形成的沉积物。一般分布在坡腰至坡脚如图1-2，自上而下呈现由粗而细的分选现象。其矿物成分与下卧基岩没有直接关系。由于坡积土形成于山坡，常发生沿下卧基岩倾斜面滑动的现象。组成物质粗细颗粒混杂，土质不均匀，厚度变

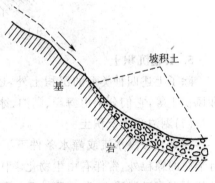

图1-2　坡积土示意图

化大，土质疏松，压缩性高。作为建筑物地基，应注意不均匀沉降和稳定性问题。

3. 洪积土

洪积土多出现在间歇性河流出口地带，是水流作用的异地沉积土，一般在山丘和小盆地之间，形如扇形状，由洪水携带而成。由于洪水在时间上的间歇性，导致洪积土在垂直方向和水平方向上粒度分布变化较大。作为一个岩土工程技

术人员,应该重视洪积土的成层性,特别要重视土中的透镜体。透镜体会引起建筑物地基基础的不均匀沉降。在土体测试中,对于这一类土,现场工作显然要比实验室内的工作更为重要,如图1-3。

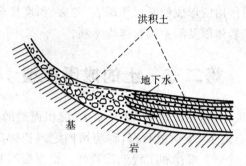

图1-3 洪积土示意图

4. 冲积土

冲积土是一种在水的搬运、沉积作用下形成的土体,通常具有粗—细粒土交互层结构。水流量大时携带粗粒沉积;流量小时,只携带一些细粒物沉积。冲积物沉积在大小河流出口地段,也能沉积在河流两岸阶地上。在这类土上建筑,要细心检查建筑场地的软弱层,因为这些软弱层会引起建筑物地基基础的过量沉降及长期沉降,见图1-4。

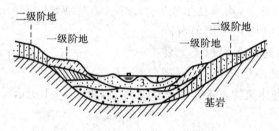

图1-4 冲积土示意图

5. 其他沉积土

除了上述四种类型的沉积土外,还有海相沉积土、湖泊沉积土、冰川沉积土和风积土等,它们分别由海洋、湖泊、冰川和风等的地质作用形成。

(1)湖泊沼泽沉积土

在极为缓慢水流或静水条件下沉积形成的堆积物。这种土的特征,除了含有细微的颗粒外,常伴有由生物化学作用所形成的有机物的存在,成为具有特殊性的淤泥或淤泥质土,其工程性质一般都较差。

(2)海相沉积土

由水流携带到大海沉积起来的堆积物,其颗粒细,表层土质松软,工程性质较差。

(3)冰积土

由冰川或冰水挟带搬运所形成的沉积物,颗粒粗细变化也较大,土质不均匀。

[做一做]

列表比较残积土、冲积土、坡积土、洪积土各有什么特点。

(4)风积土

由风力搬运形成的堆积物,颗粒均匀,往往堆积层很厚而不具层理。我国西北的黄土就是典型的风积土。

第三节　不良地质条件及其对工程建设的影响

一、不良地质条件的表现

地基基础的稳定与否,主要是由场区内工程地质条件决定的,其不良地质条件主要表现在以下几个方面:

1. 地层岩性的复杂性

主要有岩石成因复杂,岩石性质变化大,常夹有软弱、持力性差的岩层,其次是风化程度的强弱,破碎风化的不一致。

2. 地质构造的影响

工程场地处在褶皱、断层、节理构造复杂变化的位置,特别是那些时代新、规模大的优势断裂活动带。

3. 水文地质条件差

主要是地下水成因复杂、埋藏浅、分布广泛、化学成分复杂,暗河、溶洞水流的影响。

4. 地表地质作用强烈

如滑坡、崩塌、岩溶、泥石流、河流冲刷切割深等这些地质灾害,经常性或间断性发生的区域地段。

5. 地形地貌条件差

如地面高低起伏不平,山坡陡峭,沟谷狭窄等自然环境恶劣的地区。

针对上述不良地质条件,在工程建设规划和选址时,必须进行工程地质勘察。只有通过详细的工程地质勘察,查明工程地质情况,选择有利场址,搞好工程规划与设计,确定最佳施工方案,才能确保建筑工程的坚固性、耐久性和安全性,保证工程质量。

二、不良地质条件对工程建设的影响

不良地质条件所形成的工程地质问题对工程建设的影响主要有:

(1)造成建筑墙体开裂、倾斜,主要原因是地基强度低和地基土压缩性高,不能承受建筑物的压力,沉降不均匀所致。

(2)造成建筑物位移,导致倾斜等事故,主要原因是由于地基处于不稳定的斜坡(如斜坡与岩层产状一致)、破碎断裂带、冻土等而造成地基滑动。

(3)造成建筑物坍塌和部分倾倒,主要由岩层地基处于可溶性岩石溶洞之上,由于先后的溶蚀而造成地基不稳定。

(4)建筑物开裂、倾斜、倾倒。主要原因是承载建筑物基础的地基不稳定,位

[想一想]

结合周围的建筑物,举例说明不良地质条件对建筑物造成的不利影响有哪些?

移沉降所造成的。

(5)建筑物陷入土中严重而倾斜倒塌。由于地基为砂土和混土,地下水位埋藏浅而产生震荡溶化,使地基呈流态而失去承载能力导致工程失事。

(6)一些高层建筑和重型建筑物,由于荷重过大,往往产生较大的地基变形,如果地基均一性差,就会产生建筑物整体倾斜,因此要特别强调地基的均一性。

(7)地下水如果酸度过大,地下水中 SO_4^{2-}、HCO_3^-、CO_2 与混凝土中的 $Ca(OH)_2$ 发生反应生成水化硫铝酸钙或二水石膏,体积膨胀,破坏混凝土的结构或是造成钢筋锈蚀。

第四节　地下水的分类

地下水是指存在于地面下土和岩石的孔隙、裂隙或溶洞中的水。地下水按埋藏条件可分为上层滞水、潜水和承压水三种类型,如图1-5。

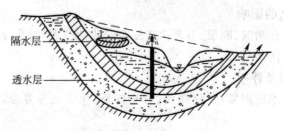

隔水层

透水层

1—上层滞水　2—潜水　3—承压水

图1-5　各种类型的地下水

[想一想]

上层滞水、潜水和承压水各有什么特点?

1. 上层滞水

是埋藏在地表浅处、局部隔水层的上部且具有自由水的地下水。上层滞水接近地表,可使地基土强度减弱。

2. 潜水

是指埋藏在地表以下第一稳定隔水层以上的具有自由水面的地下水,因雨水、河水补给,水位呈现季节性变化,一般埋藏在第四纪沉积层及基岩的风化层中。其自由水面称为潜水面,此面用高程表示时称为潜水位。

3. 承压水

是指充满于两个稳定隔水层之间的含水层中的地下水。它承受一定的静水压力。通常存在于卵石层中,卵石层呈倾斜式分布,地势高处卵石层中地下水对地势低处产生静水压力。其埋藏区与地表补给区不一致。因此,承压水的动态变化受局部气候因素影响不明显。

第五节　地下水对建筑工程的影响

在建筑工程的设计和施工时,要注意地下水对于工程建设的影响。

1. 基础埋深

通常设计基础埋深应小于地下水位深度,以避免地下水对基槽的影响。

2. 施工排水

当地下水位高,基础埋深大于地下水位深度时,基槽开挖与基础施工必须进行排水。中小工程可以采用挖排水沟与集水井排水;重大工程必要时应采用井点降低地下水位法。如排水不好,基槽被踩踏,则会破坏地基土的原状结构,导致地基承载力降低,造成工程隐患。

3. 地下水位升降

地下水位在地基持力层中上升,会导致粘性土软化、湿陷性黄土严重下沉、膨胀土地基吸水膨胀;地下水位在地基持力层中大幅下降,则使地基产生附加沉降。

4. 地下室防水

当地下室位于地下水位以下时,应采取各种防水措施,防止地下室底板及外墙的渗漏。

5. 地下水水质侵蚀性

地下水含有各种化学成分,当某些成分含量过多时,会腐蚀混凝土、石料及金属管道。

6. 空心结构物浮起

当地下水位高于水池、油罐等结构物基础埋深较多时,水的浮力有可能将空载结构物浮起,该情况应在此类结构物的设计中予以考虑。

7. 承压水冲破基槽

当地基中存在承压水时,基槽开挖应考虑承压水上部隔水层最小厚度问题,以避免承压水冲破隔水层,浸泡基槽。

[想一想]
　　如何避免地下水对工程建设的不良影响?

本章思考与实训

1. 什么是坡积层? 有何特点? 若建筑物建在坡积层上应注意什么问题?

2. 冲积层有哪些主要类型和特点? 平原河谷冲积层中,哪一种沉积层土质较好? 哪一种沉积层土质最差?

3. 什么是洪积层? 有何特点? 若建筑物建在坡积层上应注意什么问题?

4. 不良地质条件表现在哪些方面? 分别对工程建设有何不利影响。

5. 按埋藏条件不同,地下水可分为哪几类?

6. 地下水对建筑工程的影响,包括哪些方面? 怎样消除地下水的不良影响?

第二章 土的物理性质及地基土的工程分类

【内容要点】

1. 掌握土的三相组成以及土的特性；
2. 掌握土的物理性质指标的定义、指标换算及试验应用；
3. 掌握地基土的工程分类。

【知识链接】

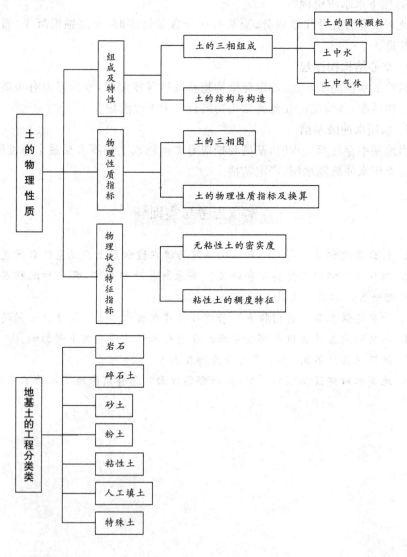

第一节　土的组成及特性

一、土的固体颗粒

土的固体颗粒即为土的固相,是土的三相组成中的骨架部分。它对土的物理力学性质起决定性的作用。分析研究土的状态,就要研究固体颗粒的状态指标,即粒径的大小及其级配、固体颗粒的矿物成分、固体颗粒的形状。

(一)固体颗粒的大小与颗粒级配

1. 粒组划分

土中固体颗粒的大小及其含量,决定了土的物理力学性质。颗粒的大小通常用粒径表示。实际工程中常按粒径大小分组,粒径在某一范围之内的分为一组,称为粒组。粒组不同其性质也不同。常用的粒组有:砾石粒、砂粒、粉粒、粘粒、胶粒。以砾石和砂粒为主要组成成分的土称为粗粒土。以粉粒、粘粒和胶粒为主的土,称为细粒土。土的工程分类见本章第四节。各粒组的具体划分和粒径范围见表 2-1。

[问一问]

为什么要将固体颗粒划分为不同的粒级?

表 2-1　土粒粒组划分

粒组名称	粒径范围	一般特征
漂石、块石颗粒	>200	渗透性很大、无粘性、无毛细水。
碎石、卵石颗粒	20~200	
圆砾、角砾颗粒	2~20	渗透性很大、无粘性、毛细水上升高度不超过粒径大小。
砂粒	0.075~2	易透水,当混入云母等杂质时透水性减小,而压缩性增加;无粘性,遇水不膨胀,干燥时松散,毛细水上升高度不大,随粒径变小而增大。
粉粒	0.005~0.075	透水性小,湿时稍有粘性,遇水膨胀小,干时稍有收缩,毛细水上升高度较大较快,极易出现冻胀现象。
粘粒	<0.005	透水性很小,湿时有粘性、可塑性,遇水膨胀大,干时收缩显著,毛细水上升高度大,但速度较慢。

2. 颗粒级配

土中各粒组的相对含量称土的粒径级配。土粒含量的具体含义是指一个粒组中的土粒质量与干土总质量之比,一般用百分比表示。土的粒径级配直接影响土的性质,如土的密实度、土的透水性、土的强度、土的压缩性等。要确定各粒组的相对含量,需要将各粒组分离开,再分别称重。这就是工程中常用的颗粒分析方法,实验室常用的有筛分法和密度计法。

筛分法适用粒径大于 0.075mm 的土。利用一套孔径大小不同的标准筛子(一般标准筛孔直径 20mm,10mm,2.0mm,0.5mm,0.25mm,0.075mm),将称过质量的干土过筛,充分筛选,将留在各级筛上的土粒分别称重,然后计算小于某粒径的土粒含量。

密度计法适用于粒径小于 0.075mm 的土。基本原理是颗粒在水中下沉速度与粒径的平方成正比,粗颗粒下沉速度快,细颗粒下沉速度慢。根据下沉速度就可以将颗粒按粒径大小分组(详见土工试验指导书)。

当土中含有颗粒粒径大于 0.075mm 和小于 0.075mm 的土粒时,可以联合使用密度计法和筛分法。

工程中常用粒径级配曲线直接了解土的级配情况。曲线的横坐标为土颗粒粒径的对数,单位为 mm;纵坐标为小于某粒径土颗粒的累积含量,用百分比(%)表示,如图 2-1。由曲线的陡缓大致可以判断土的均匀程度。如曲线较陡,则表示粒径大小相差不多,土粒均匀,即级配不良;如曲线平缓,则表示粒径大小相差悬殊,土粒不均匀,即级配良好。

[想一想]
为什么土的级配曲线用半对数坐标?

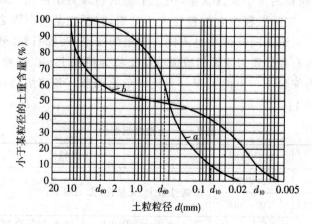

图 2-1 颗粒级配曲线

[问一问]
颗粒级配良好的土应满足哪些条件?

在颗粒级配累计曲线上,可确定两个描述土的级配的指标:不均匀系数 C_u 和曲率系数 C_c。

$$C_u = \frac{d_{60}}{d_{10}} \qquad (2-1)$$

$$C_c = \frac{d_{30}^2}{d_{60}d_{10}} \qquad (2-2)$$

式中:d_{10}——土中小于此粒径的土的质量占总土质量的 10%,也称有效粒径;

d_{30}——土中小于此粒径的土的质量占总土质量的 30%,也称平均粒径;

d_{60}——土中此粒径土的质量占总土质量的 60%,也称限制粒径。

不均匀系数反映不同粒组的分布情况,C_u 越大,表示颗粒大小分布范围越广,越不均匀,土的级配越良好。但如果缺失中间粒径,土粒大小不连续,则形成不连续级配,此时需同时考虑曲率系数。故曲率系数 C_c 是描述累计曲线整体形状的指标。一般工程中将 $C_u < 5$ 的土称为匀粒土,属级配不良;$C_u > 10$ 的土称为级配良好土。考虑累计曲线整体形状,则一般认为,砾类土或砂类土同时满足

$C_u>5$ 及 $C_c=1\sim3$ 两个条件时,称为级配良好。

颗粒级配可以在一定程度上反映土的某些性质。级配良好的土,较粗颗粒间的孔隙被较细的颗粒所填充,易被压实,因而土的密实度较好,相应地基土的强度和稳定性也较好,透水性和压缩性也较小,适于做地基填方的土料。

(二)固体颗粒的矿物成分

1. 原生矿物

由岩石经过物理风化而成,其成分与母岩相同,这种矿物称为原生矿物。常见的有石英、长石、云母等,它的性质较为稳定。原生矿物的颗粒一般较粗,多呈粒状,砾石和砂主要由原生矿物组成。

2. 次生矿物

次生矿物是岩石经过化学风化后所形成的新的矿物,其成分与母岩不相同,如粘土矿物的高岭石、伊利石和蒙脱石等。次生矿物的颗粒一般较细,多呈片状或针状,由于粘土矿物颗粒很细(粒径 $d<0.005\text{mm}$),颗粒比表面(单位体积或单位质量的颗粒的总表面积)很大,所以颗粒表面具有很强的与水作用的能力。因此,次生矿物性质较不稳定,具有较强的亲水性,遇水膨胀。

[问一问]
原生矿物和次生矿物各有什么特点?

二、土中水

土中水按其存在形态,可分为固态水、液态水、气态水三种。

(一)固态水

固态水是指土中水在温度降至 0℃ 以下时结成的冰。水结冰后体积会增大,使土体产生冻胀,破坏土的结构。并且冻土融化后,强度急剧降低,对地基不利,因此,寒冷地区基础埋深深度要考虑冻胀问题。

(二)液态水

液态水包括紧紧吸附于固体颗粒内部的结晶水和结合水及自由水三类。

1. 结晶水

存在于颗粒矿物内部,只有在比较高的温度下才能化为气态水而与土粒分离。从土的工程性质看,可把结晶水看作矿物颗粒的一部分。

2. 结合水

结合水是指受分子吸引力吸附于土粒表面而形成一定厚度的水膜。分为强结合水和弱结合水两类。

(1)强结合水

是紧靠土粒表面的结合水,所受电场的作用力很大,丧失液体的特征而接近于固体,它没有溶解能力,不能传递静水压力,只有在 105℃ 温度时,才能蒸发。

(2)弱结合水

是强结合水以外,电场作用范围以内的水,它也不能传递静水压力,呈粘滞状态,对粘性土的性质影响最大。当粘性土含有一定的弱结合水时,土具有一定的可塑性。

3. 自由水

自由水是指土中水膜以外的液态水,其性质与普通水相同,服从重力定律,

[问一问]
    毛细水属于什么性质的水？毛细水对地基土的性质有什么影响？

能传递静水压力,有溶解能力,按其移动所受作用力不同可分为重力水和毛细水两种。重力水,指受重力或压力差作用而移动的自由水,存在于地下水位以下的透水层中;毛细水,是指受到水与空气交界面处表面张力作用的自由水。一般存在于地下水位以上的透水层中。由于表面张力作用,地下水沿着不规则的毛细孔上升,形成毛细水上升带。毛细水上升高度视孔隙大小而定,粒径大于2mm的颗粒,土孔隙较大,一般无毛细现象。毛细水上升,会使地基湿润,强度降低,变形增加。在寒冷地区还会加剧地基的冻胀作用,故在建筑工程中要注意防潮。

(三)气态水

气态水以水汽状态存在于土孔隙中,一般情况下对土的性质影响不大,且含量相对较少。

三、土中气体

土中气体是指充填在土的孔隙中的气体,包括与大气连通的和不连通的两类。与大气连通的气体对土的工程性质没有多大的影响,当土受到外力作用时,这种气体很快从孔隙中挤出。但是密闭的气体对土的工程性质有很大的影响,密闭气体的成分可能是空气、水汽或天然气等。在压力作用下这种气体可被压缩或溶解于水中,而当压力减小时,气泡会恢复原状或重新游离出来。封闭气体的存在,增大了土的弹性和压缩性,降低了土的透水性。

四、土的结构与构造

(一)土的结构

土的结构是指土颗粒大小、相互排列及联合关系的综合特征。土的结构分为单粒结构、蜂窝结构和絮状结构三种类型。

1. 单粒结构

粗粒土的结构是单粒结构。图2-2(a)是松散型单粒结构示意图,这一结构是水流动的环境条件下沉积形成的,如河流砾石。图2-2(b)中的密实单粒结构则是这些沉积物在一个平静的水域环境中沉积形成的。单粒结构的土体可作为天然地基土。

(a)松散型　　　　　　　(b)密实型

图2-2　单粒结构

2. 蜂窝结构

对于很细的砂土和粉土,颗粒排列很像蜜蜂筑的巢,故命名为蜂窝状结构,如图2-3所示。蜂窝状结构的土具有疏散、低强度和高压缩的特性。

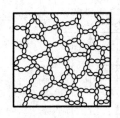 

图2-3　细砂和粉土的蜂窝状结构　　　　图2-4　粘性土的絮状结构

3. 絮状结构

[想一想]
土的结构与构造有什么区别?

粘性土有其特殊的结构,即絮状结构,如图2-4所示。这一结构是通过现代的显微技术获得的。粘粒随机排列成束状或片状,构成粘粒排列的高度定向性。对于这类结构的土,由于土体中有许多的孔隙,在地基基础设计时要注意其高压缩性。

(二)土的构造

在同一土层中的物质成分和颗粒大小等相近的各部分之间相互关系的特征称为土的构造,常见的构造有层理构造、分散构造和裂隙构造三种。

1. 层理构造

它是在土的形成过程中,由于不同结点沉积的物质成分、颗粒大小或颜色不同,而沿竖向呈现的成层特征。层状构造反映不同年代不同搬运条件形成的土层,是细粒土的一个重要特征。

2. 分散构造

土粒分布均匀、性质相近的土层,常见于厚度较大的粗粒土,通常工程性质较好。

3. 裂隙构造

土体被许多不连续的小裂隙所分割,裂隙中往往充填盐类沉淀,不少坚硬与硬塑状态的粘土具有此种构造。裂隙的存在大大降低了土体的强度和稳定性,增大了透水性,对工程不利。

第二节　土的物理性质指标

土的物理性质指标反映土的工程性质的特征。土的三相组成物质的性质、三相之间的比例关系以及相互作用决定了土的物理性质。土的三相组成物质在体积和质量上的比例关系称为三相比例指标。三相比例指标反映土的干燥与潮湿、疏松与紧密,是评价土的工程性质的最基本的物理性质指标,也是工程地质勘察报告中的基本内容。

(一)土的三相图

土的三相物质是混杂在一起的,为了便于计算和说明,工程中常将三相分别集中起来,称为土的三相组成图,如图2-5。

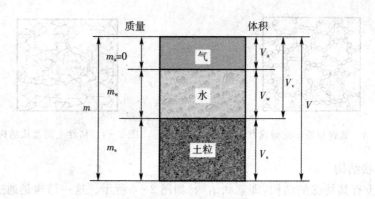

图 2-5 土的三相组成图

其中：

    m_s——土粒的质量；

    m_w——土中水的质量；

    m_a——土中气的质量（$m_a = 0$）；

    m——土的质量（$m = m_s + m_w$）；

    V_s——土粒的体积；

    V_v——土中孔隙体积；

    V_w——土中水的体积；

    V_a——土中气的体积；

    V——土的总体积，$V = V_s + V_w + V_a$

(二)土的物理性质指标

1. 基本指标

(1)土的含水率（ω）

土的含水量 ω 是指土中液体的质量（m_w）和土颗粒质量（m_s）之比，用百分比表示。这一指标需通过试验取得。

$$\omega = \frac{m_w}{m_s} \times 100\% = \frac{m - m_s}{m_s} \times 100\% \qquad (2-3)$$

[想一想]

土的含水量能否超过100%？

式中土粒的质量 m_s 就是干土的质量，是把土烘干至恒量后称得的，气体的质量忽略小计，液体的质量由总质量 m 和干土的质量 m_s 相减而得。

(2)土的密度（ρ）

土的密度 ρ 是指单位体积土的质量，在三相图中，即是总质量与总体积之比。单位用 g/cm³ 或 kg/m³ 计。公式如下：

$$\rho = \frac{m}{V} = \frac{m_s + m_w}{V_s + V_w + V_a} \qquad (2-4)$$

对粘性土，土的密度常用环刀法测得。即用一定容积 V 的环刀切取试样，称

得质量 m,即可求得密度 ρ。ρ 通常称为天然密度或湿密度。工程计算中还常用到饱和密度和干密度两种密度。

饱和密度(ρ_{sat}):孔隙完全被水充满时土的密度,公式为:

$$\rho_{sat} = \frac{m_s + V_v \rho_w}{V} \qquad (2-5)$$

干密度(ρ_d):土被完全烘干时的密度,若忽略气体的质量,干密度在数值上等于单位体积中土粒的质量。公式为

$$\rho_d = \frac{m_s}{V} \qquad (2-6)$$

实际工程中,由于人们习惯用重量表示物质含量的多少,所以还常用到土的重度。对应于上述几种密度,相应地用天然重度 γ、饱和重度 γ_{sat} 和干重度 γ_d 来表示土在不同含水状态下单位体积的重量。在数值上,它们等于相应的密度乘以重力加速度 g。此外,静水中土体受水的浮力作用,其重度等于土的饱和重度减去水的重度,称为浮重度 γ',单位用 kN/m^3 计。由于重量(G)与质量(m)有存在 $G = mg$ 关系,所以土的重度 γ 与土的密度 ρ 的关系如下:

$$\gamma = \rho \cdot g = 9.8\rho \qquad (2-7)$$

g 为重力加速度($g = 9.8 m/s^2$),有时工程上为了计算方便,取 $g = 10 m/s^2$。土的密度随土的三相组成比例不同而异,一般情况在 $1.60 \sim 2.20 g/m^3$ 之间。

(3)土粒比重(G_s)

土粒比重(G_s)是土粒的质量与同体积纯蒸馏水在 4℃ 时的质量之比,这一指标需用试验取得,公式如下:

$$G_s = \frac{m_s}{V_s(\rho_w^{4℃})} \qquad (2-8)$$

式中:ρ_s——土粒的密度,即单位土体土粒的质量;

$\rho_w^{4℃}$——4℃时纯蒸馏水的密度。

土粒比重常用比重瓶法测得。将比重瓶加满蒸馏水,称水和瓶的总质量 m_1;然后把烘干土 m_s 装入该空比重瓶,再加满蒸馏水,称总质量 m_2,按下面的公式求得土粒比重:

$$G_s = \frac{m_s}{m_1 + m_s - m_2} \qquad (2-9)$$

实际上由于 $\rho_w^{4℃} = 1.0 g/cm^2$,故土粒比重在数值上等于土粒的密度,但无量纲。

天然土的颗粒是由不同的矿物组成的,它们的比重一般并不相同。试验测得的是土粒的比重的平均值。土粒的比重变化范围较小,砂土一般在 2.65 左

[想一想]

相对密度(比重)与天然密度(重度)的区别?

右,粘性土一般在 2.75 左右;若土中的有机质含量增加,则土的比重将减小。

2. 换算指标

除了上述三个基本指标之外,还有几个可以通过计算求得的指标,称为换算指标。它包括:

特定条件下土的密度(重度):干密度(干重度)、饱和密度(饱和重度)、有效密度(有效重度);

反映土的松密程度的指标:孔隙比、孔隙率;

反映土的含水程度的指标:饱和度。

(1)反映土松密程度的指标

① 孔隙比(e)

孔隙比是指孔隙的体积与固体颗粒实体的体积之比,用小数表示,公式为:

$$e = \frac{V_v}{V_s} \tag{2-10}$$

孔隙比可用来评价天然土层的密实程度。一般砂土为 0.5~1.0,粘性土为 0.5~1.2。当砂土 $e < 0.6$ 时,呈密实状态,为良好地基;当粘性土 $e > 1.0$ 时,为软弱地基。

② 孔隙率(n)

孔隙度是指孔隙的体积与土的总体积之比,用百分数表示,公式为:

$$n = \frac{V_v}{V} \times 100\% \tag{2-11}$$

孔隙率反映土中孔隙大小的程度,一般为 30%~50%。

根据二者的定义很容易证明,孔隙度 n 与孔隙比 e 之间有如下关系:

$$n = \frac{e}{1+e} \tag{2-12}$$

或

$$e = \frac{n}{1-n} \tag{2-13}$$

(2)反映土的含水程度指标——土的饱和度(S_r)

土的饱和度 S_r 是指土孔隙中液体的体积与孔隙的体积之比,用百分数表示,公式如下

$$S_r = \frac{V_\omega}{V_v} \times 100\% \tag{2-14}$$

饱和度 S_r 用来确定孔隙中充满水的程度。很显然,干土的饱和度 $S_r = 0$,饱和土的饱和度 $S_r = 100\%$。当 $S_r \leqslant 50\%$ 时,土为稍湿的;当 $50\% < S_r \leqslant 80\%$ 时,

[问一问]

什么是土的三项基本指标? 它们都反映了哪些基本问题?

土为很湿的;当 $S_r > 80\%$ 时,土为饱和的。

(3)特定条件下土的密度(重度)指标

① 土的干密度 ρ_d 和干重度 γ_d

单位体积土中土颗粒的质量称为土的干密度或干土密度,即

$$\rho_d = \frac{m_s}{V} \qquad (2-15)$$

单位体积土中土颗粒受到的重力称为土的干重度或干土的重力密度,即

$$\gamma_d = \rho_d g$$

土的干密度一般为 $1.3\sim2.0 \text{g/cm}^3$。工程中常用土的干密度作为填方工程土体压实质量控制的标准。土的干密度越大,土体压的越密实,土的工程质量就越好。

② 土的饱和密度 ρ_{sat} 和饱和重度 γ_{sat}

当土孔隙中充满水时单位体积土的质量,称为土的饱和密度,即

$$\rho_{sat} = \frac{m_s + V_v \rho_w}{V} \qquad (2-16)$$

单位体积土饱和时受到的重力称为土的饱和重度,即

$$\gamma_{sat} = \rho_{sat} g$$

土的饱和密度一般为 $1.8\sim2.3 \text{g/cm}^3$。

③ 土的有效密度 ρ' 和有效重度 γ'

地下水位以下,土体受到水的浮力作用时,扣除水的浮力后单位体积土的质量称为土的有效密度或浮密度,即

$$\rho' = \frac{m_s - V_s \rho_w}{V} = \rho_{sat} - \rho_w \qquad (2-17)$$

地下水位以下,土体受到水的浮力作用时,扣除水的浮力后单位体积土受到的重力称为称为土的有效重度或浮重度,即

$$\gamma' = \rho' g = \gamma_{sat} - \gamma_w$$

式中: $\gamma_w = 10 \text{kN/m}^3$。

土的有效密度一般为 $0.8\sim1.3 \text{g/cm}^3$。

3. 三相比例指标之间的换算关系

利用试验指标替换三相草图中的各符号,所有三相比例指标之间可以建立相互换算的关系。具体换算时,可假设 $V_s = 1 (V = 1)$,解出各相物质的质量和体积,利用定义式即可导出所求的物理性质指标。土的三相比例指标换算公式见

[问一问]
　孔隙比、孔隙率、饱和度能否超过 1 或 100%?

表2-2。

表2-2 土的三相比例指标换算公式

名称	符号	表达式	常用换算公式	单位	常见值
土粒比重	G_s	$G_s = \dfrac{m_s}{V_s \rho_w}$	$G_s = \dfrac{S_r e}{\omega}$		砂土:2.65～2.69 粉土:2.70～2.71 粘性土:2.72～2.75
含水率	ω	$\omega = \dfrac{m_w}{m_s} \times 100\%$	$\omega = \left(\dfrac{\gamma}{\gamma_d} - 1\right) \times 100\%$		砂土:0%～40% 粘性土:20%～60%
密度 重度	ρ γ	$\rho = \dfrac{m}{V}$ $\gamma = \rho g$	$\rho = \dfrac{d_s(1+\omega)}{1+e}\rho_w$ $\gamma = \dfrac{d_s(1+\omega)}{1+e}\gamma_w$	g/cm³ kN/m³	1.6～2.2 16～22
干密度 干重度	ρ_d γ_d	$\rho_d = \dfrac{m_s}{V}$ $\gamma_d = \rho_d g$	$\rho_d = \dfrac{\rho}{1+\omega}$ $\gamma_d = \dfrac{\gamma}{1+\omega}$	g/cm³ kN/m³	1.3～2.0 13～20
饱和密度 饱和重度	ρ_{sat} γ_{sat}	$\rho_{sat} = \dfrac{m_s + V_v\rho_w}{V}$ $\gamma_{sat} = \rho_{sat} g$	$\rho_{sat} = \dfrac{d_s + e}{1+e}\rho_w$ $\gamma_{sat} = \dfrac{d_s + e}{1+e}\gamma_w$	g/cm³ kN/m³	1.8～2.3 18～23
有效密度 有效重度	ρ' γ'	$\rho' = \dfrac{m_s - V_s\rho_w}{V}$ $\gamma' = \rho' g$	$\rho' = \rho_{sat} - \rho_w$ $\gamma' = \gamma_{sat} - \gamma_w$	g/cm³ kN/m³	0.8～1.3 8～13
孔隙比	e	$e = \dfrac{V_v}{V_s}$	$e = \dfrac{d_s(1+\omega)\rho_w}{\rho} - 1$		砂土:0.5～1.0 粘性土:0.5～1.2
孔隙率	n	$n = \dfrac{V_v}{V} \times 100\%$	$n = \dfrac{e}{1+e} \times 100\%$		30%～50%
饱和度	S_r	$S_r = \dfrac{V_w}{V_v} \times 100\%$	$S_r = \dfrac{\omega d_s}{e}$		0～100%

[做一做]

如令 $V_s = 1$,用简洁方法推导下表常用换算公式。

【实践训练】

课目一:土的密度实验(环刀法)

(一)实验目的

测定土的湿密度,以了解土的疏密和干湿状态,供换算土的其他物理性质指标和工程设计以及控制施工质量之用。

(二)实验原理

土的湿密度是指土的单位体积质量,是土的基本物理性质指标之一,其单位为 g/cm³。环刀法是采用一定体积环刀切取土样并称土质量的方法,环刀内土的质量与体积之比即为土的密度。密度试验方法有环刀法、蜡封法、灌水法和灌砂法等。对于细粒土,宜采用环刀法;对于易碎裂、难以切削的土,可用蜡封法;对于现场粗粒土,可用灌水法或灌砂法。

(三)仪器设备

1. 环刀:内径 6~8cm,高 2~3cm。
2. 天平:称量 500g,分度值 0.01g。
3. 其他:切土刀、钢丝锯、凡士林等。

(四)实验步骤

1. 量测环刀:取出环刀,称出环刀的质量 m_1,并涂一薄层凡士林。
2. 切取土样:将环刀的刀口向下放在土样上,然后用切土刀将土样削成略大于环刀直径的土柱,将环刀垂直下压,边压边削使土样上端伸出环刀为止,然后将环刀两端的余土削平。
3. 土样称量:擦净环刀外壁,称出环刀和土的质量 m_2。
4. 计算土的质量密度 ρ:

$$\rho = \frac{m}{V} = \frac{(m_2 - m_1)}{V} \quad (g/cm^3) \qquad (精确至 0.01g/cm^3)$$

式中:V——试样体积(即环刀内净体积),cm³;

m——试样质量,g;

m_1——环刀质量,g;

m_2——环刀加试样总质量,g。

土的重力密度: $\qquad \gamma = \rho g = 9.81\rho$

(五)注意事项

1. 称取环刀前,把土样削平并擦净环刀外壁;
2. 如果使用电子天平称重则必须预热,称重时精确至小数点后二位。
3. 密度实验需进行两次平行测定,要求平行差值≤0.03g/cm³,取其两次实验结果的平均值,否则需重作。

(六)实验记录

实验者_____　　　同组者_____

学　号_____　　　专业班级_____

实验时间_____　　　指导老师_____

土样编号	环刀号	环刀质量 m_1(g)	环刀加试样质量 m_2(g)	试样质量 m(g)	环刀体积 V(cm³)	密度(g/cm³) 单值	平均值

平行差_____ g/cm³

课目二:土的比重实验(比重瓶法)

(一)实验目的

本次实验的目的在于测定土的比重,为计算土的孔隙比、饱和度以及土的其他物理力学试验(如颗粒分析的密度计法试验、固结试验等)提供必需的数据。

(二)实验原理

土粒相对密度(比重)指土粒质量与同体积 4℃ 时的水质量之比。同密度和含水量一样,颗粒比重也是可以由实验直接测定的三相比例指标,实用上主要用于其他三相比例的换算。

测定粘土相对密度常用比重瓶法。比重瓶法适用于颗粒粒径小于 5mm 的土,实验时应用阿基米德原理。对于颗粒粒径大于 5mm 的土,可采用虹吸筒法或浮称法。本实验采用比重瓶法。比重瓶法就是由称好质量的干土放入盛满水的比重瓶的前后质量差异,来计算土粒的体积,从而进一步计算出土粒比重。

(三)仪器设备

1. 比重瓶:容量 100mL 或 50mL,瓶盖有一毛细管。
2. 天平:称量 200g,感量 0.001g。
3. 温度计:量测范围 0℃~50℃,精度 0.5℃。
4. 煮沸设备:电炉(可调 0~600W)或酒精灯。
5. 其他:汽馏水、滴管、恒温水槽、烘箱、蒸馏水、温度计、筛、漏斗、滴管等。

(四)实验步骤

1. 将比重瓶洗净、烘干,称比重瓶质量 m_0,精确至 0.001g。
2. 取通过 5mm 筛的烘干后的土约 15g(如用 50mL 的比重瓶,可取干土约 12g),装入比重瓶内,称干土加瓶总质量 m_3,精确至 0.001g。
3. 在装有干土的比重瓶中,注入蒸馏水至瓶的一半处,摇动比重瓶,使干土完全浸于水中,然后将瓶放在电炉(或酒精灯)上煮,使土粒分散排气。煮沸时间自悬液沸腾时算起:砂土、粉土一般不少于 30min,粘性土一般不少于 1h。煮沸时应常摇动比重瓶,且注意悬液不能液出瓶外。
4. 比重瓶放进恒温水槽内冷却(若无恒温水槽,可将比重瓶放在木板上冷却至室温),注入煮沸过(排除气泡)的蒸馏水至瓶颈中部。
5. 将瓶内上部悬液澄清后,用滴管注入煮沸过的蒸馏水至瓶口,塞紧瓶塞,使多余的水分从瓶塞的毛细管中溢出,擦干瓶外水分,称得比重瓶、水和土总质量 m_2,精确至 0.001g。然后立即量测瓶内水的温度 t,量测时,应放在桌子上或用手指捏住瓶颈量测,不宜用手握住比重瓶量测。
6. 倒出悬液,洗净比重瓶,装满煮沸过的蒸馏水,并使瓶内温度与步骤(2)中称量后测得的温度 t 相同,塞紧瓶塞,擦干瓶外水分,称得比重瓶和水总质量 m_1,精确至 0.001g。

7. 按下列计算土粒的比重：

$$d_s = \frac{m_s}{m_1 + m_s - m_2} \times \frac{\rho_{wt}}{\rho_{w0}}$$

式中：m_s——干土质量，g；

m_0——比重瓶质量，g；

m_1——比重瓶加水总质量，g；

m_2——比重瓶、水、土总质量，g；

m_3——比重瓶加干土总质量，g；

ρ_{wt}——t℃时水的密度，查下表(不同温度时水的比重)，g/cm³；

ρ_{w0}——4℃时水的密度，$\rho_{w0} = 1$g/cm³。

(五)实验注意事项

1. 称重前比重瓶的水位要加满至瓶塞的毛细管；

2. 称重时精确至小数点后三位。

3. 本实验需进行两次平行实验测定，取其平均值，要求平行差值≤0.02。

4. 对含有可溶盐、有机质和亲水性胶体的土，其比重的测定采用中性液体(如煤油、苯等代替水)，以防盐类的溶解。中性液体宜用真空抽气法排气，真空压力读数取100kPa，排气时间不宜小于1h。

(六)实验记录

实 验 者＿＿＿＿＿＿＿＿＿　　　同 组 者＿＿＿＿＿＿＿＿＿＿

学　　　号＿＿＿＿＿＿＿＿＿　　　专业班级＿＿＿＿＿＿＿＿＿＿

实验时间＿＿＿＿＿＿＿＿＿　　　指导老师＿＿＿＿＿＿＿＿＿＿

土样编号	比重瓶号	温度(℃)	液体的比重 G_{wt}	瓶质量(g)	瓶、土质量(g)	土质量 m_s(g)	瓶、液体质量 m_1(g)	瓶、液体、土质量 m_2(g)	与干土同体积的液体质量(g)	比重 G_s	平均比重
		(1)	(2)	(3)	(4)	(5)	(6)	(7)	(8)	(9)	(10)
						(4)−(3)			(5)+(6)+(7)	$\frac{(5)}{(8)} \times (2)$	

平行差＿＿＿＿＿＿％

课目三：土的天然含水量实验(烘干法)

(一)实验目的

测定土的含水率，以了解土的含水情况，是计算土的孔隙比、液性指数、饱和度和其他物理力学性质不可缺少的一个基本指标。

(二)实验原理

含水率反映土的状态,含水率的变化将使土的一系列物理力学性质指标随之而异。这种影响表现在各个方面,如反映在土的稠度方面,使土成为坚硬的、可塑的或流动的;反映在土内水分的饱和程度方面,使土成为稍湿、很湿或饱和的;反映在土的力学性质方面,能使土的结构强度增加或减小,紧密或疏松,构成压缩性及稳定性的变化。测定含水率的方法有烘干法、酒精燃烧法、炒干法、微波法等等。

(三)仪器设备

1. 烘箱:采用温度能保持在 105~110℃ 的烘箱。

2. 天平:称量 500g,分度值 0.01g。

3. 其他:干燥器、称量盒等。

(四)实验步骤

1. 湿土称量:选取具有代表性的试样 15~20g,放入盒内,立即盖好盒盖,称出盒与湿土的总质量 m_1,精确至 0.01g。

2. 烘干冷却:打开盒盖,放入烘箱内,在温度 105~110℃ 下烘干至恒重后,将试样取出,盖好盒盖放入干燥器内冷却,称出盒与干土质量总质量 m_2,精确至 0.01g。烘干时间随土质不同而定,对粘质土不少于 8h,砂类土不少于 6h。

3. 计算含水量 ω:

$$\omega = \frac{m_w}{m_s} \times 100\% = \frac{m_1 - m_2}{m_2 - m_0} \times 100\% \qquad (计算至 0.1\%)$$

式中:m_w——试样中水质量,g;

$\quad\quad m_s$——试样中土粒质量(即干土质量),g;

$\quad\quad m_0$——称量盒质量,g;

$\quad\quad m_1$——湿土加盒总质量,g;

$\quad\quad m_2$——干土加盒总质量,g。

(五)注意事项

1. 含水量实验需进行两次平行实验测定。当 $\omega \leqslant 10\%$ 时,平行差值不得大于 0.5%;当 $\omega \leqslant 40\%$ 时,平行差值不得大于 1%;当 $\omega \geqslant 40\%$ 时,平行差值不得大于 2%,取两次实验值的平均值。否则需重做。

2. 刚烘干的土样要等冷却后才称重。

3. 称重时精确至小数点后二位。

(六)实验记录

实 验 者 ＿＿＿＿＿＿＿＿＿　　　　同 组 者 ＿＿＿＿＿＿＿＿＿

学　　 号 ＿＿＿＿＿＿＿＿＿　　　　专业班级 ＿＿＿＿＿＿＿＿＿

实验时间 ＿＿＿＿＿＿＿＿＿　　　　指导老师 ＿＿＿＿＿＿＿＿＿

土样编号	盒号	称量盒质量 m_0 (g)	盒加湿土质量 m_1 (g)	盒加干土质量 m_2 (g)	水质量 m_1-m_2 (g)	干土质量 m_2-m_0 (g)	含水量(%)	
							单值	平均值

平行差_____%

课目四:土的物理性质指标计算能力训练

(一)背景资料

某工程地基勘查中,一个钻孔原状土试样试验结果为:土的密度为 $\rho=$ 1.95g/cm³,含水量 $\omega=26.1\%$,土粒比重 $d_s=2.72$。

(二)问题

计算其余6个物理性质指标。

(三)分析与解答

(1)孔隙比:

$$e=\frac{d_s(1+\omega)\rho_w}{\rho}-1=\frac{2.72(1+0.261)}{1.95}-1=0.759$$

(2)孔隙率:

$$n=\frac{e}{1+e}\times100\%=\frac{0.759}{1+0.759}\times100\%=43.1\%$$

(3)饱和度:

$$S_r=\frac{\omega d_s}{e}\times100\%=\frac{0.261\times2.72}{0.759}\times100\%=94\%$$

(4)干密度:

$$\rho_d=\frac{\rho}{1+\omega}=\frac{1.95}{1+0.261}=1.55\text{g/cm}^3$$

(5)饱和密度 $\rho_{sat}=\frac{(d_s+e)\rho_w}{1+e}=\frac{(2.72+0.759)}{1+0.759\times1}=1.98$

(6)有效密度: $\rho'=\rho_{sat}-\rho_w=1.98-1=0.98\text{g/cm}^3$

第三节 土的物理状态特征指标

土的物理状态指标用以研究土的松密和软硬状态。由于无粘性土与粘性土的颗粒大小相差较大,土粒与土中水的相互作用各不相同,即影响土的物理状态的因素不同,因此需分别进行阐述。

一、无粘性土的密实度

[想一想]
无粘性土的密实度如何影响土的工程性质?

无粘性土的密实度与其工程性质有着密切的关系,呈密实状态时,强度较大,可作为良好的天然地基;呈松散状态时,则是不良地基。对于同一种无粘性土,当其孔隙比小于某一限度时,处于密实状态,随着孔隙比的增大,则处于中密、稍密直到松散状态。无粘性土的这种特性,是因为它所具有的单粒结构决定的。以下介绍与无粘性土的最大和最小孔隙比、相对密实度等有关的密实度指标。无粘性土的最小孔隙比是最紧密状态的孔隙比,用符号 e_{min} 表示;其最大孔隙比是土处于最疏松状态时的孔隙比,用符号 e_{max} 表示。e_{min} 一般采用"振击法"测定;e_{max} 一般用"松砂器法"测定。对于不同的无粘性土,其 e_{min} 与 e_{max} 的测定值也是不同的,e_{max} 与 e_{min} 之差(即孔隙比可能变化的范围)也是不一样的。一般土粒粒径较均匀的无粘性土,其 e_{max} 与 e_{min} 之差较小;对不均匀的无粘性土,则其差值较大。无粘性土的天然孔隙比 e 如果接近 e_{max}(或 e_{min}),则该无粘性土处于天然疏松(或密实)状态,这可用无粘性土的相对密实度进行评价。无粘性土的相对密实度以最大孔隙比 e_{max} 与天然孔隙比 e 之差和最大孔隙比 e_{max} 与最小孔隙比 e_{min} 之差的比值 D_r 表示,即:

$$D_r = \frac{e_{max} - e_0}{e_{max} - e_{min}} \qquad (2-18)$$

从上式可知,若无粘性土的天然孔隙比 e 接近于 e_{min},即相对密实度 D_r 接近于 1 时,土呈密实状态;当 e 接近于 e_{max} 时,即相对密实度 D_r 接近于 0,则呈松散状态。根据 D_r 值可把砂土的密实度状态划分为下列三种:

密实的 $1 \geqslant D_r > 0.67$

中密的 $0.67 \geqslant D_r > 0.33$

松散的 $0.33 \geqslant D_r > 0$

[想一想]
为什么工程上要采用标贯试验进行砂土密实程度划分?

相对密实度试验适用于透水性良好的无粘性土,如纯砂、纯砾等。相对密实度是无粘性粗粒土密实度的指标,它对于土作为土工构筑物和地基的稳定性,特别是在抗震稳定性方面具有重要的意义。

对于砂土,也可用天然孔隙比 e 来评定其密实度。但是矿物成分、级配、粒度成分等各种因素对砂土的密实度都有影响,并且在具体的工程中,难于取得砂土原状土样,因此,利用标准贯入试验、静力触探等原位测试方法来评价砂土的密实度得到了工程技术人员的广泛采用。砂土根据标准贯入试验的锤击数 N 分为松散、稍密、中密及密实四种密实度,其划分标准见表 2-3。

表 2-3 砂类土密实程度划分

砂土密实度	松散	稍密	中密	密实
N	$\leqslant 10$	$10 < N \leqslant 15$	$15 < N \leqslant 30$	> 30

二、粘性土的物理状态指标

1. 粘性土的状态

粘性土的颗粒很细,土粒与土中水相互作用很显著。随着含水量的不断增加,粘性土的状态变化为固态—半固态—可塑状态—流动状态,相应土的承载力逐渐下降。所谓可塑状态,就是当粘性土在某含水量范围内,可用外力塑成各种形状而不发生裂纹,并在去除外力后仍能保持既得的形状,土的这种性能叫做可塑性。我们将粘性土对外力引起的变化或破坏的抵抗能力(即软硬程度)称为粘性土的稠度。因此,可用稠度表示粘性土的物理特征。

［想一想］
相对密度是否会出现 $D_r > 1.0$ 和 $D_r < 0$ 的情况?

2. 界限含水量

粘性土从一种状态过渡到另一种状态的分界含水量称为界限含水量。流动状态与可塑状态间的界限含水量称为液限 w_L;可塑状态与半固态间的界限含水量称为塑限 w_p;半固态与固体状态间的界限含水量称为缩限 w_s 如图 2-6,界限含水量均以百分数表示。它对粘性土的分类及工程性质的评价有重要意义。

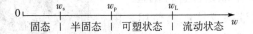

图 2-6 粘性土的物理状态与含水量的关系图

3. 界限含水量的测定方法

(1)液限 w_L

① 锥式液限仪(如图 2-7)。其工作过程是:将调成均匀的浓糊状试样装满盛土杯内(盛土杯置于底座上),刮平杯口表面,用质量为 76g 的圆锥式液限仪测定。提住锥体上端手柄,使锥尖正好接触试样表面中部,松手,使锥体在其自重作用下沉入土中。若圆锥体经 5s 恰好沉入 17mm 深度,这时杯内土样的含水量就是液限 w_L 值。如果沉入土中的深度超过或低于 17mm,则表示试样的含水量高于或低于液限,均应重新试验

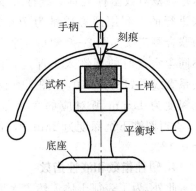

图 2-7 锥式液限仪

至满足要求。

由于该法采用手工操作，人为因素影响较大，故《土工试验方法标准》(GB/T50123－1999)规定采用的是下述液限、塑限联合测定法。

② 碟式液限仪(如图 2-8)。美国、日本等国家使用碟式液限仪来测定粘性土的液限。其工作过程是：将调成浓糊状的试样装在碟内，刮平表面，用切槽器在土中成 V 形槽，槽底宽度为 2mm，然后将碟子抬高 10mm，使碟下落，连续下落 25 次后，如土槽合拢长度为 13mm，这时试样的含水量就是液限。

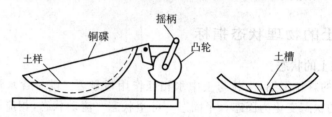

图 2-8 碟式液限仪

(2)塑限 w_p

[想一想]
当土的含水量大于塑限而小于液限时，土中含有什么性质的水？

① 滚搓法(搓条法)。将土样过 0.5mm 的筛，取略高于塑限含水量的试样 8～10g，先用手搓成椭圆形，然后放在干燥清洁的毛玻璃板上用手掌滚搓。手掌的压力要均匀地施加在土条上，不得使土条在毛玻璃上无力滚动。当土条搓至 3mm 直径时，表面开始出现裂纹并断裂成数段，此时土条的含水量就是塑限。若土条搓至 3mm 直径时，仍未出现裂纹和断裂，则表示此时试样的含水量高于塑限；若土条直径大于 3mm 时，已出现裂纹和断裂，则表示试样的含水量低于塑限。遇此两种情况，均应重取试样进行试验。

滚搓法与碟式液限仪法配套使用。由于搓条法采用手工操作，人为因素影响较大，故成果不稳定。

② 液限、塑限联合测定法。该方法是根据圆锥仪的圆锥入土深度与其相应的含水量在双对数坐标上具有线性关系的特性来进行的。利用圆锥质量为 76g 的液、塑限联合测定仪如图 2-9 测得 3 个土试样在不同含水量时的圆锥入土深度，并绘制其关系直线图如图 2-10，在图上查得圆锥下沉深度为 17mm 所对应的含水量即为液

图 2-9 光电式液、塑限联合测定仪

限，查得圆锥下沉深度为 2mm 所对应的含水量为塑限，取值以百分数表示，准确至 0.1%。

4. 塑性指数和液性指数

此外，为了表征土体天然含水量与界限含水量之间的相对关系，工程上还常用液性指数 I_p 和塑性指数 I_p 两个指标判别土体的稠度。

土力学与地基基础(第 2 版)

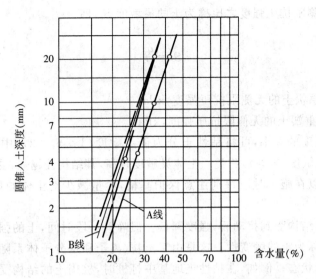

图 2 - 10　圆锥入土深度与土样含水量关系图

(1)塑性指数

$$I_P = \omega_L - \omega_P \qquad (2-19)$$

塑性指数习惯上用不带百分号的数值表示。塑性指数越大,则土处在可塑状态的含水量范围越大,土的可塑性愈好。也就是说,塑性指数的大小与土可能吸附的结合水的多少有关,一般土中粘粒含量愈高或矿物成分吸水能力越强,则塑性指数越大。《规范》用 I_p 作为粘性土与粉土的定名标准。

(2)液性指数

$$I_L = \frac{\omega - \omega_P}{\omega_L - \omega_P} \qquad (2-20)$$

可塑状态土的液性指数 I_L 在 0 到 1 之间, I_L 越大,表示土越软; I_L 大于 1 的土处于流动状态; I_L 小于 0 的土则处于固体状态或半固体状态。建筑工程中将液性指数 I_L 用作确定粘性土承载力的重要指标。

《规范》按 I_L 的大小将粘性土划分为 5 种软硬状态,见表 2-4。

表 2 - 4　粘性土软硬状态的划分

液性指数	$I_L \leqslant 0$	$0 < I_L \leqslant 0.25$	$0.25 < I_L \leqslant 0.75$	$0.75 < I_L \leqslant 1.0$	$I_L > 1.0$
状态	坚硬	硬塑	可塑	软塑	流塑

5. 灵敏度 S_t

天然状态的粘性土通常都具有一定的结构性,当受到外来因素的扰动时,其结构破坏,强度降低,压缩性增大。土的结构性对强度的这种影响,通常用灵敏度来衡量。原状土无侧限抗压强度与原土结构完全破坏的重塑土(含水量与密

[想一想]

液性指数是否会出现 I_L >1.0 和 I_L <0 的情况?

度不变)的无侧限抗压强度之比称为土的灵敏度 S_t，即

$$S_t = \frac{q_u}{q'_u} \qquad (2-21)$$

式中：q_u——原状土的无侧限抗压强度，kPa；

q'_u——重塑土的无侧限抗压强度，kPa。

[问一问]
1. 灵敏度表示土的什么性质？
2. 灵敏度较高的土在施工中应注意什么？

根据灵敏度的大小，可将粘性土分为低灵敏度($1 < S_t \leqslant 2$)、中灵敏度($2 < S_t \leqslant 4$)和高灵敏度($S_t > 4$)三类。土体灵敏度越高，其结构性越强，受扰动后强度降低越多，所以在施工时应特别注意保护基槽，尽量减少对土体的扰动(如人为践踏基槽)。

粘性土的结构受到扰动后，强度降低。但静置一段时间，土的强度会逐渐增长，这种性质称为土的触变性。这是由于土粒、离子和水分子体系随时间而逐渐趋于新的平衡状态。例如，在粘性土地基中打桩时，桩周土的结构受到破坏而强度降低，但施工结束后，土的部分强度逐渐恢复，桩的承载力提高。

【实践训练】

课目：界限含水率实验(液限、塑限联合测定法)

(一)试验目的

测定粘性土的液限 ω_L 和塑限 ω_p，并由此计算塑性指数 I_p、液性指数 I_L，进行粘性土的定名及判别粘性土的软硬程度。

(二)试验原理

液限、塑限联合测定法是根据圆锥仪的圆锥入土深度与其相应的含水率在双对数坐标上具有线性关系的特性来进行的。利用圆锥质量为 76g 的液塑限联合测定仪测得土在不同含水率时的圆锥入土深度，并绘制其关系直线图，在图上查得圆锥下沉深度为 17mm 所对应得含水率即为液限(注：土的定名采用圆锥下沉深度为 10mm 液限)，查得圆锥下沉深度为 2mm 所对应的含水率即为塑限。

(三)试验设备

1. 液塑限联合测定仪：如图 2-9，有电磁吸锥、测读装置、升降支座等，圆锥质量 76g，锥角 30°，试样杯等；

2. 天平：称量 200g，分度值 0.01g；

3. 其他：调土刀、不锈钢杯、凡士林、称量盒、烘箱、干燥器等。

(四)操作步骤

1. 土样制备：当采用风干土样时，取通过 0.5mm 筛的代表性土样约 200g，分成三份，分别放入不锈钢杯中，加入不同数量的水，然后按下沉深度约为 4～5mm，9～11mm，15～17mm 范围制备不同稠度的试样。

2. 装土入杯:将制备的试样调拌均匀,填入试样杯中,填满后用刮土刀刮平表面,然后将试样杯放在联合测定仪的升降座上。

3. 接通电源:在圆锥仪锥尖上涂抹一薄层凡士林,接通电源,使电磁铁吸住圆锥。

4. 测读深度:调整升降座,使锥尖刚好与试样面接触,切断电源使电磁铁失磁,圆锥仪在自重下沉入试样,经5s后测读圆锥下沉深度。

5. 测含水率:取出试样杯,测定试样的含水率。重复以上步骤,测定另两个试样的圆锥下沉深度和含水率。

6. 计算及绘图

(1)计算含水量 ω

$$\omega = \frac{m_w}{m_s} \times 100\% = \frac{m_1 - m_2}{m_2 - m_0} \times 100\% \qquad (计算至0.1\%)$$

式中:m_w——试样中水质量,g;

m_s——试样中土粒质量(即干土质量),g;

m_0——称量盒质量,g;

m_1——湿土加盒总质量,g;

m_2——干土加盒总质量,g。

(2)绘制圆锥下沉深度 h 与含水量 ω 的关系曲线

以含水量为横坐标,圆锥下沉深度为纵坐标,在双对数坐标纸上绘制 $h-\omega$ 关系曲线,如图 2-10 所示。

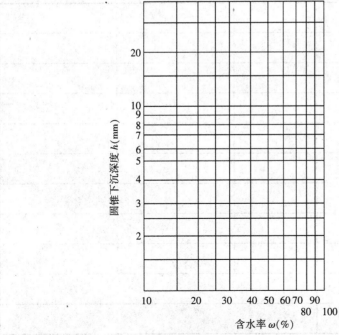

图 2-10 圆锥下沉深度与含水量关系图

A. 三点应在同一直线上（A 线）；

B. 当三点不在同一直线上时，通过高含水量的点分别与其余两点连成两条直线，在圆锥下沉深度为 2mm 处查得相应的两个含水量，当两个含水量差值小于 2% 时，应以两个含水量的平均值与高含水量的点连成一线（B 线）；

C. 当两个含水量的差值大于或等于 2% 时，应重做实验。

（3）确定液限、塑限

在圆锥下沉深度 h 与含水量 ω 关系图上，查得下沉深度为 10mm 所对应的含水量为液限 ω_L；查得下沉深度为 2mm 所对应的含水量为塑限 ω_P，以百分数表示，准确至 0.1%。

（4）计算塑性指数和液性指数

塑性指数：$I_P = W_L - W_P$　　液性指数：$I_L = \dfrac{W - W_P}{I_P}$

式中 ω、ω_L、ω_P 分别为天然含水率、液限及塑限。

（五）注意事项

1. 土样分层装杯时，注意土中不能留有空隙。

2. 每种含水率设三个测点，取平均值作为这种含水率所对应土的圆锥入土深度，如三点下沉深度相差太大，则必须重新调试土样。

（六）实验记录

实　验　者＿＿＿＿＿＿＿＿　　同　组　者＿＿＿＿＿＿＿＿

学　　　号＿＿＿＿＿＿＿＿　　专业班级＿＿＿＿＿＿＿＿

实验时间＿＿＿＿＿＿＿＿　　指导老师＿＿＿＿＿＿＿＿

[想一想]
既然可用含水量表示土中含水量的多少，那为什么还要引入液性指数来评价粘性土的软弱程度？

试样编号			
圆锥下沉深度(mm)			
盒号			
盒质量(g)			
盒＋湿土质量(g)			
盒＋干土质量(g)			
水质量(g)			
干土质量(g)			
含水量(%)			
液限(%)			
塑限(%)			

第四节　土的工程分类

地基土(岩)的工程分类是根据分类用途和土(岩)的各种性质的差异将其划分为一定的类别。其意义在于根据分类名称可以大致判断土(岩)的工程特性,评价土(岩)作为建筑材料的适宜性以及结合其他指标来确定地基的承载力等等。

地基土(岩)的分类方法很多,我国不同行业根据其用途对土采用各自的分类方法。作为建筑地基的岩土,可分成岩石、碎石土、砂土、粉土、粘性土、人工填土和特殊土七大类。

[想一想]

为什么要将土(岩)进行分类?

一、岩石

1. 定义
岩石是指颗粒间牢固联结,形成整体或具有节理裂隙的岩体。

2. 分类
(1)根据其成因分为岩浆岩、沉积岩和变质岩。

(2)根据其坚硬程度划分为坚硬岩、较硬岩、较软岩、软岩和极软岩,见表2-5。

表2-5　岩石坚硬程度的划分

坚硬程度类别	坚硬岩	较硬岩	较软岩	软岩	极软岩
饱和单轴抗压强度标准值 f_{rk}(MPa)	$f_{rk}>60$	$60 \geqslant f_{rk}>30$	$30 \geqslant f_{rk}>15$	$15 \geqslant f_{rk}>5$	$f_{rk} \leqslant 5$

当缺乏饱和单轴抗压强度资料或不能进行该项试验时,可在现场通过观察定性划分,划分标准见表2-6。

表2-6　岩石坚硬程度的定性划分

名称		定性鉴定	代表性岩石
硬质岩	坚硬岩	锤击声清脆,有回弹,震手,难击碎;基本无吸水反应。	未风化~微风化的花岗岩、闪长岩、辉绿岩、玄武岩、安山岩、片麻岩、石英岩、硅质砾岩、石英砂岩、硅质石灰岩等。
硬质岩	较硬岩	锤击声较清脆,有轻微回弹,稍震手,较难击碎;有轻微吸水反应。	微风化的坚硬岩;未风化~微风化的大理岩、板岩、石灰岩、钙质砂岩等
软质岩	较软岩	锤击声不清脆,无回弹,较易击碎;指甲可刻出印痕。	中风化的坚硬岩和较硬岩;未风化~微风化的凝灰岩、千枚岩、砂质泥岩、泥灰岩等。
软质岩	软岩	锤击声哑,无回弹,有凹痕,易击碎;浸水后,可捏成团。	强风化的坚硬岩和较硬岩;中风化的较软岩;未风化~微风化的泥质砂岩、泥岩等。
极软岩		锤击声哑,无回弹,有较深凹痕,手可捏碎;浸水后,可捏成团。	风化的软岩;全风化的各种岩石;各种半成岩。

（3）根据风化程度分为未风化、微风化、中风化、强风化和全风化，见表2-7。

表2-7　岩石按风化程度分类

风化程度	坚硬程度分类	
	硬质岩石	软质岩石
	野　外　特　征	
未风化	岩质新鲜，未见风化痕迹。	岩质新鲜，未见风化痕迹。
微风化	组织结构基本未变，仅节理面有铁锰质渲染或矿物略有变色，有少量风化裂隙。	组织结构基本未变，仅节理面有铁锰质渲染或矿物略有变色，有少量风化裂隙。
中等风化	组织结构部分破坏，矿物成分基本未变化，仅沿节理面出现次生矿物。风化裂隙发育，岩体被切割成20～50cm的岩块。锤击声脆，且不易击碎；不能用镐挖掘，岩芯钻方可钻进。	组织结构部分破坏，矿物成分发生变化，节理面附近的矿物已风化成土状。风化裂隙发育。岩体被切割成20～50cm的岩块。锤击易碎，用镐难挖掘。岩芯钻方可钻进。
强风化	组织结构已大部分破坏，矿物成分已显著变化。长石、云母已风化成次生矿物。裂隙很发育，岩体破碎。岩体被切割成2～20cm的岩块，可用手折断。用镐可挖掘，干钻不易钻进。	组织结构已大部分破坏，矿物成分已显著变化，含大量粘土质粘土矿物。风化裂隙很发育，岩体被切割成碎块，干时可用手折断或捏碎，浸水或干湿交替时可较迅速地软化或崩解。用镐或锹可挖掘，干钻可钻进。
全风化	组织结构已基本破坏，但尚可辨认，并且有微弱的残余结构强度，可用镐挖，干钻可钻进。	组织结构已基本破坏，但尚可辨认，并且有微弱的残余结构强度，可用镐挖，干钻可钻进。

[想一想]
　影响岩石工程性质的主要因素有哪些？

3. 工程性质

　　微风化的硬质岩石为最优良的地基；强风化的软质岩石工程性质差，这类地基的承载力不如一般卵石地基承载力高。

二、碎石土

　　粒径大于2mm的颗粒含量大于50%的土属碎石土。根据粒组含量及颗粒形状，可细分为漂石、块石、卵石、碎石、圆砾、角砾。具体见表2-8。常见的碎石土强度大，压缩性小，渗透性大，为优良地基。其中，密实碎石土为优等地基；中密碎石土为优良地基；稍密碎石土为良好地基。

表 2-8　碎石土的分类

名称	颗粒形状	粒组的颗粒含量
漂石 块石	圆形及次圆形为主 棱角形为主	粒径大于 200mm 的颗粒超过 50％
卵石 碎石	圆形及次圆形为主 棱角形为主	粒径大于 20mm 的颗粒含量超过 50％
圆砾 角砾	圆形及次圆形为主 棱角形为主	粒径大于 2mm 的颗粒含量超过 50％

[注]　分类时应根据粒组含量栏从上到下以最先符合者确定。

三、砂土

粒径大于 2mm 的颗粒含量在 50％ 以内,同时粒径大于 0.075mm 的颗粒含量超过 50％ 的土属砂土。砂土根据粒组含量不同又分为砾砂、粗砂、中砂、细砂和粉砂五类。具体见表 2-9。其工程性质为(1)密实与中密状态的砾砂、粗砂、中砂为优良地基;稍密状态的砾砂、粗砂、中砂为良好地基。(2)粉砂与细砂要具体分析:密实状态时为良好地基;饱和疏松状态时为不良地基。

表 2-9　砂土的分类

名称	粒组的颗粒含量
砾　砂	粒径大于 2mm 的颗粒含量占 25％～50％
粗　砂	粒径大于 0.5mm 的颗粒含量超过 50％
中　砂	粒径大于 0.25mm 的颗粒含量超过 50％
细　砂	粒径大于 0.075mm 的颗粒含量超过 85％
粉　砂	粒径大于 0.075mm 的颗粒含量 50％

[注]　分类时应根据粒组含量栏从上到下以最先符合者确定。

四、粉土

粒径大于 0.075mm 的颗粒含量小于 50％ 且塑性指数小于等于 10 的土属粉土。密实的粉土为良好地基;饱和稍密的粉土,地震时易产生液化,为不良地基。

五、粘性土

粒径大于 0.075mm 的颗粒含量在 50％ 以内,塑性指数大于 10 的土属粘性土。根据塑性指数的大小可细分为粘土和粉质粘土,具体见表 2-10。粘性土的工程性质与其含水量的大小密切相关。密实硬塑的粘性土为优良地基;疏松流塑状态的粘性土为软弱地基。

[问一问]

1. 何种砂土和粉土为良好地基?

2. 粘性工程的工程性质与什么密切相关?

表 2-10 粘性土的分类

名　称	塑性指数(I_p)
粘　　土	$I_p > 17$
粉质粘土	$17 \geqslant I_p > 10$

六、人工填土

[做一做]

  总结人工填土和特殊土的工程性质特点。

人工填土是指由于人类活动而堆积的土,其成分复杂,均匀性差。根据其组成和成因,可分为素填土、压实填土、杂填土、冲填土,如表 2-11。通常人工填土的工程性质不良,强度低,压缩性大且不均匀。其中,压实填土相对较好。杂填土因成分复杂,平面与立面分布很不均匀、无规律,工程性质较差。

表 2-11 人工填土按组成物质分类

土的名称	组成物质
素填土	由碎石土、砂土、粉土、粘性土等组成
压实填土	经过压实或夯实的素填土
杂填土	含有建筑物垃圾、工业废料、生活垃圾等杂物
冲填土	由水力冲填泥砂形成

七、特殊土

特殊土是指在特定的地理环境下形成的具有特殊性质的土。它的分布一般具有明显的区域性。包括淤泥、淤泥质土、红粘土、湿陷性土、膨胀土、多年冻土等。

1. 淤泥和淤泥质土

淤泥为在静水或缓慢的流水环境中沉积,并经生物化学作用形成,其天然含水率大于液限、天然孔隙比大于或等于 1.5 的粘性土。当天然含水量大于液限而天然孔隙比小于 1.5 但大于或等于 1.0 的粘性土或粉土为淤泥质土。其工程性质是压缩性高、强度低、透水性低,为不良地基。

2. 红粘土和次生红粘土

红粘土为碳酸盐岩系的岩石经红土化作用形成的高塑性粘土,其液限一般大于 50。红粘土经再搬运后仍保留其基本特征,其液限大于 45 的土为次生红粘土。其工程性质是压缩性高、强度低。上硬下软,具有明显的收缩性。

3. 膨胀土

膨胀土为土中粘粒成分主要由亲水性矿物组成,同时具有显著的吸水膨胀和失水收缩特性,其自由膨胀率大于或等于 40% 的粘性土。

4. 湿陷性土

湿陷性土为浸水后产生附加沉降,其湿陷系数大于或等于 0.015 的土。根据上覆土自重压力下是否发生湿陷变形,可划分为自重湿陷性土和非自重湿陷性土。

5. 多年冻土

是指土的温度等于或低于摄氏零度、含有固态水,且这种状态在自然界连续保持 3 年或 3 年以上的土。当自然条件改变时,产生冻胀、融陷、热融滑塌等特殊不良地质现象及发生物理力学性质的改变。

【实践训练】

课目一:判断粘土的名称和状态

(一)背景资料

某土样,测定其土粒比重 $d_s = 2.73$,天然密度 $\rho = 2.09 \text{kg/m}^3$,含水量 $w = 24.2\%$,液限 $w_L =$ 为 34%,塑限为 $w_p = 19.8\%$。

(二)问题

确定(1)土的干密度;

(2)土的名称和软硬状态。

(三)分析与解答

(1)土的干密度

$$\rho_d = \frac{\rho}{1+w} = \frac{2.09}{1+0.242} = 1.683 \text{kg/m}^3$$

(2)土的塑性指数

$I_p = w_L - w_p = 34 - 19.8 = 14.2, 10 < I_p < 17$,故该土为粉质粘土。

(3)土的液性指数

$I_L = \dfrac{w - w_p}{w_L - w_p} = \dfrac{24.2 - 19.8}{34 - 19.8} = 0.31, 0.25 < I_L < 0.75$,故该土处于可塑状态。

课目二:判断砂土的名称和状态

(一)背景资料

某土样筛分试验测得不同粒组的含量见下表。已知天然重度 $\gamma = 19 \text{KN/m}^3$,含水量 $w = 13.5\%$,土粒相对密度 $d_s = 2.71$,最密实状态下孔隙比 $e_{min} = 0.82$,最

疏松状态下孔隙比 $e_{max}=0.43$。

表 2-12　某土样筛分试验结果

粒径(mm)	10~2	2~1	1~0.5	0.5~0.25	0.25~0.075	<0.075
占总样的百分比(%)	6.5	15.3	17.2	21.7	35	4.3

(二)问题

确定该土样的名称和状态。

(三)分析与解答

(1)由粒径范围,先判别是碎石还是砂土。

粒径大于 2mm,土粒含量为 6.5%,小于 50%。故该土样不属于碎石。

粒径大于 0.075mm 土粒含量为:$(100-4.3)\times 100\%=95.7\%$,大于 50%。故该土样为砂土。

(2)按砂土分类表由粒组从大到小进行判别。

① 判断是否为砾砂

粒径大于 2mm 土粒含量为:6.5%,小于 25%。故该土样不属于砾砂。

② 判断是否为粗砂

粒径大于 0.5mm 土粒含量为:$(6.5+15.7+17.2)\times 100\%=39\%$,小于 50%。故该土样不属于粗砂。

③ 判断是否为中砂

粒径大于 0.25mm 土粒含量为:$(6.5+15.7+17.2+21.7)\times 100\%=60.7\%$,大于 50%。故该土样属于中砂。

(3)判别土样的状态

砂土的天然孔隙比:$e=\dfrac{d_s\gamma_w(1+\omega)}{\gamma}-1=\dfrac{2.71\times 10\times(1+0.135)}{19}-1=0.62$

相对密实度:$D_r=\dfrac{e_{max}-e}{e_{max}-e_{min}}=\dfrac{0.82-0.62}{0.82-0.43}=0.51$

因为 $0.33<D_r<0.67$,故该土样处于中密状态。

本章思考与实训

1. 在土的三相比例指标中,哪些指标是直接测定的?用何方法?

2. 判断砂土松密程度有几种方法?

3. 地基土分几大类?各类土的划分依据是什么?

4. 已知土样试验数据为:土的重度 19.0kN/m³,土粒重度 27.1kN/m³,土的干重度为 14.5kN/m³,求土样的含水量、孔隙比、孔隙率和饱和度。

5. 某地基土的试验中,已测得土样的干密度 $\rho_d=1.54$g/cm³,含水量 $w=$ 19.3%,土粒比重 $d_s=2.71$。计算土的 e,n 和 S_r。若此土样又测得 $w_L=$

28.3%，$w_p=16.7\%$，计算 I_p 和 I_L，描述土的物理状态，定出土的名称。

6. 有一砂土试样，经筛析后各颗粒粒组含量见表 2-13。试确定砂土的名称。

表 2-13

粒组(mm)	<0.075	0.075~0.1	0.1~0.25	0.25~0.5	0.5~1.0	>1.0
含量(%)	8.0	15.0	42.0	24.0	9.0	2.0

7. 已知某土样的土粒比重为 2.70，绘制土的密度 ρ（范围为 $1.0\sim2.1\text{g/cm}^3$）和孔隙比 e（范围为 $0.6\sim1.6$）的关系曲线，分别计算饱和度 $S_r=0$、0.5、1.0 三种情况。

8. 已知甲、乙两个土样的物理性试验结果见表 2-14：

表 2-14

土样	$w_L(\%)$	$w_P(\%)$	$w(\%)$	G_s	s_r
甲	30.0	12.5	28.0	2.75	1.0
乙	14.0	6.3	26.0	2.70	1.0

试问下列结论中，哪几个是正确的？理由何在？

① 甲土样比乙土样的粘粒（$d<0.005\text{mm}$ 颗粒）含量多；

② 甲土样的天然密度大于乙土样；

③ 甲土样的干密度大于乙土样；

④ 甲土样的天然孔隙比大于乙土样。

9. 已知土样试验数据为：土的重度 17.3kN/m^3，土粒重度 27.1g/cm^3，孔隙比 0.73，求土样的干重度、含水量、孔隙率和饱和度。

10. 某砂土土样的密度为 1.77g/cm^3，含水量为 9.8%，土粒比重为 2.67，烘干后测定最小孔隙比为 0.461，最大孔隙比为 0.943，求该砂土的相对密实度。

11. 已知土样试验数据为：含水量 31%，液限 38%，塑限 20%，求该土样的塑性指数、液性指数并确定其状态和名称。

第三章 地基中的应力

【内容要点】

1. 熟悉自重应力和附加应力的计算方法；
2. 了解土中应力产生的原因及分类；
3. 熟悉基底压力的计算；
4. 熟悉地下水位的升降对土中应力的影响。

【知识链接】

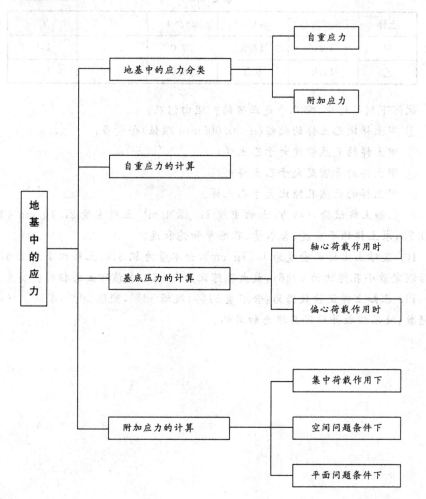

第一节　概　述

大多数建筑物是建造在土层上的,我们把支承建筑物的这种土层称为地基。由天然土层直接支承建筑物的称天然地基,软弱土层经加固后支承建筑物的称人工地基,而与地基相接触的建筑物下部结构称为基础。

地基土同其他的建筑材料一样,受荷以后将产生应力和变形,给建筑物带来两个工程问题,即土体稳定问题和变形问题。如果地基内部所产生的应力在土的强度所允许的范围内,那么土体是稳定的,反之,土体就要发生破坏,并能引起整个地基产生滑动而失去稳定,从而导致建筑物倾倒。因此,研究地基中的应力计算和分布规律是研究地基的变形稳定的依据。地基中的应力,按其产生的原因可以分为自重应力和附加应力两种。

[想一想]
　土中应力根据产生原因可分为哪几类?

自重应力:由土体本身有效重量产生的应力称为自重应力。一般而言,土体在自重作用下,在漫长的地质历史上已压缩稳定,不再引起土的变形(新沉积土或近期人工充填土除外)。

附加应力:由于外荷(静的或动的)在地基内部引起的应力称为附加应力,它是使地基失去稳定和产生变形的主要原因。

第二节　自重应力的计算

一、地基中的自重应力计算

在计算地基中的自重应力时,一般将地基作为半无限弹性体来考虑。由半无限弹性体的边界条件可知,其内部任一与地面平行的平面或垂直的平面上,仅作用着竖向应力 σ_{cz} 和水平向应力 $\sigma_{cx} = \sigma_{cy}$,而剪应力 $\tau = 0$。

(一)均质土的自重应力

1. 竖向自重应力

设地基中某单元体离地面的距离 z,土的重度为 γ,则单元体上竖直自重应力等于单位随着土的计算深度增大而增大,呈三角形分布(见图 3-1 所示)。面积上的土柱有效重量,即

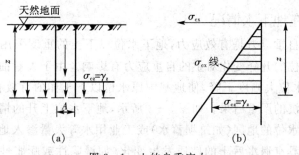

(a)　　　　　　　　　　　(b)

图 3-1　土的自重应力

$$\sigma_{cz} = \gamma \cdot z \qquad (3-1)$$

可见,土的竖直自重应力与土的重度和厚度成正比。

2. 水平向自重应力 σ_{cx}, σ_{sy}

在半无限体内,由侧限条件可知,土不可能发生侧向变形($\varepsilon_x = \varepsilon_y = 0$),因此,该单元体上两个水平向应力相等并按下式计算:

$$\sigma_{cx} = \sigma_{cy} = K_0\sigma_{cz} = K_0\gamma z \qquad (3-2)$$

式中:K_0——土的侧压力系数,它是侧限条件下土中水平向有效应力与竖直有效应力之比,可由试验测定,$K_0 = \dfrac{\mu}{1-\mu}$,μ 是土的泊松比。

(二)成层土的自重应力

设各土层的厚度为 Z_1, Z_2, ···, Z_n,相应的容重分别为 γ_1, γ_2, ···, γ_n,则地基中的第 n 层底面处的竖向自重应力为:

$$\sigma_{cz} = \gamma_1 Z_1 + \gamma_2 Z_2 + \gamma_3 Z_3 + \cdots + \gamma_n Z_n = \sum_{i=1}^{n} \gamma_i Z_i \qquad (3-3)$$

[做一做]
列表总结土的自重应力分布有什么特点。

可见,成层土的竖向自重应力随着土的计算深度增大而增大,自重应力的大小等于各层土的自重应力之和,呈折线分布,折点在土层层面交界处,如图 3-2 所示。

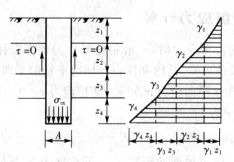

图 3-2 成层土的自重应力

二、特殊情况下的自重应力计算

(一)土层存在地下水情况

由于土的自重应力是有效应力,地下水位以下土的重度采用有效重度参与计算。地下水位的升降变化对土的自重应力有影响。由于大量抽取地下水等原因,造成地下水位大幅度下降,使地基中原水位以下土体的有效自重应力增加,会造成地表下沉的严重后果。如图 3-3 所示,地下水位上升的情况一般发生在人工抬高蓄水水位的地区(如筑坝蓄水)或工业用水等大量渗入地下的地区。如果该地区土层具有遇水后土的性质发生变化(如湿陷性或膨胀性等)的特性,则

[想一想]
地下水位的升降对土中应力有何影响?会导致哪些工程问题?

地下水位的上升会导致一些工程问题。

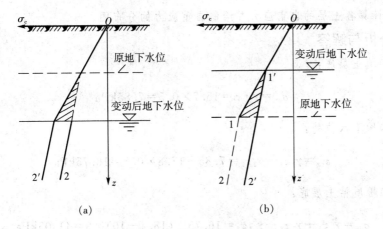

图 3-3　地下水位的升降对土的自重应力的影响

(二)土层存在不透水层情况

如果地下水位以下,埋藏不透水层(例如岩层或者坚硬的粘土层),由于不透水层不存在水的浮力,所以不透水层及层面以下的自重应力等于上覆土和水的重力之和。

【实践训练】

课目:土层的自重应力计算

(一)背景资料

某地基土剖面图如图 3-4 所示。

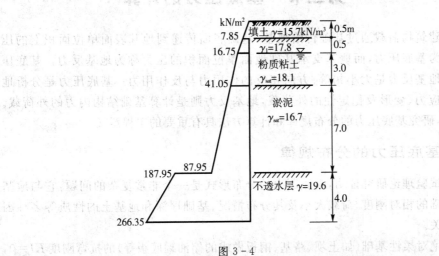

图 3-4

(二)问题

试计算各土层的自重应力并绘制自重应力的分布图。

(三)分析与解答

(1)填土层底：

$$\sigma_{cz} = \gamma \cdot z = 15.7 \times 0.5 = 7.85 \text{kPa}$$

(2)地下水位处：

$$\sigma_{cz} = \gamma_1 z_1 + \gamma_2 z_2 = 7.85 + 17.8 \times 0.5 = 16.75 \text{kPa}$$

(3)粉质粘土层底：

$$\sigma_{cz} = \gamma_1 z_1 + \gamma_2 z_2 + \gamma'_3 z_3 = 16.75 + (18.1 - 10) \times 3 = 41.05 \text{kPa}$$

(4)淤泥层底：

$$\sigma_{cz} = \gamma_1 z_1 + \gamma_2 z_2 + \gamma'_3 z_3 + \gamma'_4 z_4 = 41.05 + (16.7 - 10) \times 7 = 87.95 \text{kPa}$$

(5)不透水层层顶：

$$\sigma_{cz} = \gamma_1 z_1 + \gamma_2 z_2 + \gamma'_3 z_3 + \gamma'_4 z_4 + \gamma_w (z_3 + z_4) = 87.95 + 10 \times (3 + 7)$$

$$= 187.95 \text{kPa}$$

(6)钻孔底：

$$\sigma_{cz} = 187.95 + 19.6 \times 4 = 266.35 \text{kPa}$$

第三节　基底压力的计算

建筑物荷载通过基础传给地基,基础底面传递到地基表面单位面积上的压力称为基底压力,而地基支承基础地面单位面积的压力称为地基反力。基底压力与地基反力是大小相等、方向相反的作用力与反作用力。基底压力是分析地基中应力、变形及稳定性的外荷载,地基反力则是计算基础结构内力的外荷载。因此,研究基底压力的分布规律和计算方法具有重要的工程意义。

[想一想]

基底压力与地基反力有什么关系?

一、基底压力的分布规律

试验理论研究证明,基底压力的分布形式是一个非常复杂的问题,它与地基与基础的相对刚度、荷载大小及其分布情况、基础埋深和地基土的性质等多种因素有关。

绝对柔性基础(如土坝、路基、钢板做成的储油罐底板等)的抗弯刚度 $EI = 0$,在垂直荷载作用下没有抵抗弯曲变形的能力,基础随着地基一起变形,中部沉降大,两边沉降小,基底压力的分布与作用在基础上的荷载分布完全一致,如图3-5(a)所示。如果要使柔性基础的各点沉降相同,则作用在基础上的荷载应是两边大而中部小如图3-5(b)所示。

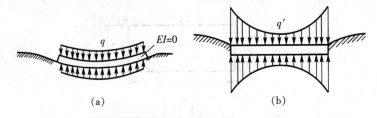

图3-5　柔性基础的基底压力的分布

绝对刚性基础的抗弯刚度 $EI=\infty$,在均布荷载作用下,基础只能保持平面下沉而不能弯曲,但对地基而言,均匀分布的基底压力将产生不均匀沉降,其结果是基础变形与地基变形不相适应,如图3-6(a)所示。为使地基与基础的变形协调一致,基底压力的分布必是两边大而中部小。如果地基是完全弹性体,由弹性理论解得基底压力分布如图3-6(b)所示,边缘处压力将为无穷大。

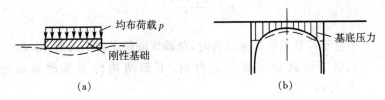

图3-6　刚性基础的基底压力分布

［问一问］
　什么是有限刚度基础?其基底压力分布有何规律?

有限刚度基础是工程中最常见的情况,具有较大的抗弯刚度,既不是绝对刚性基础,也不是绝对柔性基础,地基也不是完全弹性体,当基底两端的压力足够大,超过土的极限强度后,土体就会形成塑性区,所承受的压力不再增大,自行调整向中间转移。实测资料表明,当荷载较小时,基底压力分布接近弹性理论解,如图3-7(a)所示;随着上部荷载的逐渐增大,基底压力转变为马鞍形分布,如图3-7(b)所示;抛物线形分布,如图3-7(c)所示;当荷载接近地基的破坏荷载时,压力图形为钟形分布,如图3-7(d)所示。

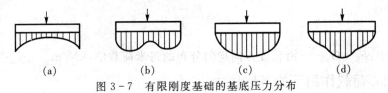

图3-7　有限刚度基础的基底压力分布

二、基底压力的简化计算

从以上分析可见,基底压力分布形式是十分复杂的,但在工程实践中,对一般基础受到工程压力作用时采用简化方法,即假定基底压力按直线分布,采用材料力学公式计算。

(一)轴心荷载作用下的基底压力

如图 3-8 所示,作用在基础上的荷载,其合力通过基础底面形心时为轴心受压基础,基底压力为均匀分布,数值按下式计算:

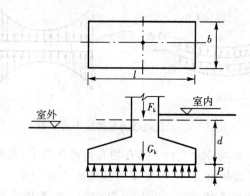

图 3-8 轴心荷载作用基底压力的分布

$$p_k = \frac{F_k + G_k}{A} \qquad (3-4)$$

式中:p_k——相应于荷载效应标准组合时,基础底面的平均压力值,kPa;

$\quad F_k$——相应于荷载效应标准组合时,上部结构传至基础顶面的竖直力,kN;

$\quad G_k$——基础自重和基础上的土重,kN,$G = \gamma_G A d$;

$\quad A$——基础底面积,m^2,对矩形基础 $A = l \times b$,l 及 b 分别为基底的宽度和长度,m;

$\quad \gamma_G$——基础及其上回填土的平均重度,一般可近似取 $20kN/m^3$,在地下水位以下部分应扣除水的浮力作用;

$\quad d$——基础埋深,m,一般从设计地面或室内外平均设计地面起算。

对于荷载沿长度方向均匀分布的条形基础,则取长度方向 l 取 1m 为计算单元,则公式为:

$$p_k = \frac{F_k + G_k}{b} \qquad (3-5)$$

式中:$F_k + G_k$——沿长度方向均匀分布的每米荷载值,kN/m。

(二)偏心荷载作用下的基底压力

如图 3-9 所示,常见的偏心荷载作用于矩形基础的一个主轴上,即单向偏心。

设计时通常将基底长边 L 方向取为与偏心方向一致,则基底边缘压力为:

$$p_{min}^{max} = \frac{F_k + G_k}{A} \pm \frac{M_k}{W} = \frac{F_k + G_k}{A}\left(1 \pm \frac{6e}{l}\right) \qquad (3-6)$$

[想一想]

  轴心荷载作用时基底压力是如何分布的?

式中:M_k——相应于荷载效应标准组合时,作用在基础底面的力矩值,kN·m;

    W——基础底面的抵抗矩,m³;

    e——荷载合力偏心距,m;

由上式可见:

    当 $e<\dfrac{1}{6}$ 时,基底压力呈梯形分布,如图3-9(a)所示;

    当 $e=\dfrac{1}{6}$ 时,基底压力呈三角形分布,如图3-9(b)所示

    当 $e>\dfrac{1}{6}$ 时,基底压力呈三角形分布,

基底出现拉应力,导致基底与地基分开,基底压力重新分布,重新分布的基底压力为:

$$p_{max}=\frac{2(F_k+G_k)}{3\left(\frac{1}{2}-e\right)b}\qquad(3-7)$$

基底压力分布如图3-9(c)所示。

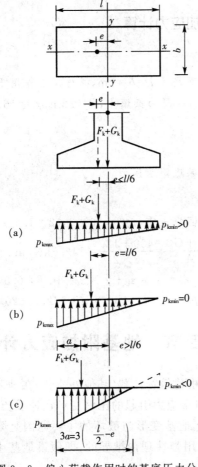

图3-9 偏心荷载作用时的基底压力分布

三、基底附加应力

[问一问]
　　基底附加压力的计算为何从天然地面算起?

　　建筑物修建前地基中的自重应力已经存在,并且一般地基在这种作用下的变形已经完成,只有建筑物荷载引起的地基应力的增量才能会导致地基产生新的变形。建筑物基础一般都有一定的埋深,建筑物修建时进行的基坑开挖减小了打击原有的自重应力,相当于加了一个负荷载。因此,在计算地基附加应力时,应该在基底压力中扣除基底处原有的自重应力,剩余的部分称为附加压力。则基底附加压力为:

$$轴心荷载作用情况: p_0 = p - \sigma_{cz} = p - \gamma_0 d \tag{3-8}$$

$$偏心荷载作用情况: p_0{}_{\min}^{\max} = p_{\min}^{\max} - \gamma_0 d \tag{3-9}$$

式中:γ_0——基础底面标高以上的天然土体的加权平均重度;

　　　d——基底埋深,从天然地面算起,对于新填土地区则从老底面算起。

【实践训练】

课目:基底压力和附加应力计算

(一)背景资料

　　某轴心受压基础底面尺寸 $l = b = 2m$,基础顶面作用 $F_k = 450kN$,基础埋深 $d = 1.5m$,已知地质剖面第一层为杂填土,厚 $0.5m$,$\gamma_1 = 16.8kN/m^3$,以下为粘土,$\gamma_2 = 18.5kN/m^3$。

(二)问题

　　试计算基底压力和基底附加压力。

(三)分析与解答

　　基础自重及基础上回填土重　　$\gamma_G = 20 \times 2 \times 2 \times 1.5 = 120kN$

　　基底压力　　$p_k = \dfrac{F_k + G_k}{A} = \dfrac{450 + 120}{2 \times 2} = 142.5kN/m^3$

　　基底处土自重应力　　$\sigma_{sz} = \gamma_1 \times z_1 + \gamma_2 \times z_2 = 16.8 \times 0.5 + 18.5 \times 1.0 = 26.9kPa$

　　基底附加压力为　　$p_0 = p - \sigma_{cz} = p - \gamma_0 d = 142.5 - 26.9 = 115.6kPa$

第四节　地基附加应力计算

　　地基附加应力是指由建筑物荷载(其他外荷载)在地基中产生的应力。对一般天然土层来说,土的自重应力引起的压缩变形在地质历史上早已完成,不会再引起地基沉降,因此引起地基变形与破坏的主要原因是附加应力。目前地基中的附加压力计算方法采用弹性理论推导的,即假设地基土为均质、连续、各相同性的半无限弹性体。

一、集中荷载作用下地基中的附加应力计算

(一)竖直集中荷载作用下地基中的附加应力计算

1885 年法国学者布辛涅斯克用弹性理论推出了在半无限空间弹性体表面上作用有竖直集中力 P 时,在弹性体内任一点 M 所引起的应力解析解。其中竖直应力分量对计算地基变形最有意义,其计算公式为

$$\sigma_{cz} = \frac{3Pz^3}{2\pi R^5} \tag{3-10}$$

式中:R——集中作用点 P 至计算点 M 的距离;

r——计算点 M 到集中力 P 作用线的水平距离。

利用图 3-10 中的几何关系可将式 3-10 改写为:

$$\sigma_{cz} = \frac{3Pz^3}{2\pi R^5} = \frac{3p^2}{2\pi z^2} \frac{1}{\left[1 + \left(\frac{r}{z}\right)^2\right]^{\frac{5}{2}}} = K\frac{P}{z^2} \tag{3-11}$$

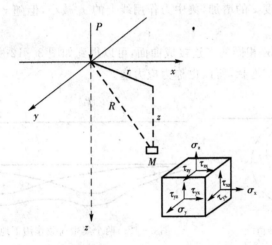

图 3-10 竖直集中力作用下土中一点的应力

式中:K——集中力作用下竖直附加应力系数,可由表 3-1 查得。

表 3-1 集中作用力下的附加应力系数

r/z	k	r/z	k	r/z	k	r/z	k	r/z	k
0	0.4775	0.50	0.2733	1.00	0.0844	1.50	0.0251	2.00	0.0085
0.05	0.4745	0.55	0.2466	1.05	0.0744	1.55	0.0224	2.20	0.0058
0.10	0.4657	0.60	0.2214	1.10	0.0658	1.60	0.0200	2.40	0.0040
0.15	0.4516	0.65	0.1978	1.15	0.0581	1.65	0.0179	2.60	0.0029
0.20	0.4329	0.70	0.1762	1.20	0.0513	1.70	0.0160	2.80	0.0021

r/z	k	r/z	k	r/z	k	r/z	k	r/z	k
0.25	0.4103	0.75	0.1565	1.25	0.0454	1.75	0.0144	3.00	0.0015
0.30	0.3849	0.80	0.1386	1.30	0.0402	1.80	0.0129	3.50	0.0007
0.35	0.3577	0.85	0.1226	1.35	0.0357	1.85	0.0116	4.00	0.0004
0.40	0.3294	0.90	0.1083	1.40	0.0317	1.90	0.0105	4.50	0.0002
0.45	0.3011	0.95	0.0956	1.45	0.0282	1.95	0.0095	5.00	0.0001

由式 3-11 计算竖直集中力在地基中引起的竖直应力 σ_z 表现出图 3-11 所示的规律：

1. 在集中力作用线上（$r=0$），当 $z=0$ 时，竖直应力 $\sigma_z \to \infty$，随着计算深度的增加 σ_z 逐渐减小。

2. 在 $r>0$ 的竖直线上，当 $z=0$ 时，$\sigma_z=0$；随着 z 的增加，σ_z 从零逐渐增大，至一定深度后又随着 z 的增加逐渐变小。

[想一想]
集中荷载作用下地基中的附加应力分布有什么特点？

3. 在 z 为常数的水平面上，σ_z 在集中力作用线上最大，并随着 r 的增大而逐渐减小。随着深度 z 的增加，集中力作用线上的 σ_z 减小，但随 r 增加而降低的速率变缓。

若在空间将 σ_z 相同的点连接成曲面，可以得到如图 3-12 所示的等值线，其空间曲面的形状如泡状，所以也称为应力泡。

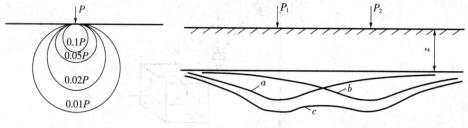

图 3-11　等值线　　　　图 3-12　两个集中荷载作用下地基中 σ_z 的叠加

通过上述分析，土中应力分布的特点：即集中力 P 在地基中引起的附加应力，在地基中向下、向四周无限扩散，并在扩散的过程中应力逐渐降低。反映了应力扩散的现象。

[问一问]
几个相邻集中荷载共同作用时，地基中的附加应力有何变化？

当地基表面作用几个集中力时，可分别算出各集中力在地基中引起的附加应力，如图 3-13 所示，然后根据弹性体应力叠加原理求出附加应力的总和。

（二）水平集中荷载作用下地基中的附加应力计算

如果地基表面有水平集中力 P_h 作用，地基中任一点 M 的附加应力是弹性理论中另一课题。该课题有西罗蒂提出，其中竖直附加应力 σ_z 计算公式为：

$$\sigma_{cz}=\frac{3P_h}{2\pi}\frac{xz^2}{R^5} \tag{3-12}$$

二、空间问题条件下的附加应力

任何建筑物荷载都是通过一定尺寸的基础传递给地基的,因此分布在一定面积上的局部荷载(即基底压力),如竖直均布荷载、竖直三角形荷载、水平均布荷载等,如基础的 $\frac{l}{b} < 10$ 时,均可按照空间问题计算地基中的附加应力。矩形基础是工程中最常见的基础,圆形分布荷载也属于空间问题。

(一)矩形基础受到竖直均布荷载作用下附加应力计算

基础传给地基表面的压应力都是面荷载,设长度为 l,宽度为 b 的矩形面积上作用竖直均布荷载 p。若要求地基内各点的附加应力 σ_z,应先求出矩形面积角点下的应力,再利用"角点法"求任一点的应力。

1. 矩形均布荷载角点下的应力

如图 3-13 所示,在矩形面积上任取微小面积 $d_x d_y$,将其上作用荷载以合力 $d_P = p d_x d_y$ 集中力代替,因此矩形基底角点下任一深度 M 点的竖直附加应力,可将对应式 3-10 沿长度 l 和宽度 b 两个方向进行二重积分求得,即

$$\sigma_z = \int_0^l \int_0^b \frac{3p}{2\pi} \frac{z^3}{(x^2 + y^2 + z^2)^{\frac{5}{2}}} \mathrm{d}x\mathrm{d}y$$

$$= \frac{p}{2\pi} \left[\arctan \frac{m}{n\sqrt{1 + m^2 + n^2}} + \frac{mn}{\sqrt{1 + m^2 + n^2}} \left(\frac{1}{m^2 + n^2} + \frac{1}{1 + n^2} \right) \right]$$

$$(3 - 13)$$

为了计算方便,将上式简写成为

$$\sigma_z = K_c p \qquad\qquad (3 - 14)$$

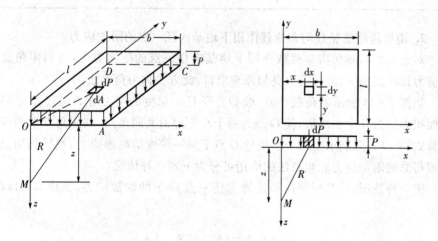

图 3-13　矩形基础均布荷载角点下的附加压力

式中:K_c——矩形基础受竖直均布荷载作用下角点下的附加应力系数,它是 m,n 的函数,其值可由表 3-2 查出。

表3-2 竖向均布荷载下角点下的附加压力系数 K

$nn=z/b$ ＼ $m=l/b$	1.0	1.2	1.4	1.6	1.8	2.0	3.0	4.0	5.0	6.0	10
0.0	0.2500	0.2500	0.2500	0.2500	0.2500	0.2500	0.2500	0.2500	0.2500	0.2500	0.2500
0.2	0.2486	0.2489	0.2490	0.2491	0.2491	0.2491	0.24922	0.24922	0.24922	0.24922	0.24922
0.4	0.2401	0.2420	0.2429	0.2434	0.2437	0.2439	0.2442	0.2443	0.2443	0.2443	0.2443
0.6	0.2229	0.2275	0.2300	0.2315	0.2324	0.2329	0.2339	0.2341	0.2342	0.2342	0.2342
0.8	0.1999	0.2075	0.2120	0.2147	0.2165	0.2176	0.2196	0.2200	0.2202	0.2202	0.2202
1.0	0.1752	0.1851	0.1911	0.1955	0.1981	0.1999	0.2034	0.2042	0.2044	0.2045	0.2046
1.2	0.1516	0.1626	0.1705	0.1758	0.1793	0.1818	0.1870	0.1882	0.1885	0.1887	0.1888
1.4	0.1308	0.1423	0.1508	0.1569	0.1613	0.1644	0.1712	0.1730	0.1735	0.1738	0.1740
1.6	0.1123	0.1241	0.1329	0.1436	0.1445	0.1482	0.1567	0.1590	0.1598	0.1601	0.1604
1.8	0.0969	0.1083	0.1172	0.1241	0.1294	0.1334	0.1434	0.1463	0.1474	0.1478	0.1482
2.0	0.0840	0.0947	0.1034	0.1103	0.1158	0.1202	0.1314	0.1350	0.1363	0.1368	0.1374
2.2	0.0732	0.0832	0.0917	0.0984	0.1039	0.1084	0.1205	0.1248	0.1264	0.1271	0.1277
2.4	0.0642	0.0734	0.0812	0.0879	0.0934	0.0979	0.1108	0.1156	0.1175	0.1184	0.1192
2.6	0.0566	0.0651	0.0725	0.0788	0.0842	0.0887	0.1020	0.1073	0.1095	0.1106	0.1116
2.8	0.0502	0.0580	0.0649	0.0709	0.0761	0.0805	0.0942	0.0999	0.1024	0.1036	0.1048
3.0	0.0447	0.0519	0.0583	0.0640	0.0690	0.0732	0.0870	0.0931	0.0959	0.0973	0.0987
3.2	0.0401	0.0467	0.0562	0.0580	0.0627	0.0668	0.0806	0.0870	0.0900	0.0916	0.0933
3.4	0.0361	0.0421	0.0477	0.0527	0.0571	0.0611	0.0747	0.0814	0.0847	0.0864	0.0882

2. 矩形基础受竖直均布荷载作用下地基内任一点的附加应力

对于矩形基础受均布荷载作用下地基内任一点的附加应力,可利用角点下的应力计算式(3-12)和应力叠加原理求得,此方法称为角点法。

如图3-14所示的荷载平面,求 O 点下任一深度的应力时.可过 O 点将荷载面积划分为几个小矩形,使 O 点为每个小矩形的共同角点,利用角点下的应力计算式(3-13)分别求出每个小矩形 O 点下同一深度的附加应力,然后利用叠加原理得总的附加应力。角点法的应用可分为下列三种情况:

第一种情况:计算矩形面积边缘上任一点 O 下的附加应力,如图3-14(a)所示。

$$\sigma_z = K_c p = (K_{cⅠ} + K_{cⅡ})p$$

第二种情况:计算矩形面积内任一点 O 下的附加应力(如图3-14b所示):

$$\sigma_z = K_c p = (K_{cⅠ} + K_{cⅡ} + K_{cⅢ} + K_{cⅣ})p$$

第三种情况：计算矩形面积外任一点下的附加应力，如图 3-14(c)所示。

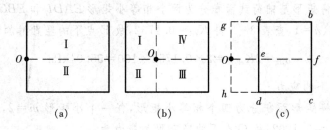

图 3-14　综合角点法的应用

$$\sigma_z = K_c p = (K_{cI} + K_{cII} - K_{cIII} - K_{cIV}) p$$

图 3-14c 中 I 为 $ogbf$，II 为 $ofch$，III 为 $ogae$，IV 为 $oedh$。

必须注意：(1)查表(或公式)确定 K_c 时矩形小面积的长边取 l，短边取 b；

　　　　　(2)所有划分的矩形小面积总和应等于原有矩形荷载面积。

[想一想]

矩形基础非角点下的附加应力如何计算?

【实践训练】

课目：计算附加应力

(一)背景资料

如图 3-15 所示，矩形面积＝2m×1m，p＝100kPa。

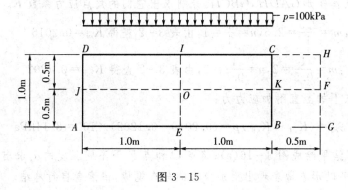

图 3-15

(二)问题

求 A、E、O、F、G 各点下深度为 1m 下的附加应力，并利用计算结果说明附加应力的分布规律。

(三)分析与解答

(1)A 点下的应力

A 点是矩形基础的角点，$m=l/b=2$，$n=z/b=1$ 查表 3-2 得 $K_{cA}=0.1999$，故 A 点的竖直附加应力为 $\sigma_{zA}=K_{cA}p=0.1999×100=19.99$kPa

(2)E 点下的应力

过 E 点将矩形基础荷载面积分为两个相等小矩形 $EADI$ 和 $EBCI$。任一个小矩形 $m=1$、$n=1$，查表 $3-2$ 得 $K_{cE}=0.1752$，故 E 点下的竖直附加应力为：

$$\sigma_{zB}=2K_{cE}p=2\times0.1752\times100=35.04\text{kPa}$$

(3)O 点下的应力

过 O 点将矩形面积分为四个相等小矩形，任一个小矩形 $m=2$，$n=2$，由表 $3-2$ 查得 $K_{co}=0.1202$，故 O 点下的竖直附加应力为：

$$\sigma_{zB}=4K_{co}P=4\times0.1202\times100=48.08\text{kPa}$$

(4)F 点下的应力

过 F 点作矩形 $FGAJ$，$FJDH$，$FGBK$，$FKCH$。设矩形 $FGAJ$ 和 $FJDH$ 的角点应力系数为 K_{cI}，矩形 $FGBK$ 和 $FKCH$ 的角点应力系数为 K_{cII}。

求 K_{cI}：$m=\dfrac{2.5}{0.5}=5$，$n=\dfrac{1}{0.5}=2$，由表 $3-2$ 查得 $K_{cI}=0.1363$

求 K_{cII}：$m=\dfrac{0.5}{0.5}=1$，$n=\dfrac{1}{0.5}=2$，由表 $3-2$ 查得 $K_{cII}=0.084$

故 F 点下的竖直附加应力为：

$$\sigma_{zF}=2(K_{cI}-K_{cII})p=2\times(0.1316-0.084)\times100=10.46\text{kPa}$$

(5)G 点下的应力

过 G 点作矩形 $GADH$，$GBCH$，分别求出它们的角点应力系数 K_{cI} 和 K_{cII}。

求 K_{cI}：$m=\dfrac{2.5}{1}=2.5$，$n=\dfrac{1}{1}=1$，由表 $3-2$ 查得 $K_{cI}=0.2016$

求 K_{cII}：$m=\dfrac{1}{0.5}=2$，$n=\dfrac{1}{0.5}=2$，由表 $3-2$ 查得 $K_{cII}=0.1202$

故 G 点下的竖直附加应力为：

$$\sigma_{zG}=(K_{cI}-K_{cII})p=(0.2016-0.1202)\times100=8.14\text{kPa}$$

将计算结果绘成图 $3-16(a)$；将点 O 和点 F 下不同深度的 σ_z 求出并绘成图 $3-16(b)$，可以形象地表现出附加应力的分布规律，请读者自行总结。

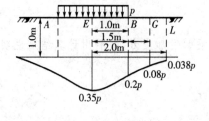

(a)

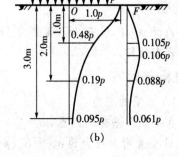

(b)

图 3-16

(二)矩形基础受竖直三角形分布荷载作用时角点以下的竖直附加应力

矩形基础受竖直三角形分布荷载作用时,把荷载强度为零的角点 O 作为坐标原点,同样可利用公式 $\sigma_z = \dfrac{3p}{2\pi} \cdot \dfrac{z^3}{R^5}$ 沿着整个面积积分来求得。如图 3-17 所示。若矩形基础受到三角形荷载的最大强度为 p_T,则微分面积 $dxdy$ 上的作用力 $dp = \dfrac{p_T}{B}dxdy$ 可作为集中力看待,于是角点 O 以下任意深度 z 处,由于该集中力所引起的竖直附加应力为:

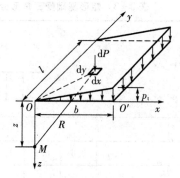

图 3-17 矩形基础受竖直三角形分布
荷载作用角点下的附加应力

$$d\sigma_z = \frac{3p_T}{2\pi B} \cdot \frac{1}{\left[1+\left(\dfrac{r}{z}\right)^2\right]^{5/2}} \cdot \frac{xdxdy}{z^2} \qquad (3-15)$$

将 $r^2 = x^2 + y^2$ 代入上式并沿整个底面积积分,即可得到矩形基底受竖直三角形分布荷载作用时角点下的附加应力为:

$$\sigma_z = K_T \cdot p_T \qquad (3-16)$$

式中 K_T——矩形基础受竖直三角形分布荷载作用时的竖直附加应力分布系数,可由 $m = \dfrac{l}{b}$,$n = \dfrac{z}{b}$ 查表 3-3 求得。

对于矩形基础范围内(或外)任意点下的竖向附加应力,仍然可以利用"角点法"和叠加原理进行计算。

(三)矩形基础受水平均布荷载作用时角点下的竖向附加应力

如图 3-18 所示,当矩形基底受到水平均布荷载 p_h 作用时,角点下任意深度 z 处的竖直附加应力可以利用公式 $\sigma_z = \dfrac{3p}{2\pi} \cdot \dfrac{z^3}{R^5}$ 求得:

$$\sigma_z = \pm K_h \cdot p_h \qquad (3-17)$$

式中:K_h——矩形基础受水平均布荷载作用时的竖向附加应力分布系数,可由 $m = \dfrac{l}{b}$,$n = \dfrac{z}{b}$ 查表 3-4 求得。

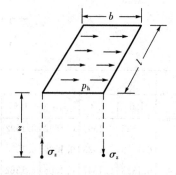

图 3-18 矩形基础受水平均布
荷载作用角点下附加应力

[想一想]
矩形基础受到竖直梯形作用时,地基中的附加应力如何计算?

表 3 - 3 矩形基础受三角形分布荷载作用零角点下的附加应力系数 K_T 值

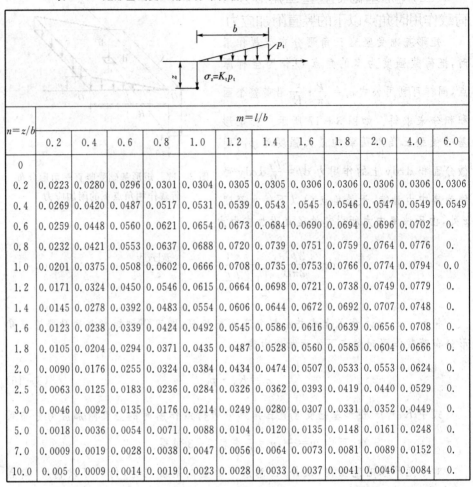

$n=z/b$	$m=l/b$											
	0.2	0.4	0.6	0.8	1.0	1.2	1.4	1.6	1.8	2.0	4.0	6.0
0												
0.2	0.0223	0.0280	0.0296	0.0301	0.0304	0.0305	0.0305	0.0306	0.0306	0.0306	0.0306	0.0306
0.4	0.0269	0.0420	0.0487	0.0517	0.0531	0.0539	0.0543	.0545	0.0546	0.0547	0.0549	0.0549
0.6	0.0259	0.0448	0.0560	0.0621	0.0654	0.0673	0.0684	0.0690	0.0694	0.0696	0.0702	0.
0.8	0.0232	0.0421	0.0553	0.0637	0.0688	0.0720	0.0739	0.0751	0.0759	0.0764	0.0776	0.
1.0	0.0201	0.0375	0.0508	0.0602	0.0666	0.0708	0.0735	0.0753	0.0766	0.0774	0.0794	0.0
1.2	0.0171	0.0324	0.0450	0.0546	0.0615	0.0664	0.0698	0.0721	0.0738	0.0749	0.0779	0.
1.4	0.0145	0.0278	0.0392	0.0483	0.0554	0.0606	0.0644	0.0672	0.0692	0.0707	0.0748	0.
1.6	0.0123	0.0238	0.0339	0.0424	0.0492	0.0545	0.0586	0.0616	0.0639	0.0656	0.0708	0.
1.8	0.0105	0.0204	0.0294	0.0371	0.0435	0.0487	0.0528	0.0560	0.0585	0.0604	0.0666	0.
2.0	0.0090	0.0176	0.0255	0.0324	0.0384	0.0434	0.0474	0.0507	0.0533	0.0553	0.0624	0.
2.5	0.0063	0.0125	0.0183	0.0236	0.0284	0.0326	0.0362	0.0393	0.0419	0.0440	0.0529	0.
3.0	0.0046	0.0092	0.0135	0.0176	0.0214	0.0249	0.0280	0.0307	0.0331	0.0352	0.0449	0.
5.0	0.0018	0.0036	0.0054	0.0071	0.0088	0.0104	0.0120	0.0135	0.0148	0.0161	0.0248	0.
7.0	0.0009	0.0019	0.0028	0.0038	0.0047	0.0056	0.0064	0.0073	0.0081	0.0089	0.0152	0.
10.0	0.005	0.0009	0.0014	0.0019	0.0023	0.0028	0.0033	0.0037	0.0041	0.0046	0.0084	0.

表 3 - 4 矩形基础受水平均布荷载作用角点下竖向附加应力系数 K_h 值

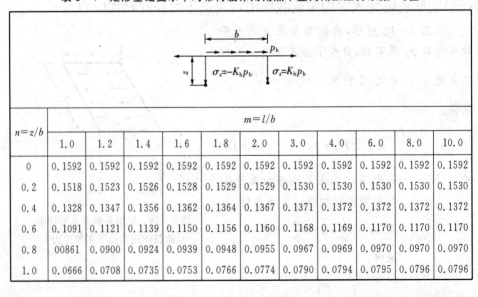

$n=z/b$	$m=l/b$										
	1.0	1.2	1.4	1.6	1.8	2.0	3.0	4.0	6.0	8.0	10.0
0	0.1592	0.1592	0.1592	0.1592	0.1592	0.1592	0.1592	0.1592	0.1592	0.1592	0.1592
0.2	0.1518	0.1523	0.1526	0.1528	0.1529	0.1529	0.1530	0.1530	0.1530	0.1530	0.1530
0.4	0.1328	0.1347	0.1356	0.1362	0.1364	0.1367	0.1371	0.1372	0.1372	0.1372	0.1372
0.6	0.1091	0.1121	0.1139	0.1150	0.1156	0.1160	0.1168	0.1169	0.1170	0.1170	0.1170
0.8	00861	0.0900	0.0924	0.0939	0.0948	0.0955	0.0967	0.0969	0.0970	0.0970	0.0970
1.0	0.0666	0.0708	0.0735	0.0753	0.0766	0.0774	0.0790	0.0794	0.0795	0.0796	0.0796

$n=z/b$	$m=l/b$										
	1.0	1.2	1.4	1.6	1.8	2.0	3.0	4.0	6.0	8.0	10.0
1.2	0.0512	0.0553	0.0582	0.0601	0.0615	0.0624	0.0645	0.0650	0.0652	0.0652	0.0652
1.4	0.0395	0.0433	0.0460	0.0480	0.0494	0.0505	0.0528	0.0534	0.0537	0.0537	0.0538
1.6	0.0308	0.0341	0.0366	0.0385	0.0400	0.0410	0.0436	0.0443	0.0446	0.0447	0.0447
1.8	0.0242	0.0270	0.0293	0.0311	0.0325	0.0336	0.0362	0.0370	0.0374	0.0375	0.0375
2.0	0.0192	0.0217	0.0237	0.0253	0.0266	0.0277	0.0303	0.0312	0.0317	0.0318	0.0318
2.5	0.0113	0.0130	0.0145	0.0157	0.0167	0.0176	0.0202	0.0211	0.0217	0.0219	0.0219
3.0	0.0070	0.0083	0.0093	0.0102	0.0110	0.0117	0.0140	0.0150	0.0156	0.0158	0.0159
5.0	0.0018	0.0021	0.0024	0.0027	0.0030	0.0032	0.0043	0.0050	0.0057	0.0059	0.0060
7.0	0.0007	0.0008	0.0009	0.0010	0.0012	0.0013	0.0018	0.0022	0.0027	0.0029	0.0030
10	0.0002	0.0003	0.0003	0.0004	0.0004	0.0005	0.0007	0.0008	0.0011	0.0013	0.0014

[注] "+"：当计算点在水平均布荷载作用方向的终止端以下时；"－"：当计算点在水平均布荷载作用方向的起始端以下时。当计算点在基础范围内（或外）任一位置，同一可以利用"角点法"和叠加原理来进行计算。

三、平面问题条件下的附加应力

理论上，当基础长度 l 与宽度 b 之比，$\dfrac{l}{b}=\infty$ 时，地基内部的应力状态属于平面问题。实际工程实践中，当 $\dfrac{l}{b}\geqslant 10$ 时，属于平面问题。

(一)条形基础受竖直均布荷载作用下的附加压力

如图 3-19 所示，将坐标原点 O 取在基础一侧的端点上，荷载作用的一侧为 x 的正方向。地基中任一点 M 的竖直附加应力 σ_z，可由简化公式求得：

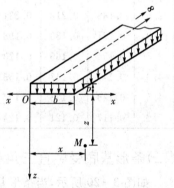

图 3-19　条形基础受竖直均布荷载作用下的附加应力

$$\sigma_z=K_z^s p \tag{3-18}$$

式中：K_z^s——条形基础受竖直均布荷载作用下的附加应力系数，可根据 $m=\dfrac{x}{b}$，$n=\dfrac{z}{b}$ 查表 3-5 求得。

所示，当条形基础受到均布荷载 p 作用时，应根据布辛涅斯克公式计算。

表 3-5　条形基础受竖直均布荷载作用下的竖向附加应力系数 K_z^s 值

$n=z/b$	$m=x/b$								
	−0.5	−0.25	0	0.25	0.5	0.75	1.00	1.25	1.50
0.01	0.001	0	0.500	0.999	0.999	0.999	0.500	0	0.001
0.1	0.002	0.011	0.499	0.988	0.997	0.988	0.499	0.011	0.002
0.2	0.011	0.091	0.498	0.936	0.978	0.936	0.498	0.091	0.011
0.4	0.056	0.174	0.489	0.797	0.881	0.797	0.489	0.174	0.056
0.6	0.111	0.243	0.468	0.679	0.756	0.679	0.468	0.243	0.111
0.8	0.155	0.276	0.440	0.586	0.642	0.586	0.440	0.276	0.155
1.0	0.186	0.288	0.409	0.511	0.549	0.511	0.409	0.288	0.186
1.2	0.202	0.287	0.375	0.450	0.478	0.450	0.375	0.287	0.202
1.4	0.210	0.279	0.348	0.400	0.420	0.400	0.348	0.279	0.210
1.6	0.212	0.268	0.321	0.360	0.374	0.360	0.321	0.268	0.212
1.8	0.209	0.255	0.297	0.326	0.337	0.326	0.297	0.255	0.209
2.0	0.205	0.242	0.275	0.298	0.306	0.298	0.275	0.242	0.205
2.5	0.188	0.212	0.231	0.244	0.248	0.244	0.231	0.212	0.188
3.0	0.171	0.186	0.198	0.206	0.208	0.206	0.198	0.186	0.171
3.5	0.154	0.165	0.173	0.178	0.179	0.178	0.173	0.165	0.154
4.0	0.140	0.147	0.153	0.156	0.158	0.156	0.153	0.147	0.140
4.5	0.128	0.133	0.137	0.139	0.140	0.139	0.137	0.133	0.128
5.0	0.117	0.121	0.124	0.126	0.126	0.126	0.124	0.121	0.117

(二)条形基底受竖直三角形分布荷载作用时的附加应力

如图 3-20 所示,当条形基础上受最大强度为 p_T 的三角形分布荷载作用时,同样可利用基本公式 $\sigma_z = \dfrac{2p}{\pi} \cdot \dfrac{z^3}{(x^2+z^2)^2}$,地基中任一点 M 的竖直附加压力 σ_z,可由简化公式求得:

$$\sigma_z = K_z^T p_T \qquad (3-18)$$

式中:K_z^T——条形基础受三角形分布荷载作用时的竖向附加应力系数,按 $m = \dfrac{x}{b}$,$n = \dfrac{z}{b}$,查表 3-6 求得。

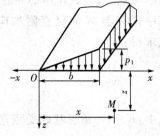

图 3-20　条形基础受水平均布荷载作用下的附加应力

表 3-6 条形基础受三角形分布荷载作用下竖向附加应力系数 K_z^{T} 值

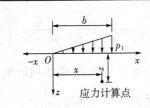

应力计算点

$n=z/b$	$m=x/b$								
	−0.5	−0.25	0.00	0.25	0.50	0.75	1.00	1.25	1.50
0.01	0	0	0.003	0.249	0.500	0.750	0.497	0	0
0.1	0	0.002	0.032	0.251	0.498	0.737	0.468	0.010	0.002
0.2	0.003	0.009	0.061	0.255	0.489	0.682	0.437	0.050	0.009
0.4	0.010	0.036	0.110	0.263	0.441	0.536	0.379	0.137	0.043
0.6	0.030	0.066	0.140	0.258	0.378	0.421	0.328	0.177	0.080
0.8	0.050	0.089	0.155	0.243	0.321	0.343	0.285	0.188	0.106
1.0	0.065	0.104	0.159	0.224	0.275	0.286	0.250	0.184	0.121
1.2	0.070	0.111	0.154	0.204	0.239	0.246	0.221	0.176	0.126
1.4	0.083	0.114	0.151	0.186	0.210	0.215	0.198	0.165	0.127
1.6	0.087	0.114	0.143	0.170	0.187	0.190	0.178	0.154	0.124
1.8	0.089	0.112	0.135	0.155	0.168	0.171	0.161	0.143	0.120
2.0	0.090	0.108	0.127	0.143	0.153	0.155	0.147	0.134	0.115
2.5	0.086	0.098	0.110	0.119	0.124	0.125	0.121	0.113	0.103
3.0	0.080	0.088	0.095	0.101	0.104	0.105	0.102	0.098	0.091
3.5	0.073	0.079	0.084	0.088	0.090	0.090	0.089	0.086	0.081
4.0	0.067	0.071	0.075	0.077	0.079	0.079	0.078	0.076	0.073
4.5	0.062	0.065	0.067	0.069	0.070	0.070	0.070	0.068	0.066
5.0	0.057	0.059	0.061	0.063	0.063	0.063	0.063	0.062	0.060

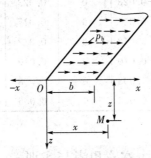

图 3-21 条形基础受水平均布
荷载作用下的附加应力

(三)条形基础受水平均布荷载作用时的附加应力

如图 3-21 所示,当基底作用着强度为 p_h 的水平均布荷载时,统一可以利用弹性理论求水平线荷载对任一点 M 所引起的竖向附加应力为：

$$\sigma_z = \frac{p_h}{\pi} \left[\frac{n^2}{(m-1)^2+n^2} - \frac{n^2}{m^2+n^2} \right] = K_z^h p \qquad (3-20)$$

式中：K_z^h——条形基底受水平均布荷载作用时的竖向应力系数，可由 $m=\frac{x}{b}$，$n=\frac{z}{b}$ 查表 3-7 求得。

[想一想]

条形基础受到竖直梯形作用时，地基中的附加应力如何计算？

表 3-7　条形基础受水平均布荷载作用下附加应力系数 K_z^h 值

应力计算点

$n=z/b$	$m=x/b$							
	−0.25	0	0.25	0.50	0.75	1.00	1.25	1.50
0.01	−0.001	−0.318	−0.001	0	0.001	0.318	0.001	0.001
0.1	−0.042	−0.315	−0.039	0	0.039	0.315	0.042	0.011
0.2	−0.116	−0.306	−0.103	0	0.103	0.306	0.116	0.038
0.4	0−.199	−0.274	−0.159	0	0.159	0.274	0.199	0.103
0.6	−0.212	−0.234	−0.147	0	0.147	0.234	0.212	0.144
0.8	−0.197	−0.194	−0.121	0	0.121	0.194	0.197	0.158
1.0	−0.175	−0.159	−0.096	0	0.096	0.159	0.175	0.157
1.2	−0.153	−0.131	−0.078	0	0.078	0.131	0.153	0.147
1.4	−0.132	−0.108	−0.061	0	0.061	0.108	0.132	0.133
1.6	−0.113	−0.089	−0.050	0	0.050	0.089	0.113	0.121
1.8	−0.098	−0.075	−0.041	0	0.041	0.075	0.098	0.108
2.0	−0.085	−0.064	−0.034	0	0.034	0.064	0.085	0.096
2.5	−0.061	−0.044	−0.023	0	0.023	0.044	0.061	0.072
3.0	−0.045	−0.032	−0.017	0	0.017	0.032	0.045	0.055
3.5	−0.034	−0.024	−0.012	0	0.012	0.024	0.034	0.043
4.0	−0.027	−0.019	−0.010	0	0.010	0.019	0.027	0.034
4.5	−0.022	−0.015	−0.008	0	0.008	0.015	0.022	0.028
5.0	−0.018	−0.012	−0.006	0	0.006	0.012	0.018	0.023

本章思考与实训

1. 何谓基底压力、地基反力、基底附加压力、土中附加应力？

2. 地下水位的升降对土自重应力有何影响？

3. 土中自重应力和附加应力沿着深度的变化，分布有何特点？通常建筑物的沉降是什么应力引起的? 土的自重应力在任何情况下都会引起建筑物的沉降么?

4. 在集中荷载作用下地基中附加应力的分布有何规律?

5. 假设基底压力保持不变,若基础埋置深度增加对土中附加应力有何影响?

6. 何为角点法? 如何应用角点法计算任一点的附加应力?

7. 如图 3-22 所示均布荷载作用的面积,如 p 相同,试比较 A 点下深度均为 5m 处的土中附加应力大小。

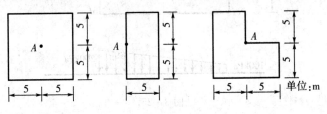

图 3-22

8. 如图 3-23 所示,试求 O 点下的附加应力,试用"角点法"计算。

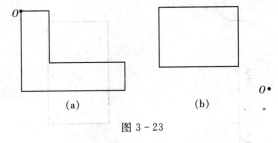

(a)   (b)

图 3-23

9. 某土层的剖面图和资料如图 3-24 所示。

(1)试计算并绘制竖向自重应力 σ_{cz} 沿深度的分布曲线;

(2)若土层中的地下水位由原来的水位下降 2m(至粘土层底),此时土中的自重应力 σ_{cz} 将有何变化? 并用图表示。

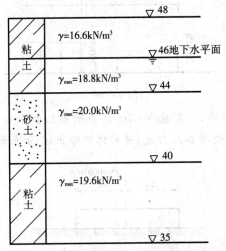

图 3-24

10. 如图 3-25 所示,矩形基础受竖直梯形分布荷载作用,试用角点法计算基础内中心点以下地基中 $z=2m$ 处的附加应力 σ_z。

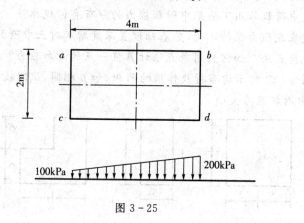

图 3-25

11. 有两相邻的矩形基础 A 和 B，其尺寸、相对位置及荷载如图 3-26 所示。考虑相邻基础的影响，试求基础 A 中心点下深度 $z=2m$ 处的竖向附加应力 σ_z。

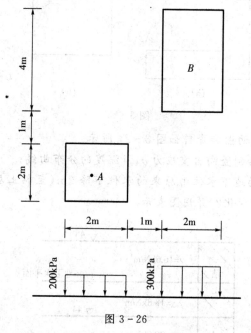

图 3-26

12. 如图 3-27 所示，一宽度 $b=4m$ 的条形基础受中心荷载作用，试计算基础中心下 12m 深度内的附加应力 σ_z，并按比例绘出 σ_z 分布曲线。

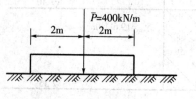

图 3-27

13. 如图 3 - 28 所示,宽度 $b=10$m 的条形基础受偏心竖直荷载及水平荷载作用,试计算中心点 O 及 O_1 点下 20m 深度内的附加应力,并绘出附加应力的分布图。

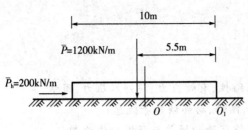

图 3 - 28

第四章　地基中的变形计算

【内容要点】

1. 熟悉土的压缩性、有效应力、超静水压力、固结、固结度、压缩系数、压缩模量、沉降量、沉降差、倾斜、局部倾斜等概念;

2. 掌握土的压缩试验的操作与压缩曲线绘制;

3. 掌握压缩系数、压缩模量等压缩指标的表达式及其在工程中的应用;

4. 掌握地基最终沉降量的计算方法与步骤;

5. 了解土的渗透性及渗透变形,地基沉降随时间的变化关系;

6. 了解建筑物的沉降观测方法与要求。

【知识链接】

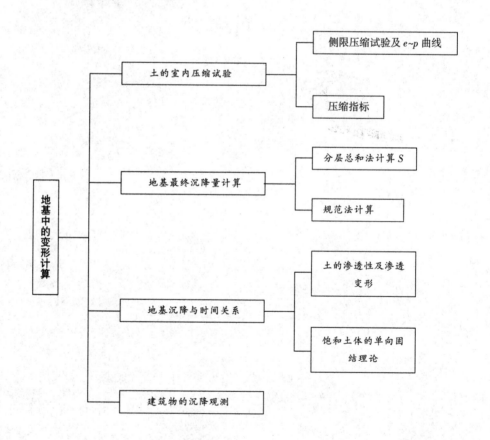

第一节 概 述

土是一种松散颗粒沉积物,具有压缩性。在建筑物荷载作用下,地基中产生附加应力,从而引起地基变形(主要是竖直变形),建筑物基础亦随之沉降。对于非均质地基或上部结构荷载差异较大时,基础部分还可能出现不均匀沉降。如果沉降或不均匀沉降超过容许范围,将会影响建筑物的正常使用;如引起上部结构的过大下沉、裂缝、扭曲或倾斜,严重时还将危及建筑物的安全。因此,研究地基的变形,对于保证建筑物的经济性和安全具有重要意义。为了保证建筑物的正常使用和经济合理,在地基基础设计时就必须计算地基的变形值,将这一变形值控制在允许范围内,否则应采取必要的措施。

第二节 土的侧限压缩试验

一、侧限压缩试验

(一)压缩性

土在压力作用下体积缩小的特性称为土的压缩性。土体积缩小的原因,从土的三相组成来看不外乎有以下三个方面:①土颗粒本身的压缩;②土体孔隙中不同形态的水和气体的压缩;③孔隙中部分水和气体被挤出,土颗粒相互移动靠拢使孔隙体积减小。

试验研究表明,在一般建筑物压力 100~600kPa 作用下,土颗粒和水自身体积的压缩都很小,可以略去不计,气体的压缩性较大,密闭系统中,土的压缩是气体压缩的结果,但在压力消失后,土的体积基本恢复,即土呈弹性。而自然界中土是一个开放系统,孔隙中的水和气体在压力作用下不可能被压缩而是被挤出的,因此,土的压缩变形主要是由于孔隙中水和气体被挤出,致使土体孔隙体积减小而引起的。

(二)压缩试验与压缩曲线

室内压缩试验是用环刀取土样放入单向固结仪或压缩仪内进行的,由于该试验中土样受到环刀和护环等刚性护壁的约束,在压缩过程中不可能发生侧向膨胀,只能产生竖直变形,因此又称为侧限压缩试验。土的压缩特性可由试验中施加的竖直固结压力 p 与土层应固结稳定状态下的土孔隙比 e 之间关系反映出来。

[想一想]

　土体产生压缩的主要原因是什么?

试验时,逐级对土样施加分布压力,一般按 p 取 50、100、200、300、400kPa 五级加荷,待土样压缩相对稳定后(符合现行《土工试验方法标准》(GB/T50123—1999)有关规定要求)测定相应变形量 S_i,而 S_i 用孔隙比的变化来表示。

如图 4−1 所示,一固结土样的断面面积为 A,体积为 V,土样在没有荷载作用时的高度为 H_0,孔隙比为 e_0,土粒体积为 V_0,土样在任一级荷载作用下达到稳定后的高度为 $H_i = H_0 - \sum \Delta S_i$,相应的孔隙比为 e_i,土粒体积不变,即 $V_{s0} =$

V_{si}。由土体的组成可知:

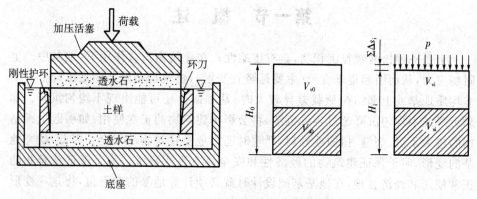

图 4-1 土的压缩试验示意图

土样压缩前 $\qquad V_0 = V_{s0} + V_{v0} = V_{s0}(1+e_0)$ $\qquad\qquad$ (4-1)

且 $\qquad\qquad V_0 = AH_0$

即 $\qquad\qquad AH_0 = V_{s0}(1+e_0)$

土样压缩后 $\qquad V_i = V_{si} + V_{vi} = V_{si}(1+e_i)$ $\qquad\qquad$ (4-2)

且 $\qquad\qquad V_i = AH_i$

即 $\qquad\qquad AH_i = V_{si}(1+e_i)$

由式 4-1 和 4-2 得到 $\dfrac{H_i}{H_0} = \dfrac{V_{si}(1+e_i)}{V_{s0}(1+e_0)}$,任一级荷载作用下稳定后的孔隙比为:

$$e_i = e_0 - (1-e_0)\frac{\sum \Delta s_i}{H_0} \qquad\qquad (4-3)$$

(三)试验结果表示方法

[想一想]
如何根据土的压缩曲线,来判别土的压缩性的大小?

试验时,测得各级荷载作用下的土样变形量 Δs_i,由式 4-3 计算出相应的孔隙比 e_i根据试验的各级压力和相应的孔隙比,绘出压力和孔隙比之间的关系曲线(即土的压缩曲线)。常用的表示法有 $e \sim p$ 曲线和 $e \sim \lg p$ 曲线两种形式。如图 4-2(a)、(b)所示。

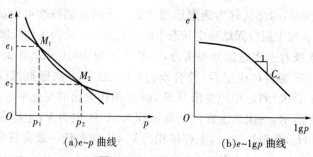

(a)$e \sim p$ 曲线 $\qquad\qquad$ (b)$e \sim \lg p$ 曲线

图 4-2 土的压缩曲线

二、压缩性指标

虽然根据 $e \sim p$ 关系曲线可以判定土的压缩性大小,但实际工程中需进行定量判别,常用的压缩性指标有压缩系数 a,压缩模量 E_s 和压缩指数 C_c。

(一)压缩系数 a

a 值表示单位压力增量所引起的孔隙比的变化,称为土的压缩系数。用下式表示:

$$a = \frac{\Delta e}{\Delta p} = \frac{e_1 - e_2}{p_2 - p_1} \tag{4-4}$$

式(4-4)中,a 的常用单位为 MPa^{-1},p 的常用单位为 kPa。显然,a 值越大,表明曲线斜率大,即曲线越陡,说明压力增量 Δp 一定的情况下孔隙比增量越大,则土的压缩性就越高。因此,压缩系数 a 值是判断土压缩性高低的一个重要指标。

由图 4-2 还可以看出,同一种土的压缩系数并不是常数,而是随所取压力变化范围的不同而改变的。为了评价不同种类土的压缩性大小,必须用同一压力变化范围来比较。工程实践中,常采用压力 $P_1 = 100 KPa$,$P_2 = 200 KPa$ 相对应的压缩系数 a_{1-2} 来评价土的压缩性。将地基土的压缩性分为以下三类:

当 $a_{1-2} \geqslant 0.5 MPa^{-1}$ 时,为高压缩性土;

当 $0.1 MPa^{-1} < a_{1-2} \leqslant 0.5 MPa^{-1}$ 时,为中压缩性土;

当 $a_{1-2} \leqslant 0.1 MPa^{-1}$ 时,为低压缩性土。

(二)压缩模量

土在完全侧限条件下,其竖向应力变化量 ΔP 与相应的应变变化量 ε 之比,称为土的压缩模量,用 E_s 表示,常用单位 MPa。即

$$Es = \frac{\Delta P}{\varepsilon} \tag{4-5}$$

压力增量 $\Delta P = P_1 - P_2$,竖向应变 $\varepsilon = \frac{(H_1 - H_2)}{\varepsilon}$,代入式(4-5)计算

$$Es = \frac{(1 + e_1)}{a} \tag{4-6}$$

同样相应于 $P_1 = 100 KPa$,$P_2 = 200 KPa$ 范围内的压缩模量 Es 值评价地基土的压缩性。

高压缩性土 $Es < 4MPa$

中压缩性土 $4MPa \leqslant Es \leqslant 15MPa$

低压缩性土 $Es > 15EPa$

(三)压缩指数 C_c

从 4-2(b)图中的 $e \sim lgp$ 曲线可以看出,此曲线的后半部为直线,此直线的

[想一想]

土的侧限压缩试验能够确定哪些土的压缩性指标? 各如何判断土的压缩性的大小?

斜率称为土的压缩指数 C_c，即

$$C_c = \frac{e_1 - e_2}{\lg p_2 - \lg p_1} \qquad (4-7)$$

压缩指数无量纲，压缩指数越大，土的压缩性也就越大。按《建筑地基基础设计规范》规定：$C_c < 0.2$ 为低压缩性土；$0.2 < C_c \leqslant 0.4$ 为中压缩性土；$C_c > 0.35$ 为高压缩性土。

第三节　地基最终沉降量的计算

地基最终沉降量是指地基在建筑物荷载作用下最后的稳定沉降量。计算地基最终沉降量的目的在于确定建筑物最大沉降量、沉降差、倾斜和局部倾斜，并将其控制在允许范围内，为建筑物设计和地基处理提供依据，以保证建筑物的安全和正常使用。

地基沉降的原因包括：(1)建筑物的荷重产生的附加应力引起；(2)欠固结土的自重引起；(3)地下水位下降引起和施工中水的渗流引起。

基础沉降按其原因和次序分为瞬时沉降 S_d；主固结沉降 S_c 和次固结沉降 S_s 三部分。

1. 瞬时沉降

是指加荷后立即发生的沉降，对饱和土地基，土中水尚未排出的条件下，沉降主要由土体测向变形引起；这时土体不发生体积变化。

2. 主固结沉降

是指超静孔隙水压力逐渐消散，使土体积压缩而引起的渗透固结沉降，也称主固结沉降，它随时间而逐渐增长。

[想一想]

基础沉降量计算的目的是什么？

3. 次固结沉降

是指超静孔隙水压力基本消散后，主要由土粒表面结合水膜发生蠕变等引起的，它将随时间极其缓慢地沉降。

因此，建筑物基础的总沉降量应为三者之和，即：$S = S_d + S_c + S_s$

计算地基变形时，传至基础底面上的荷载效应应按正常使用极限状态效应的准永久组合，不应计入风荷载和地震作用，相应的限值应为地基变形永久值。

计算地基最终沉降量的方法有多种，本节主要介绍分层总和法和《建筑地基基础设计规范》(GB50007—2002)推荐的方法，现介绍如下：

一、分层总和法

分层总和法是将地基压缩层范围以内的土层划分成若干薄层，分别计算每一薄层土的变形量，最后总和起来，即得基础的沉降量。

(一)计算假设

(1)地基中附加应力按均质地基考虑，采用弹性理论计算；

(2)假定地基受压后不发生侧向膨胀,土层在竖直附加应力作用下只产生竖向变形,即可采用完全侧限条件下的室内压缩指标计算土层的变形量;

(3)一般采用基础底面中心点下的附加应力计算各薄层的变形量,各薄层变形量之和即为地基总沉降量。

(二)计算公式

我们将基础底面下压缩层范围内的土层划分为若干分层。现分析第 i 分层的变形量的计算方法(如图 4-3 所示)。

在建筑物建造以前,第 i 分层仅受到土的自重应力作用,在建筑物建造以后,该薄层除受自重应力外,还受到建筑荷载所产生的附加应力的作用。

一般情况下,土的自重应力产生的变形过程早已结束,而只有附加应力才会使土层产生新的变形,从而使基础发生沉降。假定地基土受荷后不产生侧向变形,所以其受力状况与土的室内压缩试验时一样,故第 i 层土的沉降量由式(4-3)可得:

$$\Delta s_i = \frac{e_{1i} - e_{2i}}{1 + e_{1i}} h_i \qquad (4-8)$$

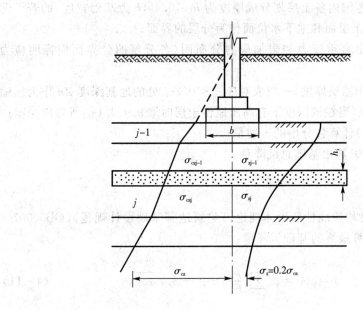

图 4-3 分层总和法计算原理示意图

则基础的总沉降量为:

$$s = \sum_{i=1}^{n} \Delta s_1 = \sum_{i=1}^{n} \frac{e_{1i} - e_{2i}}{1 + e_{1i}} h_i \qquad (4-9)$$

式中: Δs_i ——第 i 薄层土的沉降量;

S ——基础最终沉降量;

e_{1i} ——第 i 薄层土在建筑物建造前,土层平均自重作用下的孔隙比;

e_{2i}——第 i 薄层土在建筑物建造后,土层在平均自重应力和平均附加
应力作用下,最终压缩稳定的孔隙比;

h_i——第 i 薄层土的厚度;

n——压缩层范围内土层分层数目。

式(4-9)是分层总和法的基本公式,它采用压缩曲线计算。在计算中若采
用压缩系数 a_i、压缩模量 E_{si} 压缩指标,则式(4-8)可变为

$$s = \sum_{i=1}^{n} \Delta s_i = \sum_{i=1}^{n} \frac{e_{1i} - e_{2i}}{1 + e_{1i}} h_i = \sum_{i=1}^{n} \frac{a_i \overline{\sigma_{czi}}}{1 + e_{1i}} h_i = \sum_{i=1}^{n} \frac{\overline{\sigma_c zi}}{E_{si}} h_i \qquad (4-10)$$

式中:a_i、E_{si}——第 i 薄层土的压缩系数、压缩模量;

$\overline{\sigma_{cz_i}}$——第 i 薄层土上下层面所受附加应力的平均值。

(三)计算步骤

1. 按比例尺绘出地基土层剖面图和基础剖面图;

2. 计算基底的附加应力和自重应力;

3. 将压缩层范围内各土层划分成厚度为 $h_i \leqslant 0.4b$(b 为基础宽度)的若干薄
土层,不同性质的土层面和地下水位面作为分层的界面;

4. 计算并绘出自重应力和附加应力分布图(各分层的分界面应标明应力
值);

5. 确定地基压缩层厚度,一般取对应 $\sigma_{zi} < 0.2\sigma_{czi}$ 处的地基深度 Zn 作为压缩
层计算深度的下限,当在该深度下有高压缩性土层时取 $\sigma_{zi} < 0.1\sigma_{czi}$ 所对应深度;

[想一想]
　分层总和法计算地基变
形量的计算假设的实质是
什么?

6. 按式(4-8)计算各分层的压缩量;

7. 按式(4-10)算出基础总沉降量。

二、规范法

根据各向同性均质线性变形体理论,《建筑地基基础设计规范》(GB50007—
2002)采用下式计算最终的基础沉降量:

$$s = \psi_s s' = \psi_s \sum_{i=1}^{n} \frac{p_0}{E_{si}} (z_i \overline{\alpha_i} - z_{i-1} \overline{\alpha_{i-1}}) \qquad (4-11)$$

式中:s——地基最终沉降量(mm);

s'——理论计算沉降量(mm);

n——地基变形计算深度范围内压缩模量(特性)不同的土层数量;

z_i、z_{i-1}——基础底面至第 i 层和第 $i-1$ 层底面的距离,m;

$\overline{\alpha_i}$、$\overline{\alpha_{i-1}}$——基础底面至第 i 层和第 $i-1$ 层底面范围内平均附加应力系数,
可查表4-2;

ψ_s——沉降计算经验系数,根据各地区沉降观测资料及经验确定,也可采
用表4-1的数值。

表 4 - 1 沉降计算经验系数 ψ_s 值

基底附加应力	E_s MPa	2.5	4.0	7.0	15.0	20.0
粘性土	$P_0 = f_{ak}$	1.4	1.3	1.0	0.4	0.2
	$P_0 < 0.75 f_{ak}$	1.1	1.0	0.7	0.4	0.2
砂土		1.1	1.0	0.7	0.4	0.2

[注] $\overline{E_s}$ 为计算深度范围内压缩模量的当量值 $\overline{E_s} = \dfrac{\sum A_i}{\sum \dfrac{A_i}{E_{si}}}$

式中:A_i——第 i 层土附加应力系数沿土层厚度的积分值,即第 i 层土的附加应力系数面积;

E_{si}——相应于该土层的压缩模量;

f_{ak}——地基承载力特征值。

P_0——对应于荷载效应准永久组台时的基础底面处的附加压力,MPa;

E_{si}——基础底面下第 i 层土的压缩模量,按实际应力范围取值,MPa。

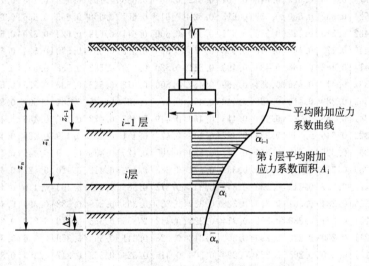

图 4 - 4 规范法计算沉降量计算原理示意图

地基变形计算深度 Z_n(如图 4 - 4 所示),应符合下式要求:

$$\Delta s'_n \leqslant 0.025 \sum_{i=1}^{n} \Delta s' \qquad (4 - 12)$$

式中:$\Delta s_i'$——在计算深度范围内,第 i 层土的计算变形值;

$\Delta s'_n$——计算深度向上取厚度为 ΔZ 的土层变形值,ΔZ 如图 4 - 4 所示,并按表 4 - 3 确定。

如确定的计算深度下部仍有较软土层时,应继续计算。

当无相邻荷载影响,基础宽度在 $1\sim30\mathrm{m}$ 范围内时,基础中点的地基变形计算深度也可按下列简化公式计算:

$$z_n = b(2.5 - 0.4\ln b) \qquad (4-13)$$

式中:b——基础宽度(m)。

在计算深度范围内存在基岩时,Z_n 可取至基岩表面;当存在较厚的坚硬粘性土层,其孔隙比小于 0.5、压缩模量大于 $50\mathrm{MPa}$,或存在较厚的密实砂卵石层,其压缩模量大于 $80\mathrm{MPa}$ 时,Z_n 可取至该层土表面。

表4-2 矩形基础受到均布荷载作用角点下的平均附加应力系数值

z/b	l/b												
	1.0	1.2	1.4	1.6	1.8	2.0	2.4	2.8	3.2	3.6	4.0	5.0	>10
0	1.000	1.000	1.000	1.000	1.000	1.000	1.000	1.000	1.000	1.000	1.000	1.000	1.000
0.2	0.987	0.990	0.991	0.992	0.992	0.992	0.993	0.993	0.993	0.993	0.993	0.993	0.993
0.4	0.936	0.947	0.953	0.956	0.958	0.960	0.961	0.962	0.962	0.963	0.963	0.963	0.963
0.6	0.858	0.878	0.890	0.898	0.903	0.906	0.910	0.912	0.913	0.914	0.914	0.915	0.915
0.8	0.775	0.801	0.810	0.831	0.839	0.844	0.851	0.855	0.857	0.885	0.859	0.860	0.860
1.0	0.689	0.738	0.749	0.764	0.775	0.783	0.792	0.798	0.801	0.803	0.804	0.806	0.807
1.2	0.631	0.663	0.686	0.703	0.715	0.725	0.737	0.744	0.749	0.752	0.754	0.756	0.758
1.4	0.573	0.605	0.629	0.648	0.661	0.672	0.687	0.696	0.701	0.705	0.708	0.711	0.714
1.6	0.524	0.556	0.580	0.599	0.613	0.625	0.614	0.651	0.658	0.663	0.666	0.670	0.675
1.8	0.482	0.513	0.537	0.556	0.571	0.583	0.600	0.611	0.619	0.624	0.629	0.633	0.638
2.0	0.446	0.475	0.499	0.518	0.533	0.545	0.563	0.575	0.584	0.590	0.594	0.600	0.606
2.2	0.414	0.443	0.466	0.484	0.499	0.511	0.530	0.543	0.552	0.558	0.563	0.570	0.577
2.4	0.387	0.414	0.436	0.454	0.469	0.481	0.500	0.513	0.523	0.530	0.535	0.543	0.551
2.6	0.362	0.389	0.410	0.428	0.442	0.455	0.473	0.487	0.496	0.504	0.509	0.518	0.528
2.8	0.341	0.366	0.387	0.404	0.418	0.430	0.449	0.463	0.472	0.480	0.486	0.495	0.506
3.0	0.322	0.346	0.366	0.383	0.397	0.409	0.427	0.441	0.451	0.459	0.465	0.477	0.487
3.2	0.305	0.328	0.348	0.364	0.377	0.389	0.407	0.420	0.431	0.439	0.445	0.455	0.468
3.4	0.289	0.312	0.331	0.346	0.359	0.371	0.388	0.402	0.412	0.420	0.427	0.437	0.452
3.6	0.276	0.297	0.315	0.330	0.343	0.353	0.372	0.385	0.395	0.403	0.410	0.421	0.436
3.8	0.263	0.284	0.301	0.316	0.328	0.339	0.356	0.369	0.379	0.388	0.394	0.405	0.422
4.0	0.251	0.271	0.288	0.302	0.314	0.325	0.342	0.355	0.365	0.373	0.379	0.391	0.408
4.2	0.241	0.260	0.276	0.290	0.300	0.312	0.328	0.341	0.352	0.359	0.366	0.377	0.396
4.4	0.231	0.250	0.265	0.278	0.290	0.300	0.316	0.329	0.339	0.347	0.353	0.365	0.384
4.6	0.222	0.240	2.255	0.268	0.279	0.289	0.305	0.317	0.327	0.335	0.341	0.353	0.373
4.8	0.214	0.231	0.245	0.258	0.269	0.279	0.294	0.300	0.316	0.324	0.330	0.342	0.362
5.0	0.306	0.333	0.237	0.240	0.360	0.260	0.0284	0.286	0.306	0.313	0.320	0.332	0.352

表4-3 取值表

$b(\mathrm{m})$	≤2	2~4	4~8	8~15	15~30	>30
$\Delta z(\mathrm{m})$	0.3	0.6	0.8	1.0	1.2	1.5

计算地基变形时,应考虑相邻荷载的影响,其值可按应力叠加原理,采用角点法计算。

现将按《建筑地基基础设计规范》(GB50007—2002)方法计算基础沉降量的计算布骤总结如下:

(1)计算基底附加应力;

(2)将地基土按压缩性分层(即按 E_s 分层);

(3)计算各分层的沉降量;

(4)确定沉降计算深度;

(5)计算基础总沉降量。

[做一做]

列表比较两种基础沉降量计算方法的异同点。

【实践训练】

课目:计算基础的沉降量

(一)背景资料

某中心受压柱基础,已知基底压力 $p=220\text{kPa}$,地基承载力特征值 $f_{ak}=190\text{kPa}$,其他条件如图4-5所示。

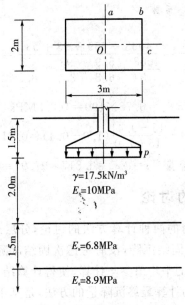

$\gamma=17.5\text{kN/m}^3$
$E_s=10\text{MPa}$

$E_s=6.8\text{MPa}$

$E_s=8.9\text{MPa}$

图 4-5

(二)问题

试用规范法计算基础的沉降量。

(三)分析与解答

1. 计算基底附加压力:

$$p_0 = p - \sigma_{cz} = 220 - 17.5 \times 1.5 = 193.75\text{kPa}$$

2. 将地基土按压缩性分层

试取 $z_n = 4.3\text{m}$,查表4-3知 $\Delta Z = 0.3\text{m}$。分层厚度见表4-4。

3. 计算各分层的沉降量　计算过程见表 4-4：

表 4-4　例题 4-5 计算过程

z_i(mm)	$n=\dfrac{l}{b}$	$m=\dfrac{z}{b}$	$4\,\overline{\alpha_i}$	$4\,\overline{\alpha_i}z_i$ (mm)	$4(\overline{\alpha_i}z_i-\overline{\alpha_{i-1}}z_{i-1})$ (mm)	E_{si} (kPa)	Δs_i (mm)
0	1.5	0	4×1	0			
2000	1.5	2.0	4×0.5085	4068	4068	10000	78.81
3500	1.5	3.5	4×0.3305	4627	559	6800	15.93
4000	1.5	4.0	4×0.2093	4720	93	8900	2.020
4300	1.5	4.3	4×0.2773	4733	93	8900	1.154

4. 确定计算深度

由表 4-4 可知　$\displaystyle\sum_{i=1}^{4}\Delta s_i=78.1+15.93+2.02+1.154=97.91\,\mathrm{mm}$

$\Delta s'_n=1.54\,\mathrm{mm}\leqslant0.025\displaystyle\sum_{i=1}^{4}\Delta s_i=0.025\times97.91=2.45\,\mathrm{mm}$

故计算深度 $Z_n=4.3\mathrm{m}$ 满足要求。

5. 确定沉降计算经验系数

$$\overline{E_s}=\frac{\sum A_i}{\sum\dfrac{A_i}{E_{si}}}=\frac{4068+559+93+93}{\dfrac{4068}{10}+\dfrac{559}{6.8}+\dfrac{93}{8.9}+\dfrac{53}{8.9}}=9.44\mathrm{MPa}$$

由 $p_0=193.75>0.75f_{ak}=0.75\times190=142.5\mathrm{MPa}$

查表 4-1 得 $\psi_s=0.4+\dfrac{15-9.44}{15-7.0}(1.0-0.4)=0.817$

6. 计算基础最终沉降量　$s=\psi_s s'=0.817\times97.97=79.99\mathrm{mm}$

三、关于计算方法的讨论

　　关于基础沉降量常用的两种计算方法的讨论，分层总合法计算基础沉降量时，仅仅考虑的是地基的固结沉降，没有考虑次固结沉降和瞬时沉降的影响；由于分层厚度的大小，应力的平均值参与计算，使得计算结果会有误差且计算工作量很大。《规范》法提出的计算最终沉降量的方法，是基于分层总和法的思想，运用平均附加应力面积的概念，按天然土层界面以简化由于过分分层引起的繁琐计算，并结合大量工程实际中沉降量观测的统计分析，以经验系数 ψ_S 进行修正，求得地基的最终变形量。由于 ψ_S 综合反映了计算公式中一些未能考虑的因素，它是根据大量工程实例中沉降的观测值与计算值的统计分析比较而得的。

四、应力历史对地基沉降的影响

(一)土的应力历史

　　土的应力历史是指土体在历史上曾经受到过的应力状态。我们把土在历史上曾经受到过的最大有效固结压力,称为先期固结应力,用 P_c 表示。

(二)先期固结应力和土层的固结

土体的固结应力就是使土体产生固结或压缩的应力,用 P_0。就地基土层来说,该应力主要有两种:一种是土的自重应力,另一种是由外荷引起的附加应力.我们把先期固结应力和现在所受的固结应力之比,称为超固结比 O_{CR}。根据 O_{CR} 值可将土层分为正常固结土,超固结土和欠固结土。

$O_{CR}=1$,即先期固结应力等于现有的固结应力,正常固结土;

$O_{CR}>1$,即先期固结力大于现有的固结应力,超固结土;

$O_{CR}<1$,即先期固结力小于现有的固结应力,欠固结土。

考虑应力历史对土层压缩性的影响,必须解决(1)判定土层的固结属正常固结、超固结、欠固结(2)反映现场土层实际的压缩曲线,其可行办法为:通过现场取样,由室内压缩曲线的特征建立室内压缩曲线与现场压缩曲线的关系,从而以室内压缩曲线推求现场压缩曲线。(这一部分内容读者查阅有关资料)

(三)先期固结应力 P_c 的推求

根据室内大量试验资料证明:室内压缩曲线开始弯曲平缓,随着压力增大明显下弯,当压力接近 P_c 时,曲线急剧变陡,并随压力的增长近似直线向下延伸。

确定 P_c 的常用方法是卡萨格兰德提出的经验作图法,如图 4-6 所示,其步骤如下:

1. 从室内 $e \sim lgp$ 压缩曲线上找出曲率最大点 A 点;

2. 过 A 点作水平线 A_1 和切线 A_2;

3. 作水平线 A_1 与切线 A_2 的夹角平分线 A_3;

4. 作 $e \sim lgp$ 曲线直线段的向上延长交 A_3 于 B 点,则 B 点的横坐标即为所求的先期固结应力 P_c。

[想一想]
土的应力历史对地基沉降有何影响?

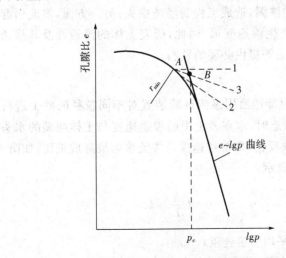

图 4-6 卡萨格兰德法确定先期固结压力

第四节　地基沉降与时间的关系

前面介绍地基最终沉降量计算,是由于建筑物荷载产生的附加应力作用下,使土的孔隙体积减小而引起的。对于饱和土体压缩,必须使孔隙中的水分排出后才能完成。孔隙中水分的排除需要一定的时间,通常碎石土和砂土地基渗透性大、压缩性小,地基沉降趋于稳定的时间很短。而饱和的厚粘性土地基的孔隙小、压缩性大,沉降往往需要几年甚至几十年才能完成达到稳定。一般建筑物在施工期间完成的沉降量,对于砂土可认为其最终沉降量已完成 80% 以上;对于低压缩性粘性土可以认为已完成最终沉降量的 50%~80%;对于中压缩性土可以认为已完成 20%~50%;对于高压缩性土却只能完成 5%~20%。因此,工程实践中一般只考虑粘性土的变形与时间之间的关系对建筑物变形的影响。

在建筑物设计施工中,既要计算地基最终沉降量,还需要知道地基沉降与时间的关系,以便预留建筑物有关部分之间的净空,合理选择连接方法和施工顺序。对已发生裂缝、倾斜等事故的建筑物,也需要知道沉降与时间的关系,以便对沉降计算值和实测值进行分析。

一、土的渗透性及渗透变形

(一)渗流的概念

土是一种松散的固体颗粒集合体,土体内具有互相连通的孔隙。当有水位差作用时,水就会从水位高的一侧向水位低的一侧发生流动。在水位差的作用下,水穿过土中相互连通的孔隙发生流动的现象,我们把这种现象叫做渗流。土体被谁透过的性质称为土的渗透性。

土体发生渗透会引起两个方面的问题:一方面,渗流会造成水量损失,造成水库坝基、输水渠道的渗漏,造成工程的经济损失;另一方面,渗流引起土体内部的应力变化,使土体产生渗透变形,因此,研究土体的渗透性及其渗透规律对工程建设、地基处理、施工等提供必要的资料。

[问一问]

什么是土的渗流现象?渗流对土的工程性质有何影响?

(二)达西定律

1856 年,法国工程师达西用渗流试验装置对不同粒径的砂土进行大量的试验,发现渗流为层流状态时,水在砂土中的渗透速度与土样两端的水头差 h 成正比,而与渗径长度 L 成反比,即渗透速度与渗流水力坡降成正比,如图 4-7(a)所示。可用下列关系式表示:

$$v = k\frac{h}{L} = ki \qquad (4-14)$$

式中:v——断面平均渗透速度,cm/s;

i——水力坡降,表示单位渗径长度上的水头损失,($i = h/L$);

k——土的渗透系数,cm/s。

达西定律用来表示层流状态下的渗透速度与水力坡降关系的基本规律,其适用于层流状态,在土建工程中遇到的多数情况均属于层流范围。如坝基渗漏和基坑、水井的水量计算,均可以用达西定律来解决。研究表明,土的渗透性与土的性质有关:

(1)对于密实的粘土,其孔隙主要是结合水所占据,当水力坡降很小时,由于受到结合水的粘滞阻力作用,渗流很慢,甚至不发生渗流。只有当水力坡降达到一定数值,克服了结合水粘滞阻力作用后,才能发生渗流。渗流速度与水力坡降呈非直线关系,如图4-7(b)所示。

(2)对于某些粗粒土和巨粒土中的渗流,只有水力坡降较小的情况下,渗透速度与水力坡降才呈线性关系,符合达西定律。随着水力坡降的增大,水在土中的渗流呈紊流状态,渗透规律呈非线性关系,此时达西定律不再适用,如图4-7(c)所示。

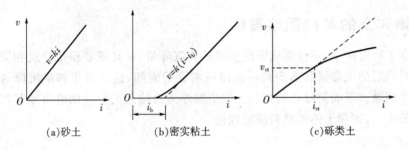

(a)砂土　　　　　(b)密实粘土　　　　　(c)砾类土

图4-7　土的渗透速度与水力坡降的关系

(三)渗透变形

建筑物和地基在渗流作用下,土体中的细颗粒被冲走或局部土体同时浮起而流失,导致土体变形或破坏的现象称为渗透变形。土体渗透变形的实质是由于渗透力的作用而引起的。单一土层的渗透变形的形式有流土和管涌。

1. 流土

流土是指在渗流作用下,局部土体隆起、浮动或颗粒群同时发生移动而流失的现象。流土一般发生在无保护的渗流出口处,而不发生在土体内部。开挖基坑或渠道时出现的"流砂"现象,就是流土的常见形式。

2. 管涌

管涌是指在渗流作用下,土中的细颗粒通过粗颗粒的孔隙被带出土体外的现象。管涌可以发生在土体的所有部位。管涌发生时,首先细颗粒在粗颗粒的孔隙中发生移动,随着土中孔隙的逐渐增大,渗流速度不断增大,较粗的颗粒也被冲走,最后导致土体内部形成贯通的渗流通道,酿成严重后果。

[问一问]
什么是流土和管涌?

二、有效应力原理

土的压缩需要一定的时间才能完成,土的压缩随时间而增长的过程称为土的固结。饱和土在荷载作用后的瞬间,孔隙中水承受了由荷载产生的全部压力,此压力称为孔隙水压力或称超静水压力,孔隙水在超静水压力作用下逐渐被排出,同时使土粒骨架逐渐承受这部分压力,此压力称为有效应力。在有效应力增加的过程中,土粒孔隙被压密,土的体积被压缩。所以土的固结过程就是超静水压力消散而转为有效应力的过程。

由上述分析可知,在饱和土的同结过程中,任一时间内,有效应力 σ' 与超静水压力 u 之和总是等于由荷载产生的附加应力 σ,即

$$\sigma = \sigma' + u \qquad\qquad (4-15)$$

在加荷瞬间:$t=0$,$\sigma'=0$ 而 $u=\sigma$。此时土体处于完全饱和状态,饱和土体中的孔隙水来不及排出;在加荷一段时间:$\infty > t > 0$,$\sigma' > 0$,$u > 0$,而 $\sigma = \sigma' + u$。此时饱和土体中的孔隙水逐渐向外排出;当固结变形稳定时:$t = \infty$,$\sigma' = \sigma$ 而 $u = 0$。此时饱和土体中的孔隙水完全排出,则饱和土完全固结。

[想一想]
饱和土体的有效应力原理是如何反应地基固结情况?

三、饱和土的单向固结理论

在工程实践中,不仅要确定地基的最终沉降量,而且还要预估建筑物完工及一段时间后的沉降量和达到某一沉降所需要的时间,这就要求解决沉降与时间的关系问题。下面简单介绍饱和土体依据渗流固结理论为基础解决地基沉降与时间的关系,饱和土体的单向固结理论。

(一)基本假设

将固结理论模型用于反映饱和粘性土的实际固结问题,其基本假设如下:

1. 地基土是均质的,各相同性的饱和土;
2. 在固结过程中,土粒和孔隙水是不可压缩的;
3. 土层仅在竖向产生排水固结(相当于有侧限条件);
4. 土层的渗透系数 K、孔隙比 e 和压缩系数 a 为常数;
5. 土层的压缩速率取决于孔隙水的排出速率,孔隙水的渗出符合达西定律;
6. 外荷是一次瞬时施加的,且沿深度 Z 为均匀分布。

(二)固结度及其应用

在饱和土体渗透固结过程中,土层内任一点的孔隙水应力 U_{zt} 所满足的微分方程式称为固结微分方程式,(其推导过程请读者查阅有关资料)。

所谓固结度,就是指在某一固结应力作用下,经某一时间 t 后,土体发生固结或孔隙水应力消散的程度。对于土层任一深度 Z 处经时间 t 后的固结度,按下式表示:

$$u_t = \frac{\sigma'}{p} = \frac{u_0 - u_{zt}}{u_0} = 1 - \frac{u_{zt}}{u_0}$$

式中:u_0——初始孔隙水应力,其大小即等于该点的固结应力;

$\qquad u_{zt}$——t 时刻的孔隙水应力;

$\qquad u_t$——固结度。

平均固结度(u_t)：当土层为均质时，地基在固结过程中任一时刻 t 时的沉降量 S_t 与地基最终沉降量 S 之比称为地基在 t 时刻的平均固结度。用 u_t 表示即：

$$u_t = S_t/S \text{ 或 } S_t = u_t \cdot S$$

当地基的固结应力、土层性质和排水条件已定的前提下，u_t 仅是时间 t 的函数，由 $u_{zt} = \dfrac{4p}{\pi} \sum\limits_{m=1}^{\infty} \dfrac{1}{m} \sin \dfrac{m\pi z}{2H} e^{-m^2 \frac{\pi^2}{4} T_v}$ 给出了 t 时刻在深度 Z 的孔隙水应力的大小，根据有效应力和孔隙水应力的关系，土层的平均固结度：

【问一问】
什么是固结度？有什么应用？

$$u_t = \frac{s_t}{s} = \frac{\dfrac{a}{1+e_1} \displaystyle\int_0^H \sigma' dz}{\dfrac{a}{1+e_1} \displaystyle\int_0^H \sigma_z dz} = \frac{\displaystyle\int_0^H (\sigma - u) dz}{\displaystyle\int_0^H \sigma_z dz} = 1 - \frac{\displaystyle\int_0^H u dz}{\displaystyle\int_0^H \sigma_z dz}$$

$\displaystyle\int_0^H u dz$，$\displaystyle\int_0^H \sigma_z dz$ 分别表示土层在外荷作用下 t 时刻孔隙水应力面积与固结应力的面积，将式 $u_{zt} = \dfrac{4p}{\pi} \sum\limits_{m=1}^{\infty} \dfrac{1}{m} \sin \dfrac{m\pi z}{2H} e^{-m^2 \frac{\pi^2}{4} T_v}$ 代入上式得：

$$u_t = 1 - \frac{8}{\pi^2} \left(e^{-\frac{\pi^2}{4} T_v} + \frac{1}{9} e^{-9\frac{\pi^2}{4} T_v} + \cdots \right) \tag{4-16}$$

令 $C_v = \dfrac{K(1+e_1)}{a r_w}$

C_v——称为竖向渗透固结系数（m²/年或 cm²/年）。

T_v 为时间因素，无因次，$T_v = tC_v/H^2$，t 的单位为年，H 为压缩土层的透水面至不透水面的排水距离，单位为厘米；当土层双面排水，H 取土层厚度的一半。

此式给出的 u_t 与 T_v 之间的关系可以用图 4-8 中的曲线表示。

从上式可以看出，土层的平均固结程度是时间因数 T_v 的单值函数，它与所加的固结应力的大小无关，但与土层中固结应力的分布有关。

固结度应用：

有了上述几个公式，就可根据土层中的固结应力、排水条件解决下列两类问题：

1. 已知土层的最终沉降量 S，求某时刻历时 t 的沉降 S_t。

由地基资料 K，压缩系数 a，e_1，H，t，按式 $C_v = K(1+e_1)/a r_w$ 计算，$T_v = C_v \cdot t/H_2$ 求得 T_v 后，然后利用图 4-8 查出相应的固结度 u_t 或地基沉降与时间关系可采用固结理论或经验公式估算（具体应用时可参考有关资料）。

2. 已知土层的最终沉降量 S，某时刻固结度 u_t，求土层固结所经历的时间 t。

由地基资料 K，压缩系数 a，e_1，H，t，按式 $C_v = K(1+e_1)/a r_w$、u_t，然后利用图 4-8 查出相应的固结度 T_v，然后求时间 t。

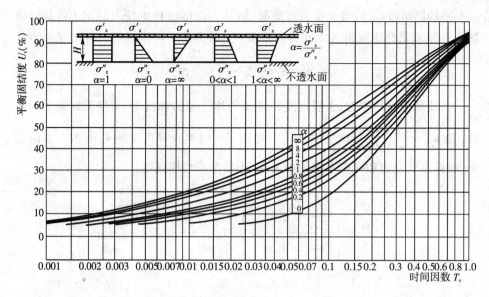

图 4-8 平均固结度 u_t 与时间因数 T_V 的关系曲线

【实践训练】

课目:饱和土地基沉降量计算

(一)背景资料

有一地基压缩层为厚 8m 的饱和软粘土层,下部为隔水层,软粘土加荷载之前的孔隙比 $e_1=0.7$,渗透系数 $k=2.0\text{cm/a}$,压缩系数 $a=0.25\text{Mpa}^{-1}$,附加应力分布如图 4-9 所示。

(二)问题

求:(1)一年后地基沉降量为多少?(2)加荷多长时间,地基固结度可大 80%?

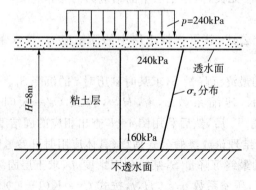

图 4-9

　　　　　　　　　　　　　　　　　　　土力学与地基基础(第 2 版)

（三）分析与解答

1. 求土层最终沉降量 S：

地基的平均的附加应力为 $\overline{\sigma_z} = \dfrac{240+160}{2} = 200(\mathrm{Kp_a})$

$$s = \frac{a}{1+e_1}\overline{\sigma_z}H = \frac{0.25\times10^{-3}}{1+0.7}\times200\times800 = 23.53(\mathrm{cm})$$

该土层固结系数为 $\quad C_V = \dfrac{k(1+e_1)}{a\gamma_w} = \dfrac{2\times(1+0.7)}{0.00025\times0.098} = 1.39\times10^5(\mathrm{cm^2/a})$

$$T_V = \frac{C_V t}{H^2} = \frac{1.39\times10^5}{800^2} = 0.217 \qquad \alpha = \frac{\sigma'_z}{\sigma''_z} = \frac{240}{160} = 1.5$$

查图 4-9 加荷 1 年的固结度 $u_t = 0.55$，故 $s_t = s \cdot u_t\, 23.53\times0.55 = 12.94$ (cm)

2. 计算地基固结度为 80% 时所经历的时间：

由 $\alpha = \dfrac{\sigma'_z}{\sigma''_z} = \dfrac{240}{160} = 1.5$ 和 $U_t = 80\%$ 查图 4-9 得知 $T_V = 0.54$

由式 $T_V = \dfrac{C_V t}{H^2}$ 得，固结度达 80% 所经历的时间 $t = \dfrac{T_V H^2}{C_V} = \dfrac{0.54\times800^2}{1.39\times10^5} = 2.49(\mathrm{a})$

第五节　建筑物的沉降观测

一、建筑物的沉降观测

为了及时发现建筑物变形并防止有害变形的扩大，对于重要的、新型的、体形复杂的建筑物，或使用上对不均匀沉降有严格限制的建筑物，在施工过程中，以及使用过程中需要进行沉降观测。根据沉降观测的资料，可以预估最终沉降量，判断不均匀沉降的发展趋势，以便控制施工速度或采取相应的加固处理措施。

1. 沉降观测点的布置

沉降观测首先要设置好水准基点，其位置必须稳定可靠，妥善保护。埋设地点宜靠近观测对象，但必须在建筑物所产生的压力影响范围以外。在一个观测区内，水准基点不应少于 3 个，埋置深度应与建筑物基础的埋深相适应。

其次应根据建筑物的平面形状，结构特点和工程地质条件综合考虑布置观测点。一般设置在建筑物四周的角点、转角处、纵横墙的中点、沉降缝和新老建筑物连接处的两侧，或地质条件有明显变化的地方，数量不宜少于 6 点，观测点的间距一般为 8~12m。

2. 沉降观测的技术要求

沉降观测采用精密水准仪测量，观测的精度为 0.01mm。沉降观测应从浇捣

[想一想]
建筑物沉降观测的意义是什么？沉降观测点应如何布置？

基础后立即开始,民用建筑每增高一层观测一次,工业建筑应在不同荷载阶段分别进行观测,施工期间的观测不应少于 4 次。建筑物竣工后应逐渐加大观测时间间隔,第一年不少于 3~5 次,第二年不少于 2 次,以后每年 1 次,直到下沉稳定为止。稳定标准为半年的沉降量不超过 2mm。

在正常情况下,沉降速率应逐渐减慢,如沉降速率减少到 0.05mm/d 以下时,可认为沉降趋向稳定,这种沉降称为减速沉降。如出现等速沉降,就有导致地基丧失稳定的危险。当出现加速沉降时,表示地基已丧失稳定,应及时采取措施,防止发生工程事故。

3. 沉降观测资料的整理

沉降观测的测量数据应在每次观测后立即进行整理,计算观测点高程的变化和每个观测点在观测间隔时间内的沉降增量以及累计沉降量。同时应绘制各种图件,包括每个观测点的沉降—时间变化过程曲线,建筑物沉降展开图和建筑物的倾斜及沉降差的时间过程曲线。根据这些图件可以分析判断建筑物的变形状况及其变化发展趋势。

二、地基允许变形值

(一)地基变形分类

不同类型的建筑物,对地基变形的适应性是不同的。因此,应用前述公式验算地基变形时,要考虑不同建筑物采用不同的地基变形特征来进行比较与控制。

《建筑地基基础设计规范》(GB50007—2002)将地基变形依其特征分为以下四种:

1. 沉降量

指单独基础中心的沉降值对于单层排架结构柱基和高耸结构基础须计算沉降量,并使其小于允许沉降值。

2. 沉降差

指两相邻单独基础沉降量之差,对于建筑物地基不均匀,有相邻荷载影响和荷载差异较大的框架结构、单层排架结构,需验算基础沉降差,并把它控制在允许值以内。

3. 倾斜

指单独基础在倾斜方向上两端点的沉降差其距离之比,当地基不均匀或有相邻荷载影响的多层和高层建筑基础及高耸结构基础,须验算基础的倾斜。

4. 局部倾斜

指砌体承重结构沿纵墙 6~10m 内基础两点的沉降差与其距离之比,根据调查分析,砌体结构墙身开裂,大多数情况下都是由于墙身局部倾斜超过允许值所致。所以,当地基不均匀、荷载差异较大、建筑体型复杂时,就需要验算墙身的倾斜。

(二)地基变形允许值

一般建筑物的地基允许变形值可按表 4-5 规定采用。表中数值是根据大

[想一想]

1. 地基变形特征有哪几类?

2. 建筑物的地基变形如何控制?

量常见建筑物系统沉降观测资料统计分析得出的。对于表中未包括的其他建筑物的地基允许变形值,可根据上部结构对地基变形的适应性和使用上的要求确定。

表 4-5　建筑物地基允许变形值

变形特征		地基土类别	
		中、低压缩性土	高压缩性土
砌体承重结构基础的局部倾斜		0.002	0.003
工业与民用建筑相邻柱基的沉降差			
(1)框架结构		$0.002l$	$0.003l$
(2)砌体墙填充的边排柱		$0.0007l$	$0.001l$
(3)当基础不均匀沉降时不产生附加应力的结构		$0.005l$	$0.005l$
桥式吊车轨面的倾斜(按不调整轨道考虑)			
(1)纵向		0.004	
(2)横向		0.003	
多层和高层建筑的整体倾斜	$H_g \leqslant 24$	0.004	
	$24 < H_g \leqslant 60$	0.003	
	$60 < H_g \leqslant 100$	0.0025	
	$H_g > 100$	0.002	
体形简单的高层建筑基础的平均沉降量(mm)		200	
高耸结构基础的倾斜	$H_g \leqslant 20$	0.008	
	$20 < H_g \leqslant 50$	0.006	
	$50 < H_g \leqslant 100$	0.005	
	$100 < H_g \leqslant 150$	0.004	
	$150 < H_g \leqslant 200$	0.003	
	$200 < H_g \leqslant 250$	0.002	
高耸结构基础的沉降量(mm)	$H_g \leqslant 100$	400	
	$100 < H_g \leqslant 200$	300	
	$200 < H_g \leqslant 250$	200	

　[注]　(1)本表数值为建筑物地基实际最终变形允许值;(2)有括号者仅适用于中压缩性土;(3)l为相邻柱基的中心距离(mm);H_g为自室外地面起算的建筑物高度(m)。

【实践训练】

课目一:室内压缩试验

(一)目的和意义

　　室内压缩试验是学习土的压缩与地基沉降基本理论不可缺少的实训教学环

节,是培养学生试验技能和试验结果分析应用能力的重要途径。通过试验,加深对基本理论的理解,掌握试验目的、仪器设备、操作步骤、成果整理及分析应用等环节。

(二)内容与要求

在指导教师的指导下,进行室内压缩试验,由于试验所需时间较长,学生应根据编写的《土工试验规程》的要求,逐级施加荷载,按规定的时间记录读数,并进行成果整理。

课目二:现场参观

现场载荷试验是地基检测的一项重要工作;施工现场的沉降观测是建筑工程施工现场技术人员的一项基本技能。通过参观学习,增加感性认识,积累经验,引导学生将理论知识与实践结合起来。(有条件的院校选修)

在指导教师或工程技术人员的指导下,选择有代表性的工地,进行现场载荷试验和沉降观测的参观学习,全面了解载荷试验的设备、方法步骤、观测记录等过程;结合已有的测量知识,初步学会沉降观测的方法与要求。

本章思考与实训

1. 何谓土的压缩性? 引起土压缩的主要原因是什么? 工程上如何评价土的压缩性?

2. 何谓土的固结与固结度?

3. 地基变形特征有哪几种?

4. 某原状土样高 $h=2cm$,截面面积 $A=30cm^2$,重度 $r=19kN/m^3$,土粒比重 $G_s=2.70$,含水率 $\omega=25\%$,进行侧限压缩试验,试验结果见表 4-6。试绘制土的压缩曲线,求土的压缩系数 a_{1-2},并判断土的压缩性。

表 4-6 侧限压缩试验结果

压力 p(kPa)	0	50	100	200	300	400
稳定后的变形量 $\sum \Delta h$(mm)	0	0.480	0.808	1.232	1.526	1.735

5. 某条形基础,宽度 $b=10m$,基础埋深 $d=2m$,受竖直中心荷载 $\overline{P}=1300kN/m$,地面 10m 以下为不可压缩土层,土层重度 $r=18.5kN/m^3$ 压缩试验结果如表 4-6 所示,试求基础中心下的最终沉降量。

6. 某独立柱基础如图 4-10 所示,基础底面尺寸 $3.2m \times 2.3m$,基础埋深 $d=1.5m$,作用于基础上的荷载 $F=950kN$,试用规范法计算基础的最终沉降量。

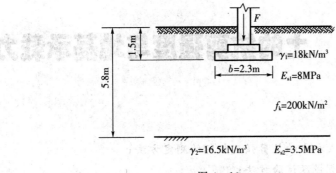

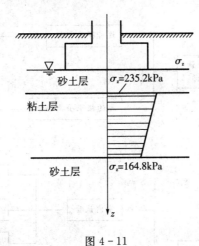

图 4 - 10

7. 一地基为饱和软粘土,层厚为 10m,上下为砂层,由外荷载在粘土中引起的附加应力 z 分布图如图 4-11 所示,已知粘土层的物理性质指标:孔隙比 e_1＝0.8,渗透系数 k＝2.0cm/a,压缩系数 a＝0.25MPa^{-1},求:(1)一年后地基沉降量为多少?(2)加荷多长时间,地基沉降量达到 25cm?

图 4 - 11

第五章 土的抗剪强度与地基承载力

【内容要点】

1. 掌握库仑公式和土的抗剪强度指标的测定方法；
2. 熟悉土的抗剪强度试验方法；
3. 熟悉不同排水条件下土的抗剪强度指标的意义；
4. 熟悉地基承载力的确定方法。

【知识链接】

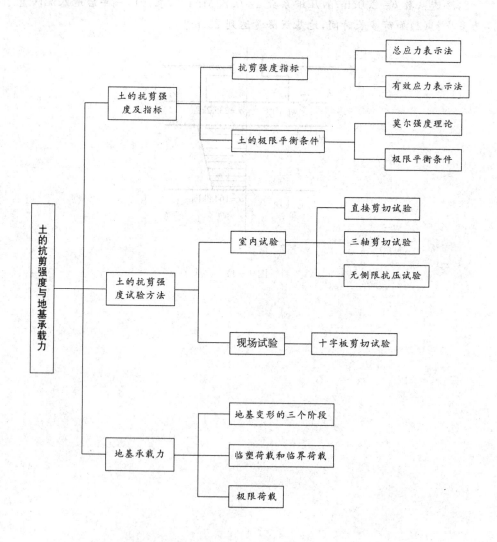

第一节　土的抗剪强度及指标

土的抗剪强度是指土体对于外荷载所产生的剪应力的极限抵抗能力。在外荷载作用下,土体中将产生剪应力和剪切变形,当土中某点由外力所产生的剪应力达到土的抗剪强度时,该点便发生剪切破坏。工程实践和室内试验都证实了土是由于受剪而产生破坏,剪切破坏是土体强度破坏的重要特点,因此,土的强度问题实质上就是土的抗剪强度问题。

如果土体内某一局部范围的剪应力达到了土的抗剪强度,则此范围内将会出现剪切破坏,但此时整个建筑物并不会因此丧失稳定性。随着荷载增加,剪切破坏范围逐渐扩大,最终在土体中形成连续滑动面,从而导致整个建筑物发生整体剪切破坏而丧失稳定性。

[问一问]
　土体强度破坏的重要特点是什么?

在工程实践中与土的抗剪强度有关的工程问题主要包括:

1. 土工建筑物的稳定问题

如土坝、路堤的边坡稳定性问题(图5-1(a))。

2. 土压力问题

如挡土墙、地下结构的周围土体的破坏造成对墙体过大的侧压力,以导致墙体破坏(图5-1(b))。

3. 地基承载力问题

如建筑物的荷载增加可使地基失去稳定性(图5-1(c))。

(a)边坡稳定　　　　(b)挡土墙土压力　　　　(c)地基承载力

图5-1　土的抗剪强度

一、土的抗剪强度及其规律

1. 总应力表示法

1773年,法国学者库仑(C. A. Coulomb)根据砂土的试验结果(图5-2(a)),提出抗剪强度的库仑公式,即

$$\tau_f = \sigma \tan\varphi \qquad (5-1)$$

以后又根据粘性土试验(图5-2(b)),提出了适合粘性土的更普遍的表达式:

$$\tau_f = c + \sigma \tan\varphi \qquad (5-2)$$

[想一想]
　土的抗剪强度主要取决什么因素?

式中：c——土的黏聚力，kPa；

σ——剪切滑动面的法向总应力，kPa；

φ——土的内摩擦角，度。

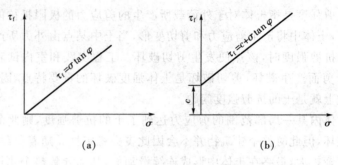

(a)　　　　　　　　　　　(b)

图 5-2　粘性土的试验结果

在一定实验条件下得出的土的黏聚力 c 和内摩擦角 φ，能反映在一定条件下土的抗剪强度的大小，所以 c、φ 被称为土的抗剪强度指标。

2. 有效应力表示法

对于处于同一初始条件的同一种土而言，土的抗剪强度取决于土中有效应力的大小，即土体内的剪应力仅能由土的骨架承担，其规律可表示为：

无粘性土 $\qquad\qquad \tau_f = \sigma' \tan \varphi' = (\sigma - u) \tan \varphi'$ (5-3)

粘性土 $\qquad\qquad \tau_f = \sigma' \tan \varphi' + C' = (\sigma - u) \tan \varphi' + C'$ (5-4)

式中：σ——剪切滑动面的法向总应力，kPa；

σ'——有效应力，kPa；

u——孔隙水压力，kPa；

C'——有效黏聚力，kPa；

φ'——有效内摩擦角，度。

二、土的极限平衡条件

[想一想]

土的内摩擦角 φ 和黏聚力 C 和土粒颗粒粗细有什么关系？

在一定的压力范围内，土的抗剪强度可用库仑公式表示，当土体中某点的任一平面上的剪应力达到土的抗剪强度时，就认为该点已发生剪切破坏，该点也即处于极限平衡状态。土的这种强度理论称为摩尔-库仑强度理论。

1910 年摩尔（Mohr）提出了材料破坏是剪切破坏，当任一平面的剪应力等于材料的抗剪强度时该点就发生破坏，并提出在破坏面上的剪应力 τ_f 是该面上法向应力 σ 的函数，即

$$\tau_f = f(\sigma) \qquad\qquad (5-5)$$

这个函数在 $\tau_f - \sigma$ 坐标中是一条曲线，称为摩尔包线（或称为抗剪强度包线），如图 5-3 所示，摩尔包线表示材料受到不同应力作用到达极限状态时，滑动面上法向应力 σ 与剪应力 τ_f 的关系。理论分析和试验都证明，摩尔理论对土比

较合适,土的摩尔包线通常可以近似地用直线代替,如图 5-3 虚线所示,该直线方程就是库仑公式表示的方程。当摩尔包线采用库仑定律表示的直线关系时,即形成了土的摩尔—库仑强度理论。

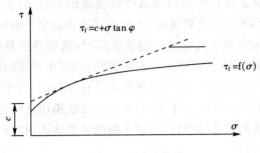

图 5-3 摩尔包线

当土体剪应力等于土的抗剪强度时的临界状态称为极限平衡状态。到达极限平衡状态时土的应力状态和土的抗剪强度指标之间的关系,称为土的极限平衡条件。为便于理解,我们从简单情况说起。设某一土体单元上作用着的大、小主应力分别为 σ_1 和 σ_3,根据材料力学理论,此土体单元内与大主应力 σ_1 作用平面成 α 角的平面上的正应力 σ 和切应力 τ 可分别表示如下:

[问一问]
什么是土的极限平衡状态?

$$\sigma = \frac{1}{2}(\sigma_1 + \sigma_3) + \frac{1}{2}(\sigma_1 - \sigma_3)\cos 2\alpha \tag{5-6}$$

$$\tau = \frac{1}{2}(\sigma_1 - \sigma_3)\sin 2\alpha \tag{5-7}$$

式中:σ——与大主应力 σ_1 作用平面成 α 角的平面上的法向应力,kPa;

τ——同一截面上的剪应力,kPa。

上述关系也可用 Mohr 应力圆表示,其直径为 $(\sigma_1 - \sigma_3)$、圆心坐标为 $\left[\frac{(\sigma_1 + \sigma_3)}{2}, 0\right]$,如图 5-3 中之 A 点。

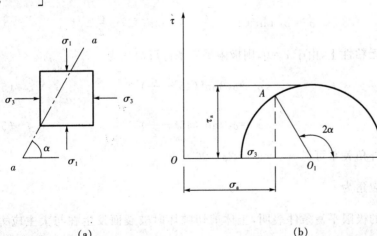

(a)   (b)

图 5-4 土中应力状态

第五章 土的抗剪强度与地基承载力

如果给定了土的抗剪强度参数 φ 和 c 以及土中某点的应力状态,则可将抗剪强度包线与摩尔应力图画在同一张坐标图上,如图5-4所示。随着土中应力状态的改变,应力圆与强度包线之间的位置关系将发生三种变化情况,土中也将出现相应的三种平衡状态:(1)摩尔圆与抗剪强度线相离时,表明通过该点的任意平面上的切应力都小于土的抗剪强度,此时该点处于稳定平衡状态,不会发生剪切破坏;(2)当摩尔应力圆与抗剪强度包线相割时,表明该点某些平面上的切应力已超过了土的抗剪强度,此时该点已发生剪切破坏(由于此时地基应力将发生重分布,事实上该应力圆所代表的应力状态并不存在);(3)当摩尔应力圆与抗剪强度包线相切时(切点如图5-4中的 A 点),表明在相切点所代表的平面上,切应力正好等于土的抗剪强度,此时该点处于极限平衡状态,相应的应力圆称为极限应力圆。

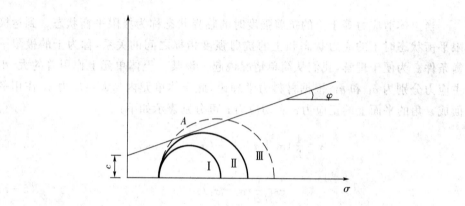

图5-5　土中应力与土的平衡状态

　　根据极限应力圆与抗剪强度包线之间的几何关系,可建立以土中主应力表示的土的极限平衡条件如下:

$$\sigma_1 = \sigma_3 \tan^2\left(45° + \frac{\varphi}{2}\right) + 2c\tan\left(45° + \frac{\varphi}{2}\right) \tag{5-8}$$

或

$$\sigma_3 = \sigma_1 \tan^2\left(45° - \frac{\varphi}{2}\right) - 2c\tan\left(45° - \frac{\varphi}{2}\right) \tag{5-9}$$

　　对于无粘性土,由于 $c=0$,则极限平衡条件可简化为

$$\sigma_1 = \sigma_3 \tan^2\left(45° + \frac{\varphi}{2}\right) \tag{5-10}$$

$$\sigma_3 = \sigma_1 \tan^2\left(45° - \frac{\varphi}{2}\right) \tag{5-11}$$

[做一做]

　试着推导土的极限平衡条件及破裂角的公式。

由内外角关系可得　　　　$2\alpha = 90° + \varphi$

即破裂角为　　　　　　　$\alpha = 45° + \dfrac{\varphi}{2}$　　　　　　(5-12)

　　故土的极限平衡条件表明,土体剪切破坏时破裂面发生在与大主应力的作用面成 $\left(45° + \dfrac{\varphi}{2}\right)$ 的平面上。

第二节　土的抗剪强度试验方法

土的抗剪强度试验有多种,在实验室内常用的有直接剪切试验、三轴压缩试验和无侧限抗压强度试验,现场剪切试验常用的方法主要有十字板剪切试验。

一、室内试验

(一)直接剪切试验

直接剪切试验,简称直剪试验,是最简单的抗剪强度测定方法。直接剪切试验采用直接剪切仪,分为应变控制式和应力控制式两种。前者是以等速水平推动试样产生位移并测定相应的剪应力;后者则是对试样分级施加水平剪应力,同时测定相应的位移。我国目前普遍采用的是应变控制式直剪仪,该仪器的主要部件由固定的上盒和活动的下盒组成,试样放在盒内上下两块透水石之间,如图 5-7 所示。试验时,由杠杆系统通过加压活塞和透水石对试样施加某一垂直压力 σ,然后等速推动下盒,使试样在沿上下盒之间的水平面上受剪直至破坏。随着上下盒相对剪切变形的发展,土样中的抗剪强度逐渐发挥出来,直到剪应力等于土的抗剪强度时,土样剪切破坏。这样,土样的抗剪强度可用剪切破坏时的剪应力来量度。

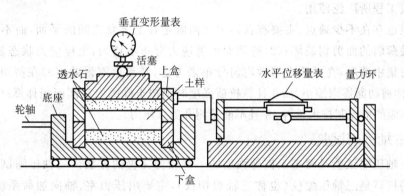

图 5-6　应变控制式直剪仪

根据实验绘制出剪应力 τ 与剪切位移 δ 之间的关系曲线图,通常可取峰值或稳定值作为破坏点。对同一种土至少采用 4 个土样,分别在不同垂直压力 σ 下剪切破坏,一般可取垂直压力为 100kPa、200kPa、300kPa、400kPa,将实验结果绘制成如图 5-7 所示的图。

[想一想]
直接剪切试验有什么优缺点?

大量的试验和工程实践都表明,土的抗剪强度是与土受力后的排水固结状况有关,故测定强度指标的试验方法应与现场的施工加荷条件一致。直剪试验由于其仪器构造的局限无法做到任意控制试样的排水条件,为了在直剪试验中能尽量考虑实际工程中存在的不同固结排水条件,通常采用不同加荷速率的试验方法来近似模拟土体在受剪时的不同排水条件,由此产生了三种不同的直剪试验方法,即快剪、固结快剪和慢剪。

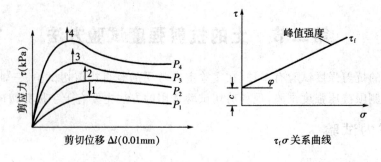

图 5-7　直接剪切试验结果

1. 快剪试验

是在试样施加竖向压力 σ 后,立即快速地施加水平剪应力使试样剪切破坏。

2. 固结快剪

是允许试样在竖向压力下充分排水,待固结稳定后,再快速加水平剪应力使试样剪切破坏。

3. 慢剪试验

则是允许试样在竖向压力下排水,待固结稳定后,以缓慢的速率施加水平剪应力使试样破坏。

直剪试验具有设备简单,土样制备及试验操作方便等优点,因而至今仍为国内一般工程所广泛使用。

但也存在不少缺点,主要有:(1)剪切面限定在上下盒之间的平面,而不是沿土样最薄弱的面剪切破坏;(2)剪切面上剪应力分布不均匀,土样应力状态复杂,有应力集中情况,在试验中当做均匀分布来考虑,结果会有误差;(3)在剪切过程中,土样剪切面逐渐缩小,而在计算抗剪强度时仍按土样的原截面面积计算;(4)试验时不能严格控制排水条件,并且不能量测孔隙水压力。

[想一想]

　　为什么抗剪试验要分慢剪、快剪和固结快剪?

(二)三轴剪切试验

三轴压缩试验是测定土抗剪强度的一种较为完善的方法。三轴压缩试验所使用的仪器是三轴压缩仪(也称三轴剪切仪),主要由压力室、轴向加荷系统、调压系统以及量测系统组成。

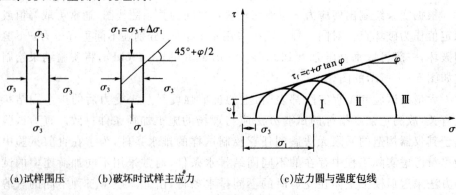

(a)试样围压　　　(b)破坏时试样主应力　　　(c)应力圆与强度包线

图 5-8　三轴试验基本原理

常规三轴试验一般按如下步骤进行:将土样切制成圆柱体套在橡胶膜内,放在密闭的压力室中,根据试验排水要求启闭有关的阀门开关。向压力室内注入气压或液压,使试样承受周围压力作用,并使该周围压力在整个试验过程中保持不变。通过活塞杆对试样加竖向压力,随着竖向压力逐渐增大,试样最终将因受剪而破坏。设剪切破坏时轴向加荷系统加在试样上的竖向压应力(称为偏应力)为 $\Delta\sigma_1$,则试样上的大主应力为 $\sigma_1 = \sigma_3 + \Delta\sigma_1$,而小主应力为 σ_3,据此可作出一个极限应力圆。用同一种土样的若干个试件(一般 3~4 个)分别在不同的周围压力 σ_3 下进行试验,可得一组极限应力圆,如图 5-8(c)中的圆Ⅰ,圆Ⅱ和圆Ⅲ。作出这些极限应力圆的公切线,即为该土样的抗剪强度包络线,由此便可求得土样的抗剪强度指标 c, φ 值。

对应于直剪试验的快剪、固结快剪、慢剪试验,三轴试验通过控制土样在周围压力作用下固结条件和剪切时的排水条件,可形成如下三种三轴试验方法:

1. 不固结不排水剪(UU 试验)

试样在施加周围压力和随后施加偏应力直至剪坏的整个试验过程中都不允许排水,即从开始加压直至试样剪坏,土中的含水量始终保持不变,孔隙水压力也不会消散。

2. 固结不排水剪(CU 试验)

试样在施加周围压力 σ_3 时,将排水阀门打开,允许试样充分排水,待固结稳定后关闭排水阀门,然后再施加竖向压力,使试样在不排水的条件下剪切破坏。

3. 固结排水剪(CD 试验)

试样在施加周围压力 σ_3 时允许排水固结,待固结稳定后,再在排水条件下施加竖向压力至试件剪切破坏。

[想一想]

　为什么要进行三种三轴剪切试验?

(三)无侧限抗压强度试验

无侧限抗压强度试验是三轴压缩试验中周围压力 $\sigma_3 = 0$ 的一种特殊情况,所以又称单轴试验。无侧限抗压强度试验多使用无侧限压力仪(其结构构造可查阅其示意图),但现在也常利用三轴仪做该种试验。试验时,在不加任何侧向压力的情况下,对圆柱体试样施加轴向压力,直至试样剪切破坏为止。试样破坏时的轴向压力以 q_u 表示,称为无侧限抗压强度。

由于不能施加周围压力,因而根据试验结果,只能作一个极限应力圆,难以得到破坏包线,如图 5-11。饱和粘性土的三轴不固结不排水试验结果表明,其破坏包线为一水平线,即 $\varphi_u = 0$。因此,对于饱和粘性土的不排水抗剪强度,就可利用无侧限抗压强度 q_u 来得到,即

$$\tau_f = c_u = \frac{q_u}{2} \qquad (5-13)$$

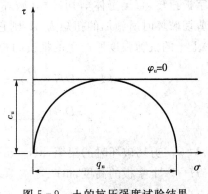

图 5-9　土的抗压强度试验结果

式中：τ_f——土的不排水抗剪强度，kPa；

　　　c_u——土的不排水黏聚力，kPa；

　　　q_u——无侧限抗压强度，kPa。

　　无侧限抗压强度试验可以测定饱和粘性土的灵敏度 S_t，土的灵敏度是以原状土的强度与同一土经重塑后（完全扰动但含水量不变）的强度之比来表示的，即

$$S_t = \frac{q_t}{q_0} \qquad (5-14)$$

式中：q_u——原状土的无侧限抗压强度，kPa；

　　　q_0——重塑土的无侧限抗压强度，kPa。

　　根据灵敏度的大小，可将饱和粘性土分为三类：

低灵敏土　　$1 < S_t \leqslant 2$

中灵敏土　　$2 < S_t \leqslant 4$

高灵敏土　　$S_t > 4$

　　无侧限抗压强度试验适用于测定饱和软粘土的抗剪强度指标。土的灵敏度愈高，其结构性愈强，受扰动后土的强度降低就愈多。所以在工程施工中应该尽量减少对土结构的扰动。

二、现场试验

　　十字板剪切试验是现场剪切试验的常用方法。和室内试验相比，十字板剪切试验由于是直接在原位进行试验，不必取土样，故土体所受的扰动较小，被认为是比较能反映土体原位强度的测试方法，而且构造简单，操作方便，故在实际中得到广泛应用。

　　十字板剪切试验是一种土的抗剪强度的原位测试方法，这种试验方法适合于在现场测定饱和粘性土的原位不排水抗剪强度，特别适用于均匀饱和软粘土。

　　十字板剪切试验采用的试验设备主要是十字板剪力仪，十字板剪力仪通常由十字板头、扭力装置和量测装置三部分组成。试验时，先把套管打到要求测试深度以下 75cm，将套管内的土清除，再通过套管将安装在钻杆下的十字板压入土中至测试的深度。加荷是由地面上的扭力装置对钻杆施加扭矩，使埋在土中的十字板扭转，直至土体剪切破坏（破坏面为十字板旋转所形成的圆柱面）。设土体剪切破坏时所施加的扭矩为 M，则它应该与剪切破坏圆柱面（包括侧面和上下面）上土的抗剪强度所产生的抵抗力矩相等，即

$$M = \pi D H \times \frac{D}{2} \times \tau_v + 2 \times \frac{\pi D^2}{4} \times \frac{D}{3} \times \tau_h$$

$$= \frac{\pi D^2 H \tau_v}{2} + \frac{\pi D^3 \tau_h}{6} \qquad (5-15)$$

式中：M——剪切破坏时的扭矩，kN·m；

　　　H——十字板的高度，m；

　　　D——十字板的直径，m；

[问一问]

十字板剪切试验适用于什么土？

τ_v, τ_h——剪切破坏时圆柱体侧面和上下面土的抗剪强度，kPa。

实用上为了简化计算，假定土体为各向同性体，即 $t\tau_v = \tau_h$，并记作 τ_+，则式 (5-12)可写成：

[做一做]
　在室外老师指导下，做一下十字板剪切试验。

$$\tau_+ = \frac{2M}{\pi D^2 \left(H + \dfrac{D}{3}\right)} \qquad (5-16)$$

式中：τ_+——十字板测定的土的抗剪强度，kPa。

第三节　地基承载力

一、地基变形的三个阶段

地基承受荷载的能力称为地基承载力。地基从开始发生变形到失去稳定的发展过程，经现场静荷载试验进行研究，得出如图 5-10 所示的 $p-s$ 曲线。此曲线分成顺序发生的 3 阶段：即压密阶段、局部剪切阶段和整体剪切破坏阶段（隆起阶段）。其中 A 型曲线有明显的 3 个阶段，地基破坏时土中有连续的滑动面，基础两侧土体明显隆起。此破坏形式为整体剪切破坏。此外图

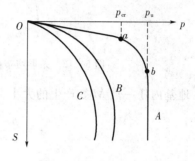

图 5-10　$p-s$ 曲线

中 B 型和 C 型 $p-s$ 曲线分别对应另外两种破坏形式。B 型曲线的特点是：曲线从一开始就呈现出非线性变化，且随着基底压力的增加，变形加速发展，极限平衡区在相应扩大。但是剪切破坏区滑动面没有发展到地面，基础没有明显的倾斜和倒塌。这种以变形为主要特征的破坏模式称为局部剪切破坏。C 型曲线的破坏特征是：在荷载作用下基础产生较大沉降，周围的部分土体也产生下陷，破坏时基础好像刺入地基土层中，不出现明显的破坏区和滑动面。这种使基础产生较大沉降的一种地基破坏模式称为冲切剪切破坏。三种破坏形式如图 5-11所示。在图 5-10 中可以看出，在 A 型曲线的地基土中应力状态有明显的 3 个阶段，其中有 2 个临界荷载：第一个相当于从压缩阶段过渡到剪切阶段的界限荷载，称为临塑荷载，记为 p_{cr}；第二个是相应于从剪切阶段过渡到隆起阶段的界限荷载，称为极限荷载，记为 p_u。

[问一问]
　地基变形分为哪三个阶段？有什么特点？

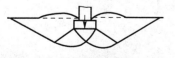

(a)整体剪切破坏

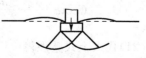

(b)局部剪切破坏

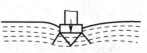

(c)冲剪破坏

图 5-11　地基的破坏形式

二、地基的临塑荷载和临界荷载

1. 临塑荷载

由上文我们已经知道临塑荷载是指基础边缘由弹性变为塑性区时基底单位面积的荷载,相当于地基土中应力状态从压缩阶段过渡到剪切阶段时的界限荷载。设在地表一均布条形荷载 p 作用下,如图 5-12 所示。

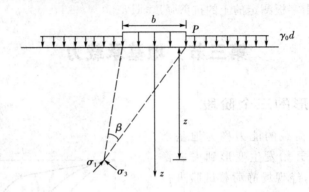

图 5-12 条形均布荷载作用下地基中的主应力

地基内任一点 M 处产生的大小主应力分别为:

$$\sigma_1 = \frac{p - \gamma_0 d}{\pi}(\beta + \sin\beta) \tag{5-17}$$

$$\sigma_3 = \frac{p - \gamma_0 d}{\pi}(\beta - \sin\beta) \tag{5-18}$$

实际上一般基础都有一定的埋深 d,此时土中任一点的应力还应加上土的自重应力 $\gamma_0 d + \gamma z$。由于 M 点上的自重应力在各个方向是不相等的,因此严格来说,上面两项应力是不能叠加的。为了推导方便,假设各向的土自重应力相等,因此任意点 M 的大小主应力可写为:

$$\sigma_1 = \frac{p - \gamma_0 d}{\pi}(\beta + \sin\beta) + \gamma_0 d + \gamma z \tag{5-19}$$

$$\sigma_3 = \frac{p - \gamma_0 d}{\pi}(\beta - \sin\beta) + \gamma_0 d + \gamma z \tag{5-20}$$

当 M 点达到极限平衡条件时,该点的大小主应力应该满足极限平衡条件:

$$\sin\varphi = \frac{\sigma_1 - \sigma_3}{2\left[C\cot\varphi + \frac{(\sigma_1 + \sigma_3)}{2}\right]} \tag{5-21}$$

将式(5-20)和式(5-21)代入上式整理得

$$z = \frac{p - \gamma_0 d}{\pi\gamma}\left(\frac{\sin\beta}{\sin\varphi} - \beta\right) - \frac{C\cot\varphi}{\gamma} - \frac{\gamma_0}{\gamma}d \tag{5-22}$$

上式为塑性区(极限平衡区)的边界方程,它表示塑性区边界上任意一点的 z 与 β 之间的关系。如果基础的埋深 d、荷载 p 以及土的 γ、C、φ 均已知,则可绘制出塑性区的边界线,如图 5-13 所示。

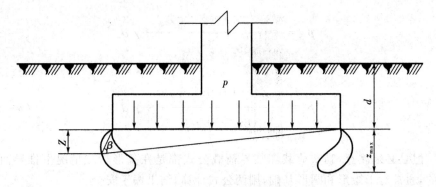

图 5-13 条形基础底面边缘的塑性区

塑性区的最大深度 z_{max},可由条件 $\dfrac{\mathrm{d}_z}{\mathrm{d}_\beta}=0$ 求得,即

$$\frac{\mathrm{d}_z}{\mathrm{d}_\beta}=\frac{p-\gamma_0 d}{\pi\gamma}2\left(\frac{\cos\beta}{\sin\varphi}-1\right)=0 \tag{5-23}$$

显然有
$$\cos\beta=\sin\varphi$$

得到
$$\beta=\frac{\pi}{2}-\varphi$$

将上式代入式(5-23)得 z_{max} 的表达式为

$$z_{max}=\frac{p-\gamma_0 d}{\pi\gamma}(\cot\varphi-\frac{\pi}{2}+\varphi)-\frac{C\cot\varphi}{\gamma}-\frac{\gamma_0}{\gamma}d \tag{5-24}$$

由上式可以看出,在其他条件一定时,p 增大时,z_{max} 也增大,即塑性区就发展,如图 5-13 所示。若 $z_{max}=0$,表示地基将要出现尚未出现塑性区,相应的荷载 p 即为临塑荷载 p_{cr}。因此,在式(5-24)中令 $z_{max}=0$,得临塑荷载的表达式:

$$p_{cr}=\frac{\pi(\gamma_0 d+c\cdot\cot\varphi)}{\cot\varphi+\varphi-\frac{\pi}{2}}+\gamma_0 d \tag{5-25}$$

2. 临界荷载

临界荷载是指允许在地基中产生一定范围塑性区所对应的荷载。工程实践证明,采用临塑荷载 p_{cr} 作为地基的容许承载力,不能充分发挥地基的承载能力,取值太过保守。而采用临界荷载作为地基承载力特征值,既能使地基有足够的安全稳定性,又能充分地发挥地基的承载能力。但是地基中的塑性区究竟容许发展多大范围,与建筑物的性质、荷载的性质大小、地基土的性质等因素有关。

由工程实践经验,在轴心受载情况时,塑性区最大开展深度为 $z_{max}=\dfrac{b}{4}$,在偏

[想一想]

为什么采用临塑荷载 p_r 不能充分发挥地基的承载力?

心受载时 $z_{max} = \dfrac{b}{3}$，对于一般情况是允许的。相对应的两个临界荷载工程上分别用 $p\frac{1}{4}$，$p\frac{1}{3}$ 表示。因此，可得出

$$p\frac{1}{4} = \frac{\pi(\gamma_0 d + C\cot\varphi + \frac{1}{4}\gamma b)}{\cot\varphi - \frac{\pi}{2} + \varphi} + \gamma_0 d \tag{5-26}$$

$$p\frac{1}{3} = \frac{\pi(\gamma_0 d + C\cot\varphi + \frac{1}{3}\gamma b)}{\cot\varphi - \frac{\pi}{2} + \varphi} + \gamma_0 d \tag{5-27}$$

但是必须注意，临塑荷载和临界荷载公式都是在条形荷载情况下推导而得到的，通常对于矩形和圆形基础，用两公式计算，结果偏于安全。

三、地基极限承载力

[问一问]

什么是地基极限承载力？

地基极限承载力是指地基剪切破坏发展即将失稳时所能承受的极限荷载，也称为地基极限荷载。它相当于地基土中应力状态从剪切阶段过渡到隆起阶段时的界限荷载。极限承载力理论是研究土体处于理想塑性状态时的应力分布和滑裂面轨迹理论，是通过静力平衡条件和极限平衡条件建立起来的理论。

普朗德尔在1920年根据塑性理论，在研究了刚性体压入介质中，导出了介质破坏时的滑动面形状和极限压应力公式。在推导过程中，有如下3个简化假设：介质无质量；荷载为无限长的条形荷载；荷载板地面是光滑的。当基底荷载达到极限荷载 p_u 时，基础下土体处于极限平衡状态，地基出现连续的滑动面。如图5-14所示：对于滑裂土体可以分为五个区域，即一个Ⅰ区，两个Ⅱ区，两个Ⅲ区。其中Ⅰ区称为主动朗肯区，其破裂面与水平面成 $45° + \dfrac{\varphi}{2}$ 的夹角；Ⅲ区为被动朗肯区，其破裂面与水平面成 $45° - \dfrac{\varphi}{2}$ 的夹角。

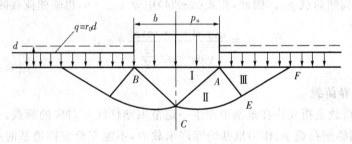

图5-14 普朗德尔假定滑移面形状

Ⅱ区为过渡区，由两组滑裂线组成，一组是对数螺线，另一组是以 A 和 B 为起点的辐射线，其中对数螺线的方程可表示为：

$$r = r_0 \exp(\theta\tan\varphi) \tag{5-28}$$

式中: φ——土的内摩擦角;

r_0——起始半径(AC);

r——从起点到任意点的距离,如图 5-15 所示;

θ——射线 r 与 r_0 的夹角。

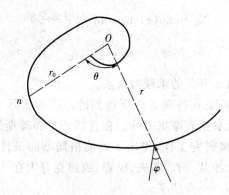

图 5-15 对数螺线

将图 5-14 所示的地基中的滑裂土体沿 I 区和右侧 III 区中线切开,取土体 $OCEGO$ 为脱离体,如图 5-16 所示。

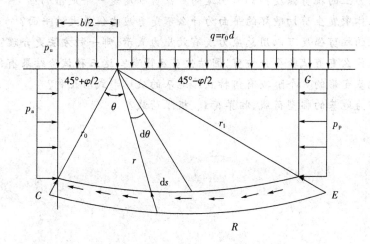

图 5-16 普朗德尔假定滑移面分离体

其受力情况如下:

$OC: p_a = p_u \tan^2\left(45° - \dfrac{\varphi}{2}\right) - 2C\sqrt{\tan^2\left(45° - \dfrac{\varphi}{2}\right)}$

$CE:$ 黏聚力 C,反力 R

$EG: p_p = q \tan^2\left(45° + \dfrac{\varphi}{2}\right) + 2C\sqrt{\tan^2\left(45° + \dfrac{\varphi}{2}\right)}$

$GA: q = \gamma_0 d$

AO：待求极限荷载 p_u

[想一想]
　联系周边的工程想一想极限平衡条件在工程上有何应用?

　　根据力平衡法普朗德尔和赖斯纳得出极限地基承载力的表达式如下：

$$p_u = CN_c + qN_q \tag{5-29}$$

其中

$$N_q = \exp(\pi\tan\varphi)\tan^2\left(45° + \frac{\varphi}{2}\right)$$

$$N_c = (N_q - 1)\cot\varphi$$

式中：N_c，N_q——仅与 φ 有关的承载力因素。

　　以上得出的理论解是在特殊条件下得到的。因为实际上，土肯定是有质量的，基底与土之间也无疑是有摩擦力的。在普朗德尔和赖斯纳之后，不少学者在这方面继续进行了许多研究工作，得出了其他格局不同条件得出不同的极限承载力计算方法，例如太沙基、梅耶霍夫、汉森、魏锡克等人在普朗德尔基础上作了修正和发展，这里就不一一介绍了。

本章思考与实训

1. 何为土的抗剪强度？如何确定的？抗剪强度是一个定值吗？
2. 土体中发生剪切破坏的平面为什么不是剪应力值最大的平面？
3. 土的抗剪强度可以用总应力或有效应力表示，哪一种方法更合理？
4. 为什么直剪试验要分快剪，固结快剪及慢剪？这三种试验结果有何差别？
5. 地基变形的 3 个阶段有何特点？地基的破坏形式有几种？
6. 何为地基的临塑荷载、临界荷载、极限荷载？

第六章 土压力与挡土墙

【内容要点】

1. 熟悉土压力的类型；
2. 了解朗肯土压力理论、库仑土压力理论；
3. 掌握特殊情况下的土压力计算方法；
4. 熟悉挡土墙设计。

【知识链接】

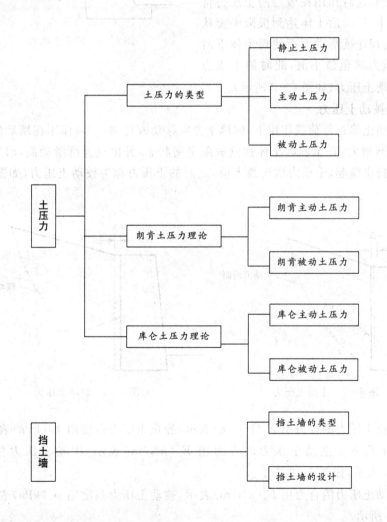

第一节　土压力的类型

土压力是挡土墙后填土对墙背产生的侧压力,是挡土墙设计时需考虑的主要因素。

1. 静止土压力

挡土墙在土压力作用下不发生任何位移或转动,墙后土体处于弹性平衡状态,这时作用在墙背的土压力称为静止土压力(如图 6-1 所示)。

2. 主动土压力

若挡土墙在土压力作用下向前移动或转动,这时作用在墙后的土压力将逐渐减小,当墙后土体达到极限平衡状态,并出现连续滑动面而使得土体下滑时,土压力减至最小值,此时的土压力称为主动土压力(如图 6-2 所示)。

3. 被动土压力

若挡土墙在外荷载作用下,向填土方向移动或转动,这时作用在墙后的土压力将逐渐增大,直至墙后土体达到极限平衡状态,并出现连续滑动面,墙后土体将向上挤出隆起,土压力增至最大值,此时的土压力称为被动土压力(如图 6-3 所示)。

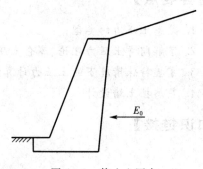

图 6-1　静止土压力

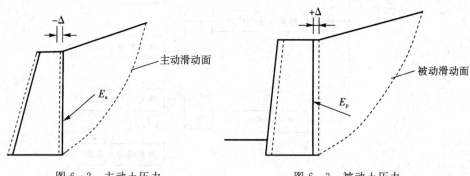

图 6-2　主动土压力　　　　　图 6-3　被动土压力

静止土压力的合力用 E_0(kN/m)表示,静止土压力强度用 p_0(kPa)表示,如图 6-1 所示。主动土压力的合力用 E_a(kN/m)表示,主动土压力强度用 P_a(kPa)表示,如图 6-2 所示。

被动土压力的合力用 E_p(kN/m)表示,被动土压力强度用 p_p(kPa)表示,如图 6-3 所示。

三种土压力有如下关系:$E_a < E_0 < E_p$。

[问一问]

三种土压力各有什么特点?

第二节 土压力的计算

土压力是作用于挡土墙上的主要荷载。因此,在挡土墙的结构设计和计算时,必须确定土压力的分布规律、土压力合力的大小、方向及作用点。而影响土压力大小的主要因素包括:(1)填土的性质如:填土的重度 γ;含水量 ω;内摩擦角 φ 和黏聚力 c;填土表面的形状(水平、向上倾斜或向下倾斜)等。(2)挡土墙的类型,墙背的光滑程度和结构形式。(3)挡土墙的位移方向和位移量。

以下介绍三种土压力的计算方法。

一、静止土压力计算

为方便计算,首先对挡土墙做以下假设:(1)墙背直立、光滑;(2)墙后填土面水平;(3)土体为均质各向同性体。假设挡土墙静止不动,在墙后土体中深度 Z 处任取一单元体,若土的重力密度为 γ,则:

[问一问]
土压力大小主要取决于什么因素?

$$\sigma_z = \gamma z \; ; \sigma_x = k_0 \gamma z$$

如图 6-4 所示。

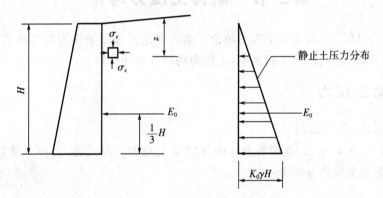

图 6-4 静止土压力计算

根据静止土压力的定义,则静止土压力强度为:

$$p_0 = \sigma_x = k_0 \gamma z$$

由上式可见,静止土压力强度沿墙呈三角形分布,则作用在单位墙长的静止土压力为:

$$E_0 = \frac{1}{2} k_0 \gamma H \cdot H \times 1 = \frac{1}{2} \gamma H^2 k_0 \qquad (6-1)$$

式中:p_0——静止土压力强度,kPa;

E_0——作用在单位墙长上的静止土压力,kN/m;

H——挡土墙高度,m;

γ——填土的重度,kN/m³;

K_0——静止土压力系数。

经验公式：$K_0 = 1 - \sin\varphi'$（φ' 为土的有效内摩擦角）。

二、有地下水时静止土压力计算

若墙后有地下水时，水下应取浮重度，同时应考虑静水压力，如图 6-5 所示。

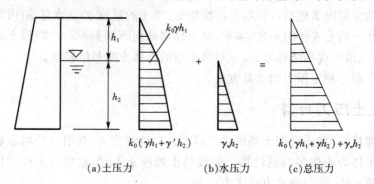

(a)土压力　　　　(b)水压力　　　　(c)总压力

图 6-5　有地下水时土压力计算

［想一想］

地下水会如何改变土压
力大小？

第三节　朗肯土压力理论

朗肯于 1857 年提出其土压力理论。朗肯理论的适用条件为墙背垂直、墙与填土间无摩擦力；墙后填土面水平；土体为均质各向同性体。

一、朗肯土压力

(一)朗肯主动土压力

如图 6-6(a)所示，在墙后土体中深度 Z 处任取一单元体，当挡土墙静止不动时，则两个主应力分别为：

$$\begin{cases} \sigma_1 = \sigma_z = \gamma z \\ \sigma_3 = \sigma_X = k_0 \gamma z \end{cases}$$

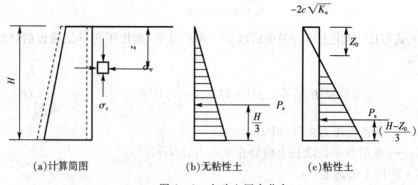

(a)计算简图　　　　(b)无粘性土　　　　(c)粘性土

图 6-6　主动土压力分布

该应力状态仅由填土的自重产生,故此时土体处于弹性状态,如图6-7其相应的摩尔圆如下图所示的圆Ⅰ,处于填土抗剪强度曲线之下。

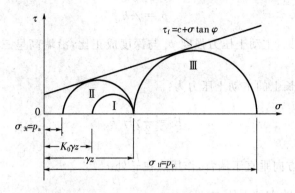

图6-7 土的平衡状态

当挡土墙离开填土向前发生微小的转动或位移时,$\sigma_1 = \sigma_z = \gamma z$ 不变,而 $\sigma_3 = \sigma_x$ 却不断减少,相应的摩尔圆也在逐步扩大。当位移量达到一定值时,σ_3 减少到 σ_{3f},由 σ_{3f} 与 $\sigma_1 = \gamma z$ 构成的应力圆与抗剪强度曲线相切,如图圆Ⅱ所示,称为主动极限应力圆。此时,土中各点均处于极限平衡状态,达到最低时的小主应力 σ_{3f} 称为朗肯主动土压力 p_a(即 $p_a = \sigma_{3f}$)。

1. 朗肯主动土压力计算公式

根据极限平衡条件:

[想一想]
朗肯土压力理论的原理是什么?

$$\sigma_1 = \sigma_3 \tan^2\left(45° + \frac{\varphi}{2}\right) + 2c\tan\left(45° + \frac{\varphi}{2}\right)$$

或:

$$\sigma_3 = \sigma_1 \tan^2\left(45° - \frac{\varphi}{2}\right) - 2c\tan\left(45° - \frac{\varphi}{2}\right)$$

当墙后土处于主动朗肯状态时,朗肯主动土压力强度 p_a 为小主应力 σ_3,而 $\sigma_z = \gamma z$ 为大主应力。则有:

$$p_a = \gamma z \tan^2\left(45° - \frac{\varphi}{2}\right) - 2c\tan\left(45° - \frac{\varphi}{2}\right) \tag{6-2}$$

令 $k_a = \tan^2\left(45° - \frac{\varphi}{2}\right)$,称为朗肯主动土压力系数,则:

$$p_a = \gamma z k_a - 2c\sqrt{k_a} \tag{6-3}$$

式中:p_a——朗肯主动土压力强度,kPa;

    γ——填土的重度,kN/m³;

    z——计算点距填土表面的深度,m;

    c——填土的黏聚力,kPa;

    φ——填土的内摩擦角,度;

    k_a——朗肯主动土压力系数,$k_a = \tan^2\left(45° - \frac{\varphi}{2}\right)$。

2. 无粘性土的主动土压力

对于无粘性土，$c=0$，则主动土压力强度：

$$p_a = \gamma z k_a \qquad (6-4)$$

由上式可见，主动土压力强度 p_a 与深度成正比，沿墙高呈三角形分布，如图 6-6(b)所示。

[想一想]

无粘性土和粘性土的主动土压力有什么不同？

则单位墙长上的主动土压力为：

$$E_a = \frac{1}{2} \gamma H^2 k_a \qquad (6-5)$$

式中：E_a 作用方向垂直于墙背，作用点在 $\dfrac{H}{3}$ 处。

3. 粘性土的主动土压力

对于粘性土，$c \neq 0$，则主动土压力为：

$$p_a = \gamma z k_a - 2c \sqrt{k_a} \qquad (6-6)$$

由正负两部分叠加而成，一部分是由土自重引起的土压力 $\gamma z k_a$，为正值，另一部分是由于粘性土内聚力的存在而引起的负侧压力 $2c \sqrt{k_a}$，两部分叠加结果如图 6-6(c)所示。

深度 z_0 称为开裂深度（临界深度），此处的主动土压力强度为零，即：

$$\gamma z_0 k_a - 2c \sqrt{k_a} = 0$$
$$\therefore z_0 = \frac{2c}{\gamma \sqrt{k_a}} \qquad (6-7)$$

单位墙长上的主动土压力为：

$$E_a = \frac{1}{2} (\gamma H k_a - 2c \sqrt{k_a})(H - z_0)$$
$$= \frac{1}{2} \gamma H^2 k_a - 2c H \sqrt{k_a} + \frac{2c^2}{\gamma} \quad (\text{kN/m}^3) \qquad (6-8)$$

主动土压力 E_a 垂直于墙背，作用点在 $\dfrac{H - z_0}{3}$ 处。

(二)朗肯被动土压力

当挡土墙在外力作用下推向土体时，σ_x 不断增加，直至超过 σ_z 而变成大主应力，而 $\sigma_z = \gamma z$ 变为小主应力，且始终保持不变。当 σ_x 增大到 σ_{1f} 时，由 σ_{1f} 和 $\sigma_z = \gamma z$ 构成的应力圆与抗剪强度曲线相切，如图 6-7 圆Ⅲ所示，称为被动极限应力圆。此时，土体处于被动极限平衡状态，称为被动朗肯状态。最大值 σ_{1f} 称为朗肯被动土压力 p_p（即 $p_p = \sigma_{1f}$），此时土体中存在过墙踵的滑动面，与大主应力作用面（竖直面）的夹角为 $45° + \dfrac{\varphi}{2}$，则与水平面的夹角为 $45° - \dfrac{\varphi}{2}$。

1. 朗肯被动土压力计算公式

当挡土墙在外力作用下推向土体,并达到极限平衡状态时,称为被动朗肯状态。此时,被动土压力强度 p_p 是大主应力,而 $\sigma_z = \gamma z$ 是小主应力,则根据极限平衡条件有:

$$p_p = \gamma z \tan^2\left(45° + \frac{\varphi}{2}\right) + 2c\tan\left(45° + \frac{\varphi}{2}\right) \tag{6-9}$$

令 $k_p = \tan^2\left(45° + \frac{\varphi}{2}\right)$,称为朗肯被动土压力系数。则有:

$$p_p = \gamma z k_p + 2c\sqrt{k_p} \tag{6-10}$$

2. 无粘性土的被动土压力

对于无粘性土,$c = 0$,则被动土压力强度为:

$$p_p = \gamma z k_p \tag{6-11}$$

被动土压力强度与 z 成正比,沿墙高呈三角形分布,如图 6-8 所示。

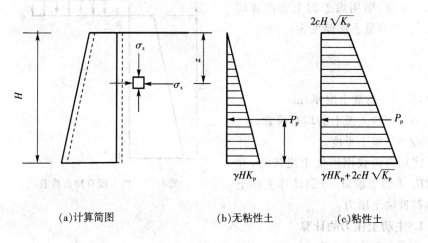

(a)计算简图　　　　(b)无粘性土　　　　(c)粘性土

图 6-8　被动土压力分布图

则单位墙长上的被动土压力为:

$$E_p = \frac{1}{2}\gamma H^2 k_p$$

[想一想]
　无粘性土和粘性土的被动土压力有什么不同?

其作用方向垂直于墙背,作用点在离墙底 $\frac{H}{3}$ 处。

3. 粘性土被动土压力的计算

对于粘性土,$c \neq 0$,则被动土压力强度为:

$$p_p = \gamma z k_p + 2c\sqrt{k_p} \tag{6-12}$$

由两部分叠加而成,如上图所示,则单位墙长上的被土压力为:

$$E_p = \frac{1}{2}\gamma H k_p \cdot H + 2c\sqrt{k_p} \cdot H$$

$$= \frac{1}{2}\gamma H^2 k_p + 2cH\sqrt{k_p} \tag{6-13}$$

E_p 的作用方向垂直于墙背,其作用点通过梯形的形心,距墙底的高度 H_p 可用下式计算:

$$H_p = \frac{\left(\frac{1}{2}\gamma H^2 k_p \cdot \frac{H}{3} + 2cH\sqrt{k_p} \cdot \frac{H}{2}\right)}{E_p} \tag{6-14}$$

二、几种情况下朗肯土压力计算

(一)填土面有均布荷载时

当填土面有均布荷载作用时,如图 6-9 所示。通常将均布荷载换算成当量土重,即用假想的土重代替均布荷载,则当量土层厚度为:

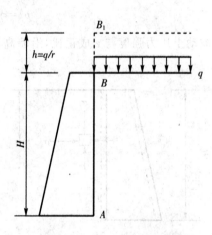

图 6-9 填土面有均布荷载

$$h' = \frac{q}{\gamma}$$

式中:h'——当量土层厚,m;

q——填土面上的均布荷载;

γ——填土重度。

将均布荷载用当量土层代替,并以 BB_1 为假想墙背,分别计算主动土压力和被动土压力。

[想一想]

如何考虑填土表面均布荷载对土压力的影响?

1. 主动土压力的计算

主动土压力强度为:

$$p_a = \gamma(z+h')k_a - 2c\sqrt{k_a}$$

$$= (\gamma z + q)k_a - 2c\sqrt{k_a}$$

$$= \gamma z k_a + q k_a - 2c\sqrt{k_a} \tag{6-15}$$

2. 被动土压力的计算

被动土压力强度为:

$$p_p = \gamma(z+h')k_p + 2c\sqrt{k_p} + 2c\sqrt{k_p} = \gamma z k_p + q k_p + 2c\sqrt{k_p} \tag{6-16}$$

(二)填土分层时

第一层土压力计算方法不变,计算第二层土压力时,将第一层土按重度换算

成第二层土相同重度的当量土层,则其当量土层厚度为:

$$h'_1 = h_1 \frac{\gamma_1}{\gamma_2} \qquad (6-17)$$

然后以 $h'_1 + h_2$ 为墙高计算土压力即可。

(三)墙后填土中有地下水时

墙后填土中有地下水时分别计算土压力和水压力,然后两者叠加,即墙背总侧压力。在计算土压力时,应取有效重度 γ' 和有效抗剪强度指标 c'、φ'。

第四节　库仑土压力理论

库仑于 1776 年提出库仑土压力理论,其理论只适用于无粘性土。库仑理论作如下假设:

(1)墙后填土为 $c=0$ 的无粘性散粒均质土体;

(2)填土面为倾斜 β 角的平面,墙背俯斜,倾角为 ε;

(3)当墙后填土达到极限平衡状态时,其滑动面为一平面;

(4)墙背粗糙,有摩擦力,墙与土的摩擦角为 δ。

[问一问]
　库仑土压力适用于何种土?

一、库仑主动土压力计算

当挡土墙向前移动或转动时,墙后土体作用在墙背上的土压力逐渐减少。当位移量达到一定值时,填土面出现过墙踵的滑动面 BC,土体处于极限平衡状态,那么土楔体 ABC 有向下滑动的趋势,但由于挡土墙的存在,土楔体可能滑动,二者之间的相互作用力即为主动土压力。所以,主动土压力的大小可由土楔体的静力平衡条件来确定(如图 6-10 所示)。

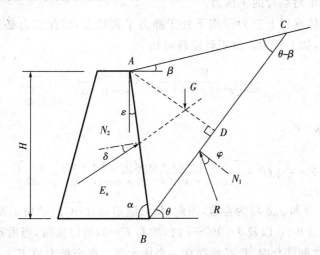

图 6-10　库仑主动土压力计算简图

1. 作用在土楔体 *ABC* 上的力

假设滑动面 *AC* 与水平面夹角为 α，取滑动土楔体 *ABC* 为脱离体，则作用在土楔体 *ABC* 上的力有：

(1)土楔体自重 $G = \triangle ABC \cdot \gamma = \dfrac{1}{2}\gamma \cdot BC \cdot AD$

在 $\triangle ABC$ 中，利用正弦定理可得：

$$\frac{BC}{\sin(90° - \varepsilon + \beta)} = \frac{AB}{sim(\theta - \beta)}$$

$$\because AB = \frac{H}{\cos\varepsilon}$$

$$\therefore BC = H \frac{\cos(\beta - \varepsilon)}{\cos\varepsilon \cdot \sin(\theta - \beta)}$$

$$AD = AB \cdot \sin(90° - \theta + \varepsilon)$$

$$= H \frac{\cos(\varepsilon - \theta)}{\cos\varepsilon}$$

$$G = \frac{1}{2}\gamma \cdot H^2 \frac{\cos(\varepsilon - \theta) \cdot \cos(\beta - \varepsilon)}{\cos^2\varepsilon \cdot \sin(\theta - \beta)}$$

(2)滑动面 $\overline{BC}$ 上的反力 R

R 是 $\overline{BC}$ 面上的摩擦力 T_1 与法向反力 N_1 的合力，因摩擦阻力沿 $\overline{BC}$ 向上，所以 R 位于法线 N_1 的下方，且与法线方向的夹角为土的内摩擦角 φ。

(3)墙背对土楔体的反力 E

[问一问]
库仑土压力的计算原理是什么？

它是 $\overline{BA}$ 面上的摩擦力 T_2 与法向反力 N_2 的合力，因摩擦阻力沿 $\overline{BA}$ 向上，所以 E 位于法线 N_2 的下方，且与法线方向的夹角为墙土间的外摩擦角 δ。它的反作用力即为填土对墙背的土压力。

滑动土楔体在以上三力作用下处于静力平衡状态，因此三力必形成一闭合的力矢三角形，如上所示。由正弦定理可知

$$\frac{W}{\sin[\pi - (\psi + \theta - \varphi)]} = \frac{E}{\sin(\theta - \varphi)}$$

式中：$\psi = \dfrac{\pi}{2} - \varepsilon - \delta$。

则
$$E = \frac{1}{2}\gamma H^2 \cdot \left[\frac{\cos(\varepsilon - \theta) \cdot \cos(\beta - \varepsilon) \cdot \sin(\theta - \varphi)}{\cos^2\varepsilon \cdot \sin(\theta - \beta) \cdot \cos(\theta - \varphi - \varepsilon - \delta)}\right]$$

上式中 γ、H、ε、β 和 φ、δ 均为常数，因此，E 只随滑动面 $\overline{BC}$ 的倾角 α 而变化，即 E 是 α 的函数。当 $\theta = \varphi$ 以及 $\theta = 90° + \varepsilon$ 时，均有 $E = 0$，可以推断，当滑动面在 $\alpha = \varphi$ 和 $\alpha = 90° + \varepsilon$ 之间变化时，E 必然存在一个极大值。这个极大值 E_{max} 的大小即为所求的主动土压力 E_a，其对应的滑动面为最危险滑动面。

2. 库仑主动土压力公式

为求得 E 的极大值，可令 $\dfrac{dE}{d\alpha}=0$，从而解得最危险滑动面的倾角 α，再将此角度代入上式，整理后可得库仑主动土压力计算公式为：

$$E_{a}=E_{\max}=\frac{1}{2}\gamma H^{2}K_{a} \qquad (6-18)$$

其中
$$K_{a}=\frac{\sin^{2}(\alpha+\varphi)}{\sin^{2}\alpha\cdot\sin(\alpha-\delta)\left[1+\sqrt{\dfrac{\sin(\delta+\varphi)\cdot\sin(\varphi-\beta)}{\sin(\alpha-\delta)\cdot\sin(\alpha+\beta)}}\,\right]^{2}} \qquad (6-19)$$

式中：K_{a} 称为库仑主动土压力系数。

由上式见，库仑主动土压力系数与内摩擦角 φ，墙背倾角 ε，外摩擦角 δ，以及填土面倾角 β 有关。

若填土面水平，墙背竖直光滑，即 $\beta=0$、$\varepsilon=0$、$\delta=0$，由上式可得 $K_{a}=\tan^{2}\left(45°-\dfrac{\varphi}{2}\right)$，此式即为朗肯主动土压力系数的表达式。同时可以看出，主动土压力合力 E_{a} 是墙高的二次函数。将上式中的 E_{a} 对 z 求导，可求得离墙顶深度 z 处的主动土压力强度 p_{a}，即

$$p_{a}=\frac{dE_{a}}{dz}=\frac{d}{dz}\left(\frac{1}{2}\gamma z^{2}K_{a}\right)=\gamma z K_{a} \qquad (6-20)$$

即，主动土压力 p_{a} 沿墙高呈三角形分布，如图 6-11 所示。

墙背土压力合力 E_{a} 作用点在墙高 1/3 处，E_{a} 作用方向与墙背法线成 δ 角。

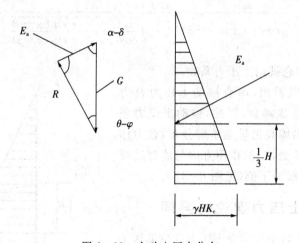

图 6-11　主动土压力分布

二、库仑被动土压力计算

当挡土墙在外力作用下推向土体时，墙后填土作用在填背上的压力随之增大，当位移量达到一定值时，填土中出现过墙踵的滑动面 BC，形成三角形土楔

体,此时,土体处于极限平衡状态。此时土楔 ABC 在自重 G、反力 R 及 E 三力作用下静力平衡,与主动平衡状态相反,R 和 E 的方向均处于相应法线的上方,三力构成一闭合力矢三角形(如图 $6-12$ 所示)。

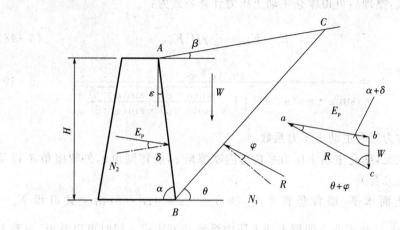

图 $6-12$ 库仑被动土压力计算简图

土楔与墙背的相互作用力即为被动土压力,则被动土压力可由土楔体的静力平衡条件来确定。

[问一问]
库仑土压力是如何分布的?

按上述求主动土压力同样的原理,可求得被动土压力的库仑公式为:

$$E_p = \frac{1}{2}\gamma H^2 K_p \qquad (6-21)$$

$$K_p = \frac{\cos^2(\varphi+\varepsilon)}{\cos^2\varepsilon \cdot \cos(\varepsilon-\delta)\left[1-\sqrt{\dfrac{\sin(\delta+\varphi)\cdot\sin(\varphi+\beta)}{\cos(\varepsilon-\delta)\cdot\cos(\varepsilon-\beta)}}\right]^2} \qquad (6-22)$$

式中:K_p——库仑被动土压力系数。

由上式可以看出,库仑被动土压力合力 E_p 也是墙高的二次函数,因此,被动土压力强度 $p_p = \gamma z K_p$,沿墙高仍呈三角形分布,合力作用点在墙高 $1/3$ 处,E_p 的作用方向与墙背法线成 δ 角,在外法线的下侧(见图 $6-13$)。

三、与朗肯土压力理论的异同

朗肯土压力理论与库仑土压力理论都属于极限状态土压力理论,朗肯理论从土体中一点的极限平衡状态出发,利用极限应力法,由处于极限平衡状态时的大小主应力关系求解土压力;而库仑理论把墙背与滑裂面之间的土楔看

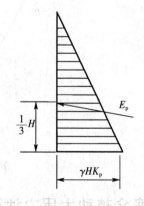

图 $6-13$ 被动土压力分布

作刚体,是利用滑动楔体处于极限平衡状态时的静力平衡条件求解土压力的。

【实践训练】

课目一:利用朗肯土压力理论计算土压力

(一)背景资料

挡土墙高 $H=6\mathrm{m}$,墙背垂直光滑,填土的重度 $\gamma=19\mathrm{kN/m^3}$, $\varphi=30°$, $c=10\mathrm{kN/m^2}$。

(二)问题

计算土压力,并画出土压力分布及作用点。

(三)分析与解答

1. 该挡土墙墙背垂直,墙面光滑,填土面水平,符合朗肯土压力条件。

利用公式(6-6)挡土墙底处的土压力为:

$$P_a = \gamma H \tan^2(45°-0.5\varphi) - 2c\tan(45°-0.5\varphi)$$

$$= 19 \times 6 \times \tan^2(45°-0.5\times30°) - 2\times10\times\tan(45°-0.5\times30°)$$

$$= 114\times0.33 - 20\times0.577 = 26.08\mathrm{kN/m}$$

2. 主动土压力合力为:

$$E_a = \gamma H^2 \tan^2(45°-0.5\varphi) - 2cH\tan(45°-0.5\varphi) + \frac{2c}{\gamma}$$

$$= 19\times36\times\tan^2(45°-0.5\times30°)$$

$$-2\times10\times6\times\tan(45°-0.5\times30°) + \frac{2\times10^2}{19}$$

$$= 684\times0.33 - 120\times0.577 + 10.53 = 167.01\mathrm{kN/m}$$

3. 临界深度为:

$$Z_0 = \frac{2c}{\gamma\sqrt{K_a}} = \frac{2\times10}{19\times\sqrt{\tan(45°-0.5\times30°)}} = 1.83\mathrm{m}$$

4. 主动土压力的合力距墙底的距离为:

$$\frac{H-z_0}{3} = \frac{6-1.82}{3} = 1.39\mathrm{m}$$

5. 主动土压力分布如图6-14所示。

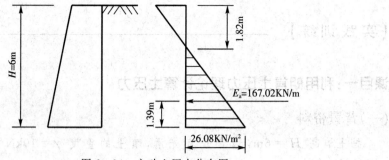

图 6-14　主动土压力分布图

课目二:利用库仑土压力理论计算土压力

(一)背景资料

挡土墙高 $H=6$m,墙背倾斜角 $\alpha=75°$,填土坡角 $\beta=30°$,填土重度 $\gamma=18$kN/m³, $\varphi=30°$, $c=0$,填土与墙背的摩擦角 $\delta=20°$。

(二)问题

计算土压力合力大小并画图说明土压力分布。

(三)分析与解答

1. 库仑主动土压力系数为:

$$K=\frac{\sin^2(\alpha+\varphi)}{\sin^2\alpha\sin(\alpha-\delta)\left[1+\sqrt{\dfrac{\sin(\varphi+\delta)\sin(\varphi-\beta)}{\sin(\alpha-\delta)\sin(\alpha+\beta)}}\right]^2}$$

$$=\frac{\sin^2(75°+30°)}{\sin^2 75°\sin(75°-20°)\left[1+\sqrt{\dfrac{\sin(30°+20°)\sin(30°-30°)}{\sin(75°-20°)\sin(75°+30°)}}\right]^2}$$

$$=\frac{0.933}{0.933\times0.819\left[1+\sqrt{\dfrac{0.766}{0.819\times0.966}}\right]^2}=0.31$$

2. 主动土压力合力为:

$$E_a=0.5\gamma H^2 K_a$$

$$=0.5\times18\times6^2\times0.31$$

$$=100.44\text{kN/m}$$

土压力合力距墙底的距离为:

$$\frac{6}{3}=2\text{m}$$

3. 主动土压力分布如图 6-15 所示。

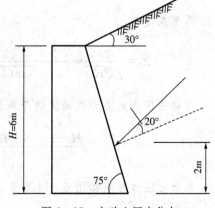

图 6-15　主动土压力分布

第五节 挡 土 墙

一、挡土墙的类型

由于土压力的影响,在工程建设中,常常要预防边坡失稳,为实现边坡稳定,挡土墙的应用很广,随着工程建设(例如铁路、公路建设和深基坑开挖)的发展,一些新型挡土墙也应运而生。

挡土墙常见重力式、悬臂式、扶壁式三种形式:

1. 重力式挡土墙

由块石、毛石砌筑而成,它靠自身的重力来抵抗土压力,见图 6-16(a)。由于其结构简单、施工方便、取材容易而得到广泛应用。

2. 悬臂式挡土墙

一般用钢筋混凝土建造,见图 6-16(b),它的竖壁和底板的悬臂拉应力由钢筋来承受。因此墙高可大于 5m,而截面较小。

3. 扶臂式挡土墙

当墙高大于 10m 时,竖壁所受的弯矩和产生的位移都较大,因此必须沿墙长纵向,每隔一定距离设置一道扶壁,如图 6-16(c)所示。

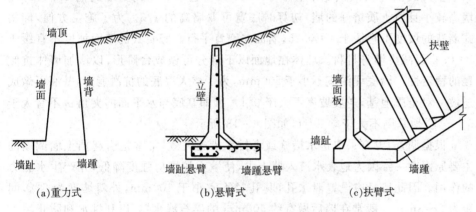

图 6-16 挡土墙的类型

其他形式的挡土墙还包括:

锚杆挡土墙由钢筋混凝土墙板及锚固于稳定土层中的地锚或锚杆组成。锚杆可通过钻孔灌浆、开挖预埋或拧入等方法设置。其作用是将墙体所承受的土压力传递到土内部,从而维持挡土墙的稳定。锚杆通常作为边坡或深基坑坑壁支护结构的受力构件。

锚定板挡土墙由钢筋混凝土墙板、钢拉杆和锚定板连接而成,然后在墙板和锚定板之间填土。作用在墙板上的土压力通过拉杆传至锚定板,再由锚定板的抗拔力来平衡。我国太焦铁路的锚定板挡土墙高度达 24m。

板桩墙常采用钢板桩,并由打桩机械打入设置。用作深基坑开挖的临时土壁支护时,随着挖方的进行,可加单支撑、多支撑或无支撑,并在用毕拔起或留在原地。

[问一问]
挡土墙有哪几种?什么是重力式挡土墙?

二、重力式挡土墙的构造

根据墙背定点垂角线所处的位置不同,重力式挡土墙可分为仰斜、直立和俯斜三种,如图6-17所示。作用在挡土墙墙背的主动土压力,俯斜式挡土墙最大,仰斜式最小,直立式则在二者之间。由于构造特点,仰斜式挡土墙的墙后填土施工较难,因此多用于护坡工程。

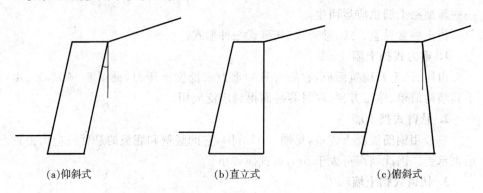

(a)仰斜式　　　　　　　(b)直立式　　　　　　　(c)俯斜式

图6-17　重力式挡土墙类型

[想一想]

设置逆坡的力学原理是什么?[提示:可从支撑反力(正压力)和滑动摩擦力的可靠性差别入手分析。]

重力式挡土墙的顶宽不宜小于500mm。通常底宽约为墙高的$1/2 \sim 1/3$。墙高较小且填土质量好的墙,初算时底宽可取墙高的$1/3$。为了施工方便,仰斜式墙背的坡度不宜缓于$1 : 0.25$,墙面与墙背平行。竖直式的墙面坡度不宜缓于$1 : 0.4$,以减少墙身材料。墙体在地面以下部分可做成台阶形,以增加墙体抗倾覆的稳定性。墙底埋深应不小于500mm,为了增大墙底的抗滑能力,基底可做成逆坡。对土质地基,逆坡坡度不大于$0.1 : 1$(即基底与水平面的夹角α_0不宜大于$6°$),岩质地基则不大于$0.2 : 1$,如图6-18所示。

根据调查,没有采取排水措施或者排水措施失效,常常是引起挡土墙倒塌的主要原因之一。因为地表水流入填土中,使填土的抗剪强度降低,并产生水压力的作用。因此墙身应设置泄水孔,其孔径不宜小于100mm,外斜坡度为5%,间距为$2 \sim 3$m。一般常在墙后做宽约500mm的碎石滤水层,以利排水和防止填土中细粒土流失。墙身高度大的,还应在中部设置盲沟,如图6-19所示。

墙后填土宜选择透水性较强的填料。当采用粘性土作为填料时,宜掺入碎石,以增大土的透水性。在季节性冻土地区,宜选用炉渣、粗砂等非冻胀性材料。墙后填土均应分层夯实。

[问一问]

挡土墙排水构造有哪些要点?

在墙顶和墙底标高处宜铺设粘土防水层。墙顶处的防水层,可阻止或减少地表水渗入填土中。设置于墙底标高上的防水层,可避免水流进墙底地基土而造成地基承载力和挡土墙抗滑移能力降低。

对不能采取有效排水措施的挡土墙,进行墙体稳定性验算时,应考虑地下水的影响。

如在墙顶地面没有设置防水层,即使挡土墙后的排水措施生效,但在暴雨期间、破裂面(滑动面)上由于大量雨水渗入土中形成连续渗流,引起墙后土体产生水压力,从而使墙后侧压力增加,并可能使挡土墙倒塌。

挡土墙应每隔 10～20m 设置伸缩缝,缝宽可取 20mm 左右。当地基有变化时宜加设沉降缝(自墙顶至墙底全部分离)。挡土墙在拐角和端部处应适当加强。

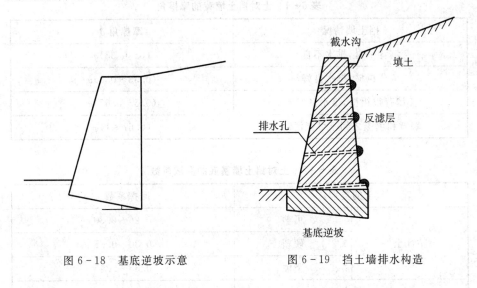

图 6-18　基底逆坡示意　　　　图 6-19　挡土墙排水构造

三、重力式挡土墙的计算

重力式挡土墙设计时除应满足构造要求外,其计算主要包括下列内容:(1)抗滑移稳定验算;(2)抗倾覆稳定验算;(3)地基承载力验算;(4)墙身材料强度验算;(5)抗震计算。

1. 挡土墙的抗滑移稳定验算

抗滑移稳定验算,就是验算重力式挡土墙在土压力作用下,产生水平滑移的可能性。挡土墙的抗滑移稳定性,与挡土墙基底摩擦系数 μ 关系密切,该摩擦系数应在现场条件下进行原位试验给出。当缺乏现场试验资料时,《建筑地基基础设计规范》所给出的数据,可供设计时应用。为保证挡土墙设计有一定的安全度,规范给出的数据普遍偏低,所以有条件时,应尽量采用现场试验值。

挡土墙抗滑移稳定性验算(如图 6-18所示),按下式进行:

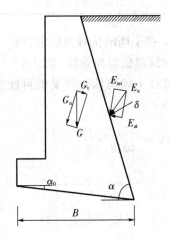

图 6-20　挡土墙抗滑移验算简图

$$\frac{(G_n+E_{an})\mu}{E_{at}-G_t}\geqslant 1.3 \qquad (6-23)$$

$$G_n=G\cos\alpha_0 \qquad G_t=G\sin\alpha_0$$

$$E_{at} = E_a \sin(\alpha - \alpha_0 - \delta)$$

$$E_{an} = E_a \cos(\alpha - \alpha_0 - \delta)$$

表 6-1 土对挡土墙背的摩擦角

挡土墙情况	摩擦角 δ
墙背平滑,排水不良	$(0 \sim 0.33)\varphi$
墙背粗糙,排水良好	$(0.33 \sim 0.5)\varphi$
墙背很粗糙,排水良好	$(0.5 \sim 0.67)\varphi$
墙背和填土之间不可能滑动	$(0.67 \sim 1)\varphi$

表 6-2 土对挡土墙基底的摩擦系数 μ

土的类别		摩擦系数 μ
粘性土	可塑	0.25~0.30
	硬塑	0.30~0.35
	坚硬	0.35~0.45
粉土		0.35~0.40
中砂、粗砂、砾砂		0.40~0.50
碎石土		0.40~0.60
软质岩		0.40~0.60
表面粗糙的硬质岩		0.65~0.75

2. 挡土墙的抗倾覆稳定验算

抗倾覆稳定性验算(如图 6-21 所示),是验算挡土墙绕墙趾转动的可能性。其计算式如下:

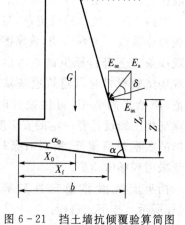

$$K_t = \frac{抗倾覆力矩}{倾覆力矩}$$

$$= \frac{G \cdot x_0 + E_{az} \cdot x_f}{E_{ax} \cdot z_f} \geqslant 1.6 \quad (6-24)$$

$$E_{ax} = E_a \cdot \sin(\alpha - \delta) \quad (6-25)$$

$$E_{az} = E_a \cdot \cos(\alpha - \delta) \quad (6-26)$$

$$x_f = b - z\cot\alpha \quad (6-27)$$

图 6-21 挡土墙抗倾覆验算简图

$$z_f = z - b\tan\alpha_0 \quad (6-28)$$

式中: G——挡土墙每沿米自重,m;

x_0——挡土墙重心离墙趾的水平距离,m;

α_0——挡土墙基底倾角,度;

α——挡土墙墙背倾角,度;

δ——土对挡土墙背的摩擦角,可按表 6-1 选用,度;

b——基底的水平投影宽度,m;

z——土压力作用点离墙趾高度,m;

μ——土对挡土墙基底的摩擦系数,可按表 6-2 选用。

3. 挡土墙的地基承载力验算

挡土墙地基承载力的验算,与普通扩展基础基本相同,即基底的平均应力值应小于地基承载力特征值,其最大边端压应力值不得大于地基承载力特征值的 1.2 倍。

进行普通扩展基础设计时,要求基底边端不得出现拉应力值,即荷载偏心矩 e 不得大于基础宽度的 1/6。对于挡土结构,对偏心矩的要求可以适当放宽,即荷载偏心矩 e 不得大于基础宽度的 1/4。按照材料力学的简化计算法,其计算公式为:

$$P_{\substack{kmax \\ kmin}} = \frac{N_{gd} + E_{ay}}{b}\left(1 \pm \frac{e}{b}\right) \qquad (6-29)$$

$$P_{kmax} \leqslant 1.2f \qquad (6-30)$$

$$P_{kmin} \geqslant 0 \qquad (6-31)$$

4. 挡土墙验算结果不能满足上式要求时,可采取的措施

(1)不能满足抗滑移要求时,可以将基底做成锯齿状或将基底做成逆坡,以增加基底的抗滑移能力,如图 6-22(a)、(b)所示。

(2)不能满足抗倾覆要求时,可以增大断面尺寸,增加挡土墙自重,使抗倾覆力矩增大,但同时工程量随之加大;也可以将墙背仰斜,以减小土压力,或选择带卸荷台的挡土墙,如图 6-22(c),均可起到减小总土压力,增大抗倾覆能力的作用。

(3)当不能满足地基承载力要求时,可设置墙趾台阶增大基底面宽度,墙趾的高宽比可取 $\frac{h}{a} = \frac{2}{1}$,且应使 $a \geqslant 200\text{mm}$。

[想一想]

提高挡土墙强度的措施有哪些?

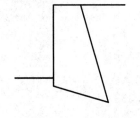 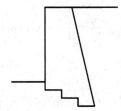 

　(a)墙体逆坡　　　　　　　(b)锯齿状基底　　　　　(c)带减压平台的挡土墙

图 6-22　提高挡土墙稳定性的措施

课目:重力式挡土墙设计

(一)背景资料

挡土墙高5m,断面尺寸如图6-23所示。该挡土墙用 MU20 毛石和 M5 水泥砂浆砌筑,墙背垂直光滑,墙后填土水平,砌体重度 $\gamma_1 = 22\text{kN/m}^3$,墙后填土内摩擦角 $\varphi = 30°$,黏聚力 $c = 0$,填土重度 $\gamma_2 = 18\text{kN/m}^3$,填土面作用有均布荷载 $q = 2\text{kN/m}$,基底摩擦系数 $\mu = 0.55$,地基承载力设计值 $f = 195\text{kN/m}^2$。

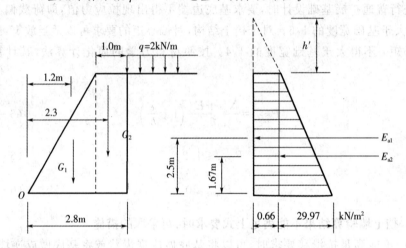

图 6-23　挡土墙验算简图

(二)问题

验算该挡土墙。

(三)分析与解答

1. 主动土压力计算

填土表面土压力计算:

将均布荷载换算填土的当量厚度为:

$$h' = \frac{q}{\gamma} = \frac{2}{18} = 0.11\text{m}$$

库仑公式主动土压力系数为:

$$K_a = \tan^2(45° - \frac{\varphi}{2}) = \tan^2(45° - \frac{30°}{2}) = 0.333$$

墙顶面土压力强度为:

$$P_{a1} = \gamma h' K_a = 18 \times 0.11 \times 0.333 = 0.66\text{kN/m}^2$$

墙地面土压力强度为：

$$P_{a2} = \gamma(h' + H)K_a = 18 \times (0.11 + 5) \times 0.333 = 30.63\text{kN/m}^2$$

土压力的合力为：

$$E_a = \frac{1}{2}(0.66 + 30.63) \times 5 = 78.23\text{kN/m}$$

$$E_{a1} = 0.66 \times 0.5 \times 5 = 1.65\text{kN/m}$$

$$E_{a2} = 0.5 \times 29.97 \times 5 = 74.93\text{kN/m}$$

2. 计算土及墙重

取 1m 墙长，土及墙的自重为：

$$G_1 = 0.5 \times 1.8 \times 5 \times 1 \times 22 = 99\text{kN/m}$$

$$G_2 = 1.0 \times 5 \times 1 \times 22 = 110\text{kN/m}$$

$$G = G_1 + G_2 = 209\text{kN/m}$$

3. 抗倾覆验算

倾覆力矩：

$$M_{倾} = E_{a1} \times 2.5 + E_{a2} \times 1.67 = 1.65 \times 2.5 + 74.93 \times 1.67 = 129.26\text{kN} \cdot \text{m}$$

抗倾覆力矩：

$$M_{抗} = G_1 \times 1 + G_2 \times 2 = 99 \times 1.2 + 110 \times 2.3 = 371.8\text{kN} \cdot \text{m}$$

抗倾覆安全系数：

$$K_t = \frac{M_{抗}}{M_{倾}} = \frac{371.8}{129.26} = 2.881.6(满足条件)$$

4. 抗滑移验算

抗滑移安全系数：

$$K_s = \frac{G\mu}{E_{a1} + E_{a2}} = \frac{209 \times 0.55}{78.22} = 1.471.3(满足条件)$$

5. 基底应力验算

将各力向基底中点简化

竖向合力为：

$$N_{gd} = G_1 + G_2 = 209\text{kN/m}$$

偏心力矩之和为：

$$M_{gd} = G_1 \times 0.2 + E_{a1} \times 2.5 + E_{a2} \times 1.67 - G_2 \times 0.9$$

$$= 99 \times 0.2 + 1.65 \times 2.5 + 74.93 \times 1.67 - 110 \times 0.9$$

$$= 50.06\text{kN} \cdot \text{m}$$

对基底中点偏心距:

$$e = \frac{M_{gd}}{N_{gd}} = \frac{50.06}{209} = 0.24\text{m}$$

基底应力为:

$$\frac{p_{max}}{p_{min}} = \frac{N_{gd}}{b}(1 \pm \frac{6e}{b}) = \frac{209}{2.8}(1 \pm \frac{6 \times 0.24}{2.8}) = \frac{116.87\text{kN/m}^2 < 1.2f}{36.2\text{kN/m}^2 < f}\text{(满足条件)}$$

本章思考与实训

1. 什么是静止土压力、主动土压力、被动土压力? 举例说明三种土压力在实际工程中的体现。

2. 影响土压力大小的因素有哪些? 主要因素是什么?

3. 朗肯土压力理论与库仑土压力理论的计算原理分别是什么?

4. 挡土墙的作用是什么? 挡土墙有几种类型? 其构造要点有哪些?

5. 挡土墙为什么要采取有效排水设施? 具体有哪些排水措施?

6. 挡土墙设计应该考虑哪些因素? 简述挡土墙的设计步骤。

7. 有哪些措施可以提高挡土墙的稳定性?

8. 已知挡土墙墙高 6m,墙背垂直光滑,填土面水平。填土 $c = 10\text{kN/m}^2$、$\gamma = 18.5\text{kN/m}^2$,$\varphi = 10$。试计算作用在墙背上的主动土压力合力大小并图示的其作用点。

9. 某挡土墙高为 4m,挡土墙由毛石砌筑,砌体容重 $\gamma = 22\text{kN/m}^3$,采用俯斜式挡土墙,断面尺寸如图 6-24 所示。墙背倾角 $\alpha = 75°$,填土坡角 $\beta = 30°$,填土重度 $\gamma = 19\text{kN/m}^3$,$\varphi = 30°$,$c = 0$,墙体与墙背的摩擦角 $\delta = 20°$,基底摩擦系数 $\mu = 0.5$,地基承载力设计值 $f = 200\text{kN/m}^2$,验算此挡土墙。

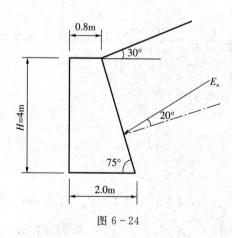

图 6-24

土力学与地基基础(第2版)

第七章　建筑场地的工程地质勘察

【内容要点】

1. 掌握地基勘察的任务、方法及阶段的划分；
2. 熟悉勘察报告书的基本内容并会阅读使用地基勘察报告书。

【知识链接】

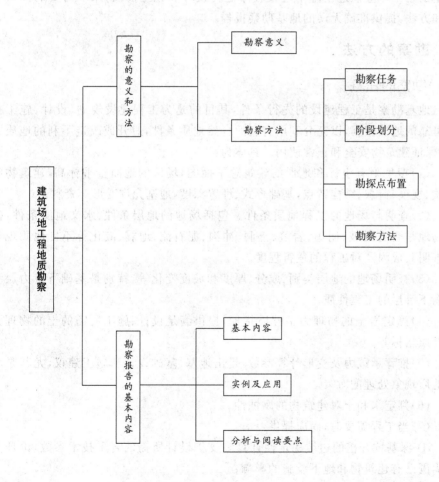

第一节　建筑场地的工程勘察的意义和方法

一、勘察的意义

地基勘察是以各种手段和方法,调查研究和分析评价建筑场地和地基的工程地质条件,为设计和施工提高所需的工程地质资料。地基勘察的目的在于以各种勘察手段和方法,调查研究和分析评价建筑场地和地基的工程地质条件,为设计和施工提供所需的工程地质资料。在工程实践中,有不经过调查研究就盲目进行地基基础设计和施工而造成严重工程事故的例子,但是,更常见的是勘察不详或分析结论有误,以致延误建设进展,浪费大量资金,甚至遗留后患。因此,地基勘察工作应该遵循基本建设程序走在设计和施工前面,采取必要的勘察手段和方法,提供准确无误的地基勘察报告。

[问一问]
建筑场地工程勘察有什么意义?

二、勘察的方法

(一)勘察的任务

地基勘察是工程建设的先行条件,其目的是为工程建设规划、设计、施工提供可靠的地质依据,以充分利用有利的自然地质条件,避开或改造不利的地质因素,保证建筑物安全和正常使用。具体为:

(1)搜集附有坐标和地形的建筑总平面图,场区的地面整平标高,建筑物的性质、规模、荷载、结构特点,基础形式、埋置深度,地基允许变形等资料。

(2)查明与场地的工程地质条件。包括场地的地层条件、水文地质条件,确定场地是否有滑坡、崩塌、岩溶、土洞、冲沟、泥石流、地震、液化等不良地质现象并查明其成因及对工程的危害程度。

(3)查明场地的地层类别、成分、厚度和坡度变化等,特别是基础下持力层和软弱下卧层的工程性质。

(4)测定岩土的物理力学性质指标,提供满足设计、施工所需的土的物理力学性质指标等。

(5)推荐承载力及变形计算参数,提出地基、基础设计和施工建议,尤其是不良地质现象处理的对策。

(6)判定水和土对建筑物的腐蚀性。

(7)当工程需要时,尚应提供:

① 深基坑开挖的边坡稳定性计算和支护设计所需的岩土技术参数,论证其对周围已有建筑物和地下设施的影响;

② 基坑施工降水的有关技术参数及施工降水方法的建议;

③ 用于计算地下浮力的设计水位。

地基勘察的工作具体内容、工作深度、工作量、工作方法等均应以地基勘察等级为依据,即应根据工程重要性等级、场地复杂等级和地基复杂等综合确定。

建筑工程的勘察工作内容是在收集建筑物上部荷载、功能特点、基础形式、埋置深度和变形等方面资料的基础上开展的,具体为:

(1)查明场地和地基的稳定性、地层结构、持力层和下卧层的工程特性、土的应力历史和地下水条件以及不良地质作用等。

(2)提供满足设计、施工所需的岩土参数,确定地基承载力,预测地基变形性状。

(3)提出地基基础、基坑支护、工程降水和地基处理设计与施工方案的建议。

(4)提出对建筑物有不良地质作用的防治方案建议。

(5)对于抗震设预防烈度等于或大于 6 度的场地,进行场地与地基的地震效应评价。

[做一做]
列表排出勘察的主要任务,并指出每一任务的特点。

(二)勘察阶段的划分

地基勘察应与设计阶段相适应,并分段进行。重大工程宜分段进行岩土工程勘察,场地较小且无特殊要求的工程可合并勘察阶段。可行性研究勘察应满足工程选址要求;初步勘察应满足初步设计要求;详细勘察应满足施工图设计的要求;当工程地质条件复杂时,施工前宜进行补充勘察。

1. 可行性研究勘察阶段

可行性研究勘察是对拟建场地的稳定性和适宜性做出评价,勘察的主要内容为:

(1)收集区域地质、地形地貌、地震、矿产、当地的工程地质、岩土工程和建筑经验等资料。

(2)对收集的资料进行分析后,踏勘场地,以深入了解场地地层、构造、岩性、不良地质作用和地下水等工程地质条件。

(3)若场地条件复杂,分析已有资料和踏勘后仍不能满足要求时,应进行必要的工程测绘和勘探工作。

(4)当有两个或两个以上拟选场地时,应进行比选分析。

(5)在选址时,宜避开下列地段:

① 不良地质现象发育且对场地稳定性有直接危害或潜在威胁;

② 地基土性质严重不良;

③ 对建筑抗震不利;

④ 洪水或地下水对建筑物场地有严重不良影响;

⑤ 地下有未开采的有价值的矿藏或未稳定的地下采空区;

⑥ 地下、地上有应保护的重要文物。

2. 初步勘察阶段

选址选定批准后进行初步勘察。初步勘察应对场地内建筑地段稳定性做出评价,未确定建筑总平面布置、主要建筑物地基基础选型和不良地质现象的防治进行初步论证。初步勘察的主要内容为:

(1)收集工程性质及规模的文件、建筑区范围的地形图、可行性研究阶段岩土工程勘察报告等资料。

（2）初步查明地质构造、地层结构、岩土工程特性、地下水埋藏条件。

（3）若遇不良地质现象，需查明其成因、分布、规模、发展趋势，并对场地的稳定性做出评价。

（4）场地抗震设防烈度等于或大于 6 度时，应判定场地和地基的地震效应。

（5）初步判定水及其对建筑材料的腐蚀性。

（6）对拟建高层建筑，应针对可能采取的地基基础类型、基坑开挖与支护、工程降水方案进行初步分析评价。

3. 详细勘察阶段

详细勘察时，应按不同单体建筑物或建筑群提出详细的岩土工程资料和设计、施工所需的岩土参数；对建筑物地基做出岩土工程评价，判定针对具体建筑而言地基是否良好；对基础设计方案进行论证和建议；对于地基处理、基坑支护、工程降水方案和不良地质作用的防治措施进行论证和建议。详细勘察的主要内容为：

（1）收集附有坐标和地形的建筑总平面图，场区的地面平整标高，建筑物的性质、规模、荷载、结构特点，可能采取的基础形式、埋置深度等资料。

（2）查明不良地质作用的类型、成因、分布范围、发展趋势和危害程度，对整治方案提出建议。

（3）查明建筑物范围内岩土层的类型、深度、分布、工程特性，分析、评价地基稳定性、均匀性和承载力。应说明每一层土的土名，厚度，稳定性如何，承载力是多少，并建议哪一层为基础的持力层。

（4）对需要进行沉降计算的建筑物，提供地基变形计算参数所需的数据，如孔隙比与荷载关系曲线，预测建筑物的沉降。

（5）查明隐藏的河道、防空洞、孤石等对工程不利的埋藏物。

（6）查明地下水的埋藏条件和侵蚀性，提供地下水位及其变化幅度的数据。

（7）在季节性冻土地区，提供场地土的标准冻结深度。

（8）对抗震烈度等于或大于 6 度的场地，应划分场地土类型和建筑场地类型；对抗震烈度等于或大于 7 度的场地，应分析预测地震效应，判定饱和砂土或粉土的地震液化可能性。

[问一问]

工程地质勘察可划分为哪几个阶段？各有何作用？

（9）判定水和土对建筑材料的腐蚀性。

（10）采用桩基础时，应提供桩基础设计所需的岩土技术参数，并确定单桩承载力，提出桩的类型、长度和施工方法等建议。

（11）当需进行深基坑开挖时，应提供深基坑开挖稳定计算和支护设计所需的岩土参数，并评价深基坑开挖、降水等对邻近建筑物的影响。

4. 施工勘察阶段

场地地质条件千变万化，施工中可能会遇到一些施工前勘察中没有发现的工程地质问题，这时需要进行施工勘察，以合理解决施工中所遇到的工程地质问题。一般说来，遇到以下几种情况时，应进行施工勘察：

（1）浅基础的基槽开挖后应进行施工验槽。

(2)验槽发现岩土条件与原勘察资料不符时,应进行施工勘察。

(3)新发现地基中溶洞或土洞较发育时,应查明情况并提出处理建议。

(4)施工中遇到特殊或突发情况,如基坑开挖时突然涌水、沉井施工中沉井突然下沉或下沉速度过快或倾斜幅度过大、边坡失稳等情况时,应查明原因,进行监测并提出处理建议。

(三)勘探点的布置

1. 勘探点的间距

[想一想]
各勘察阶段应注意哪些不良的地质现象对工程建设的影响?

对土质地基,勘探点的间距可按表7-1确定。

表7-1 详勘勘探点的间距

地基复杂程度等级	勘探点间距(m)
一级(复杂)	10~15
二级(中等复杂)	15~30
三级(简单)	30~50

详细勘察的勘探点布置,应符合下列规定:

(1)勘探点宜按建筑物周边线和角点布置,对无特殊要求的其他建筑物可按建筑物或建筑群的范围布置。

(2)同一建筑范围内的主要受力层或有影响的下卧层起伏较大时,应加密勘探点,查明其变化。

(3)重大设备基础应单独布置勘探点;重大的动力机器和高耸建筑物,勘探点不宜少于3个。

(4)勘探手段宜采用钻探与触探相配合,在复杂地质条件、湿陷性土、膨胀岩土、风化岩或残积土地区,宜布置适量探井。

详细勘察的单栋高层建筑勘探点布置,应满足对地基均匀性评价的要求,且不应少于4个;对密集的高层建筑群,勘探点可适当减少,但每栋建筑物至少应有1个控制性勘探点。

2. 勘探孔的深度

详细勘察的勘探深度自基础底面算起,应符合下列规定:

(1)勘探孔深度应能控制地基主要受力层,当基础底面宽度不大于5m时,勘探孔的深度对条形基础不应小于基础底面宽度的3倍,对单独柱基不应小于1.5倍,且不应小于5m。

(2)对高层建筑和需作变形计算的地基,控制性勘探孔的深度应超过地基变形计算深度;高层建筑的一般性勘探孔应达到基底下0.5~1.0倍的基础宽度,并深入稳定分布的地层。

(3)对仅有地下室的建筑或高层建筑的裙房,当不能满足抗浮设计要求,需设置抗浮桩或锚杆时,勘探孔深度应满足抗拔承载力评价的要求。

[想一想]

勘探点的布置原则应符合哪些条件？

（4）当有大面积地面堆载或软弱下卧层时，应适当加深控制性勘探孔的深度。

（5）在上述规定深度内当遇基岩或厚层碎石土等稳定地层时，勘探孔深度应根据情况进行调整。

（四）勘察方法

岩土工程勘察中，可采取的勘察方法有工程地质测绘与调查、勘探、原位测试与室内试验等。《地基基础设计规范》对不同地基基础设计等级建筑物的地基勘察方法，测试内容提出了不同的要求：设计等级为甲级的建筑物应提供载荷试验指标、抗剪强度指标、变形参数指标和触探资料；设计等级为乙级的建筑物应提供抗剪强度指标、变形参数指标和触探资料；设计等级为丙级的建筑物应提供触探及必要的钻探和土工试验资料。

1. 工程地质测绘与调查

工程地质测绘与调查的目的是通过对场地的地形地貌、地层岩性、地质构造、地下水与地表水、不良地质现象等进行调查研究与必要的测绘工作，为评价场地工程条件及合理确定勘探工作提供依据。对建筑场地的稳定性和适宜性进行研究是工程地质调查和测绘的重点问题。

工程地质测绘与调查宜在可行性研究或初步勘察阶段进行。在可行性研究阶段搜集资料时，宜包括航空照片、卫星相片的解译结果。详细勘察时，可在初步勘察测绘和调查的基础上，对某些专门地质问题（如滑坡、断裂等）作必要的补充调查。

2. 勘探

勘探是地基勘察过程中查明地质情况的一种必要手段，它是在工程地质测绘和调查的基础上，进一步对场地的工程地质条件进行定量的评价。常用的勘探方法有坑探、钻探、触探和地球物理勘探等。

（1）坑探

坑探是在建筑场地挖深井（槽）以取得直观资料和原状土样，这是一种不必使用专门机具的一种常用的勘探方法。当场地的地质条件比较复杂时，利用坑探能直接观察地层的结构变化，但坑探可达的深度较浅。探井的平面形状为矩形或圆形；探井的深度不宜超过地下水位，一般为 3～4m。较深的探坑应支护坑壁以保证安全，图 7-1 为坑探示意图。

（2）钻探

钻探是用钻机在地层中钻孔，以鉴别和划分地层，观测地下水位，并可沿孔深取样，用以测定岩石和土层的物理力学性质，此外，土的某些性质也可直接在孔内进行原位测试。

钻探方法一般分回转式、冲击式、振动式和冲洗式四种。回转式是利用钻机的回转器带动钻具旋转，磨削孔底地层而钻进，通常使用管状钻具，能取柱状岩芯标本；冲击式是利用钻具的重力和向下冲击力使钻头击碎孔底地层形成钻孔后以抽筒提取岩石碎块或扰动土样；振动式是将振动器高速振动所产生的振动

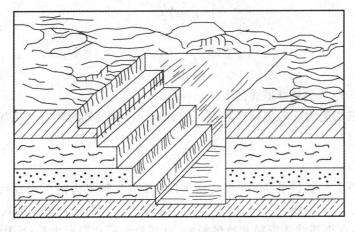

图 7 − 1 坑探示意图

力,通过连接杆及钻具传到圆筒形钻头周围土中,使钻头依靠钻具和振动器的重量进入土层;冲洗式则是在回转钻进和冲击钻进的过程中使用了冲洗液。《岩土工程勘察规范》根据岩土类别和勘察要求,给出了各种钻探方法的适用范围。

另外,对浅部土层的勘探可采用人力钻,如小口径麻花钻(或提土钻)、小口径勺形钻、洛阳铲。

(3)触探

触探是通过探杆用静力或动力将金属探头贯入土层,并量测能表征土对触探头贯入的阻抗能力的指标,从而间接地判断土层及其性质的一类勘探方法和原位测试技术。作为勘探手段,触探可用于划分土层,了解地层的均匀性,但应与钻探等其他勘探方法配合使用,以取得良好的效果;作为测试技术,则可估计地基承载力和土的变形指标。

[问一问]
　什么是触探? 触探分为几种方式? 各适用于何种土?

触探分为静力触探和动力触探两种:

① 静力触探

静力触探试验是用静力匀速将标准规格的探头压入土中,利用电测技术同时量测探头阻力,测定土的力学特性,具有勘探和测试双重功能。适用于软土、一般粘性土、粉土、砂土和含少量碎石的土。

静力触探设备的核心部分是触探头。探头按结构分为单桥探头、双桥探头或带孔隙水压力量测的单、双桥探头。触探杆将探头匀速贯入土层时,探头通过安装在其上的电阻应变片可以测定土层作用于探头的锥尖阻力和侧壁阻力。

单桥探头所测到的是包括锥尖阻力和侧壁阻力在内的总贯入阻力 $Q(\text{kN})$。通常用比贯入阻力 $p_s(\text{kPa})$ 表示,即

$$p_s = \frac{Q}{A} \qquad\qquad (7-1)$$

式中:A——探头截面面积,m^2。

双桥探头则可同时分别测出锥尖总阻力 $Q_c(\text{kN})$ 和侧壁总摩阻力 $Q_s(\text{kN})$。通常以锥尖阻力 $q_c(\text{kPa})$ 和侧壁摩阻力 $f_s(\text{kPa})$ 表示,即

$$q_c = \frac{Q_c}{A} \qquad\qquad (7-2)$$

$$f_s = \frac{Q_s}{S} \qquad\qquad (7-3)$$

式中：S——锥头侧壁摩擦筒的表面积，m^2。

根据锥尖阻力 q_c 和侧壁摩阻力 f_s 可计算同一深度处的摩阻比 R_f 如下

$$R_f = \frac{f_s}{q_c} \times 100\% \qquad\qquad (7-4)$$

根据静力触探试验资料，可绘制深度（z）与各种阻力的关系曲线（贯入曲线），包括 p_s-z 曲线、q_c-z 曲线、f_s-z 曲线、R_f-z 曲线。根据贯入曲线的线型特征，结合相邻钻孔资料和地区经验，可划分土层和判定土类；计算各土层静力触探有关试验数据的平均值，或对数据进行统计分析，提供静力触探数据的空间变化规律。另外，根据静力触探资料，利用地区经验，还可进行力学分层，估算土的塑性状态或密实度、强度、压缩性、地基承载力、单桩承载力、沉桩阻力，进行液化判别等。

②　动力触探

动力触探是将一定质量的穿心锤，以一定高度自由下落，将探头贯入土中，然后记录贯入一定深度的锤击次数，以此判别土的性质。动力触探设备主要由触探头、触探杆和穿心锤三部分组成。根据探头的形式不同，分为标准贯入试验和圆锥动力触探试验两种类型。

[试一试]
试讲述标准贯入试验的过程。

a. 标准贯入试验

标准贯入试验应与钻探工作相配合。其设备是在钻机的钻杆下端联结标准贯入器，将质量为 63.5kg 的穿心锤套在钻杆上端组成的，如图 7-2 所示。试验时，穿心锤以 76cm 的落距自由下落，将贯入器垂直打入土层中 15cm（此时不计锤击数），随后打入土层 30cm 的锤击数，即为标准贯入试验锤击数 N。当锤击数已达 50 击，而贯入深度未达 30cm 时，可记录 50 击的实际贯入深度，按下式换算成相当于 30cm 的标准贯入试验锤击数 N，并终止试验。

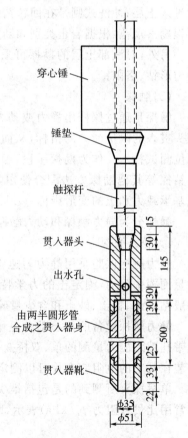

穿心锤

锤垫

触探杆

贯入器头

出水孔

由两半圆形管合成之贯入器身

贯入器靴

图 7-2　标准贯入试验设备
（单位：mm）

$$N = 30 \times \frac{50}{\Delta S} \qquad\qquad (7-5)$$

式中：ΔS——50 击时的贯入度，cm。

试验后拔出贯入器，取出其中的土样进行鉴别描述。根据标准贯入试验锤击数 N，可对砂土、粉土和一般粘性土的物理状态、土的强度、变形参数、地基承载力、单桩承载力，成桩的可能性等做出评价。在《建筑抗震设计规范》中，以它作为判定砂土和粉土是否可液化的主要方法。但需指出，应用 N 值时是否修正和如何修正，应根据建立统计关系时的具体情况确定。

b. 圆锥动力触探试验

依据锤击能量的不同分为轻型、重型和超重型三种，其规格和适用土类见表 7-2。其中轻型圆锥动力触探也称作轻便触探，其设备如图 7-3 所示。

[想一想]
标准贯入锤击数在工程上有何应用？

表 7-2　圆锥动力触探类型

类 型		轻 型	重 型	超重型
落锤	锤的质量(kg)	10	63.5	120
	落距(cm)	50	76	100
探头	直径(mm)	40	74	74
	锥角(°)	60	60	60
探杆直径(mm)		25	42	50～60
指　标		贯入 30cm 的读数 N_{10}	贯入 10cm 的读数 $N_{63.5}$	贯入 10cm 的读数 N_{120}
主要适用岩土		浅部的填土、砂土、粉土、粘性土	砂土、中密以下的碎石土、极软岩	密实和很密的碎石土、软岩、极软岩

圆锥动力触探试验技术要求应符合下列规定：

1）采用自动落锤装置。

2）触探杆最大偏斜度不应超过 2%，锤击贯入应连续进行；同时防止锤击偏心、探杆倾斜和侧向晃动，保持探杆垂直度；锤击速率每分钟宜为 15～30 击。

3）每贯入 1m，宜将探杆转动一圈半；当贯入深度超过 10m，每贯入 20cm 宜转动探杆一次。

4）对轻型动力触探，当 $N_{10}>100$ 或贯入 15cm 锤击数超过 50 时，可停止试验；对重型动力触探，当连续三次 $N_{63.5}>50$ 时，可停止试验或改用超重型动力触探。

根据圆锥动力触探试验指标和地区经验，可进行力学分层，评定土的均匀性和物理性质（状态、密实度）、土的强度、变形参数、地基承载力、单桩承载力，查明土洞、滑动面、软硬土层界面，检测地基处理效果等。其中轻型动力触探试验，由于设备简单轻便、操作方便，在工程中广为应用。

同样需指出，应用试验成果时是否修正或如何修正，应根据建立统计关系时的具体情况确定。

(4)地球物理勘探

地球物理勘探(简称物探)也是一种兼有勘探和测试双重功能的技术。物探之所以能够被用来研究和解决各种地质问题,主要是因为不同的岩石、土层和地质构造往往具有不同的物理性质,利用诸如其导电性、磁性、弹性、湿度、密度、天然放射性等的差别,通过专门的物探仪器的量测,就可区别和推断有关地质问题。对地基勘探的下列方面可采用物探:

① 作为钻探的先行手段,了解隐蔽的地质界线、界面或异常点、异常带,为经济合理确定钻探方案提供依据;

② 作为钻探的辅助手段,在钻孔之间增加地球物理勘探点,为钻探成果的内插、外推提供依据;

③ 作为原位测试手段,测定岩土体某些特殊参数,如波速、动弹性模量、土对金属的腐蚀性等。

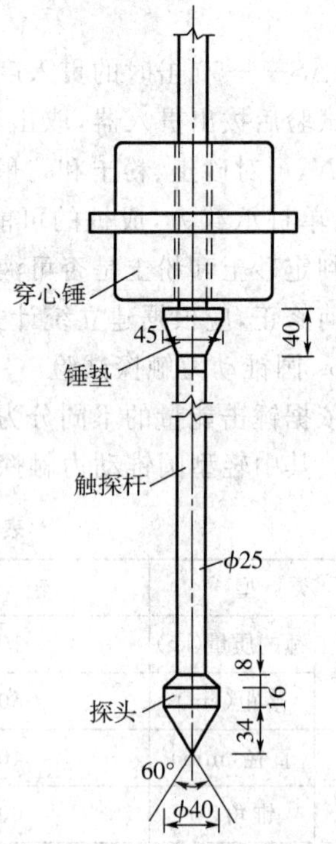

穿心锤
45
40
锤垫
触探杆
ϕ25
18
16
探头
34
60°
ϕ40

图 7-3　轻便触探试验设备

(单位:mm)

常用的物探方法主要有:电法、电磁法、地震波法和声波法、电视测井等。

3. 室内试验与原位测试

在土工实验室或现场原位进行测试工作,可以取得土和岩石的物理力学性质和地下水的水质等定量指标。

室内试验项目应根据岩土类别、工程类型、工程分析计算要求确定。如对粘性土、粉土一般应进行天然密度、天然含水量、土粒比重、液限、塑限、压缩系数及抗剪强度(采用三轴仪或直剪仪)试验。

原位测验包括静载荷试验、旁压试验、十字板剪切试验、土的现场直接剪切试验、地基土的动参数测定、触探试验等。有时,还要进行地下水位变化和抽水试验等测试工作。一般说,原位测试能在现场条件下直接测定土的性质,避免试样在取样、运输以及室内试验操作过程中被扰动后导致测定结果的失真,因而其结果较为可靠。

其中,旁压试验是利用放置在钻孔内的一个可扩张的圆柱形旁压器,通过控制装置对孔壁施加压力,测得土体的横向应力应变关系曲线,从而得到较深处土层的变形模量和承载力,实际上是在钻孔内进行的横向载荷试验。

[做一做]

列表总结岩土工程勘察方法及其应用范围。

在已钻成的钻孔内进行试验的旁压仪称为预钻式旁压仪。由于钻孔不但使孔壁土体受扰动,同时也改变了孔壁土体的应力状态,使旁压试验结果失真。为了减少探头插入过程对土的扰动,保持土体的天然应力状态,20 世纪

70年代又发展了自钻式旁压仪。就是在测试段的下部带有钻孔切削和冲洗设备,可以自行钻到试验部位,还可以测定土中的孔隙水压力,使旁压试验更趋完善。

第二节　勘察报告的基本内容

一、勘察报告书的内容

地基勘察的最终成果是以报告书的形式提出的。勘察工作结束后,把取得的野外工作和室内试验记录和数据以及收集到的各种直接间接资料分析整理、检查校对、归纳总结后作出建筑场地的工程地质评价。最后以简要明确的文字和图表编成报告书。

岩土工程勘察报告应根据任务要求、勘察阶段、工程特点和地质条件等具体情况编写。岩土工程勘察报告应资料完整、真实准确、数据无误、图表清晰、结论有据、建议合理、便于使用和适宜长期保存,并应因地制宜,重点突出,有明确的工程针对性。一般应包括下列内容:

(1)勘察目的、任务要求和依据的技术标准。

(2)拟建工程概况。

(3)勘察方法和勘察工作布置。

(4)场地地形、地貌、地层、地质构造、岩土性质及其均匀性。

(5)各项岩土性质指标,岩土的强度参数、变形参数、地基承载力的建议值。

(6)地下水埋藏情况、类型、水位及其变化。

(7)土和水对建筑材料的腐蚀性;

(8)可能影响工程稳定的不良地质作用的描述和对工程危害程度的评价。

(9)场地稳定性和适宜性的评价。

[问一问]
　勘察报告书的主要内容有哪些?

岩土工程勘察报告应对岩土利用、整治和改造的方案进行分析论证,提出建议;对工程施工和使用期间可能发生的岩土工程问题进行预测,提出监控和预防措施的建议。

成果报告应附下列图件:

(1)勘探点平面布置图。

(2)工程地质柱状图。

(3)工程地质剖面图。

(4)原位测试成果图表。

(5)室内试验成果图表。

当需要时,尚可附综合工程地质图、综合地质柱状图、地下水等水位线图、素描、照片、综合分析图表以及岩土利用、整治和改造方案的有关图表、岩土工程计算简图及计算成果图表等。

上述内容并不是每一项均必须具备的,而应视具体要求和实际情况有所侧重并以充分说明问题为准。对丙级岩土工程勘察的成果报告内容可适当简化,采用以图表为主,辅以必要的文字说明;对甲级岩土工程勘察的成果报告除应符合上述规范规定外,尚可对专门性的岩土工程问题提交专门的试验报告、研究报告或监测报告。

二、勘察报告的实例及应用

1. 工程概况

某岩土工程有限责任公司受某房地产开发有限公司委托,对其拟建某厂住宅楼工程 7 号楼及地下车库场地进行岩土工程勘察工作。工程重要性等级为三级,场地等级为二级,地基等级为三级,岩土工程勘察等级为乙级。勘察阶段为详细勘察。拟建建筑物特征如表 7-3:

表 7-3 拟建建筑物特征

建筑物	结构类型	基础形式	基底压力 (标准组合) (kPa)	基础埋深 (室外地坪下) (m)	层数	建筑高度 (m)	地基基础 设计等级
7 号楼	砖混	筏板基础	115	2.25	地上 5 层 地下 1 层	18.5	乙级
车库	砖混	筏板基础	80	2.25	地下 1 层		丙级

2. 勘察的目的和要求

(1)查明场地地层结构、岩土性质。

(2)地下水情况及对工程的影响。

(3)提供地基承载力及变形参数。

(4)查明有无不良地质现象。

(5)判定场地土类型、场地类别、地震液化。

(6)对场地的稳定性和适宜性作出评价。

(7)对地基均匀性作出评价。

(8)对地基基础设计方案提出建议。

3. 勘察工作

(1)勘察方法

勘察采用钻探(DPP—1004E 型钻机,螺旋回转钻进,静压法取土)、静力触探、标准贯入试验及室内土工试验,综合各土层的有关参数。

报告中钻孔标高测量采用 DS3 普通水准仪,以拟建场地南部已建 5 层住宅楼±0.00 进行标高引测,采用绝对标高,以向阳街与前进路交叉点作为勘探点相对坐标之(0,0)点。

(2)勘察工作量

根据勘察的任务和要求,沿建筑物周边线及角点共布置勘探点9个,完成的勘察工作量见勘探点一览表。勘察中共取土样74件,进行了室内常规试验,持力层及主要受力层做了三轴(不固结不排水)剪切试验,根据土工试验结果及静力触探试验数据,对地基土进行了分层统计。

4. 场地条件

(1)地形地貌

拟建场地位于某市曙光街与望岭路交叉口之东北角,某厂家属院内,所处地貌部位属华北平原的西部边缘,山前冲洪积扇的尾部,拟建场地自然地面标高为55.0~55.28m,高差不大,地形较平坦。

(2)地层

据钻探揭露,场地地层为第四纪全新世冲洪积层,由新近沉积土及一般粘性土组成。按岩土工程特征自上而下可分为九层,分述如下:

第①层杂填土:杂色,稍密,稍湿,主要由碎砖块、碎石块、水泥块等建筑垃圾夹少量粉土组成,厚度约0.5m。

第②层粉土:褐黄色,中密,湿,属中压缩性,含炭屑、云母碎片,局部夹粘土薄层。厚度1.9~2.5m,顶板埋深0.5~0.6m。

第③层粉质粘土:黄褐~黄褐色,可塑状态,属中压缩性,含炭屑等,局部夹粉土及粘土薄层。厚度1.0~2.2m,顶板埋深2.5~3.0m。

第④层粉土:褐黄、黄褐、灰褐色,中密~密实,湿,属中压缩性,含云母碎片等,局部夹粉质粘土薄层。厚度1.1~2.8m,顶板埋深4.0~5.0m。

第⑤层粉土:灰褐~灰色,中密,湿~很湿,属中压缩性,含云母碎片、炭屑、粉细砂颗粒及小砾石,局部夹粉质粘土薄层。厚度2.0~3.2m,顶板埋深5.8~6.8m。

第⑥层粉土:黄褐~褐黄色,密实,湿,属中压缩性,含云母、碎瓦片、零星钙质结核。厚度1.5~2.4m,顶板埋深8.5~9.2m。

第⑦层粉质粘土:灰褐~灰色,可塑状态,局部硬塑,属中压缩性,含有机质、小贝壳、碎瓦片、小砾石及粉细砂颗粒,含零星钙质结核,局部夹粉土及粘土薄层。厚度0.6~1.3m,顶板埋深10.5~11.0m。

第⑧层粉质粘土:灰黄~黄褐色,局部夹灰绿色条纹,可塑~硬塑状态,属中压缩性,含钙质结核、铁锰质,局部夹粉土薄层。厚度2.5~3.3m,顶板埋深11.3~12.0m。

第⑨层粉质粘土:黄褐色,硬塑~坚硬状态,局部可塑,属中低压缩性,含钙质结核及铁锰质,局部夹粉土薄层。顶板埋深14.0~14.8m,本次勘察未穿透此层。

(3)地下水

勘察时场地初见水位埋深约5.0m,稳定水位埋深约3.5m,属上层滞水,为大气降水所补给,受气象因素影响,水位具有一定的升降变化。

本场地环境类型属Ⅲ类,地下水对混凝土结构无腐蚀性;场地水位有一定的升降变化,属干湿交替,地下水对钢筋混凝土结构中的钢筋具弱腐蚀性。

(4)不良地质现象

场地内未发现不良地质现象。

5. 岩土工程分析评价

(1)场地稳定性及适宜性评价

根据调查及勘察结果,场地较稳定,不存在浅埋的全新活动断裂及对工程有影响的不良地质现象,适宜进行本工程的建设。

(2)地基的均匀性评价

勘察资料表明,场地地层分布尚属稳定,各层土埋深及厚度变化不大,但静力触探曲线显示,第②层粉土及第⑤层粉土力学性质在水平方向上有一定差异,强度不甚均匀。

(3)地基土的物理力学性质指标统计

室内土工试验成果及各层土的物理力学性质指标的统计资料详见附表。

(4)地基承载力特征值及压缩模量

根据场地地基土岩性、成因类型、沉积年代、物理力学性质及原位测试结果,参照有关规范及地区经验,综合给出各层土承载力特征值 f_{ak} 及压缩模量 E_{s1-2} 如下(表7-4):

表7-4 各层土承载力特征值 f_{ak} 及压缩模量 E_{s1-2}

层序	岩土名称	承载力特征值 f_{ak}(kPa)	压缩模量 E_{s1-2}(MPa)
第②层	粉土	100	8.1
第③层	粉质粘土	100	6.7
第④层	粉土	115	9.3
第⑤层	粉土	90	7.3
第⑥层	粉土	120	10.8
第⑦层	粉质粘土	110	6.9
第⑧层	粉质粘土	180	8.1
第⑨层	粉质粘土	200	9.2

(5)地基基础方案

根据拟建建筑物的基础埋深,第②层粉土已基本挖除,第③层粉质粘土为地基持力层,持力层承载力特征值 $f_{ak}=100kPa$,对地基承载力特征值进行深度修正(深度修正系数取1.0),修正后承载力特征值为133kPa,满足车库及7号楼设计要求;第⑤层粉土为软弱下卧层,经验算,强度亦满足设计要求。

利用第②层粉土及第③层粉质粘土的三轴剪切试验指标标准值计算的地基承载力为147kPa,满足设计要求。

场地地层可作为拟建建筑物的天然地基,基础类型可采用筏板基础。

(6)场地地震效应

根据《建筑抗震设计规范》(GB50011—2001),本场地的抗震设防烈度为7度,设计基本地震加速度值为0.15g,所属的设计地震分组为第一组。属可进行建设的一般地段。

根据波速测试资料,场地 20m 以上土层的等效剪切波速 V_{se}＝202.8m/s。场地覆盖层厚度大于 50m。根据国家标准《建筑抗震设计规范》(GB50011—2001),判定建筑场地类别为Ⅲ类。拟建场地粉土粘粒含量均大于 10％,根据国家标准《建筑抗震设计规范》(GB50011—2001)第 4.3.3 条,依据粘粒含量判定,该场地地基土为不液化土层。

6. 结论及建议

(1)拟建建筑物可采用天然地基,基础类型可采用筏板基础。

(2)场地地基土为不液化土。

(3)场地地下水对混凝土结构无腐蚀性,对钢筋混凝土结构中的钢筋具弱腐蚀性。

(4)场地地基土含水量较大,施工时应采取保护措施以免受扰动而形成橡皮土,致使地基土的强度降低。

(5)施工开槽后,须组织有关单位共同验槽。

7. 图件

(1)勘探点平面位置图(见图 7-4)。

(2)工程地质剖面图(见图 7-5)。

(3)钻孔柱状图(见图 7-6)。

(4)土的物理力学指标统计表(如表 7-5 所示)。

三、勘察报告的分析和阅读要点

　　施工一线技术人员在阅读勘察报告时,首先应熟悉勘察报告的主要内容,对勘察报告有一个全面的了解,复核勘察资料提供的土的物理力学指标是否与土性相符;然后在此基础上查看场地的地形地貌、地层分布情况,用于基槽开挖时土层比对;查看地下水埋藏情况、类型、水位及其变化用于施工降水方案的制订;查看相关土的类别和物理力学指标用于边坡放坡或基坑支护设计;查看地基均匀性评价和持力层地基承载力用于验槽时比对。同时还应特别注意勘察报告就岩土整治和改造以及施工措施方面的结论和建议。在阅读时,勘察报告中的文字和图件应相互配合。

[问一问]
　如何分析勘察报告?如何掌握阅读要点?

【实践训练】

课目:书写勘察报告书

(一)背景资料

　　搜集一工程案例的勘察外业资料。

(二)问题

　　写一份勘察报告书。

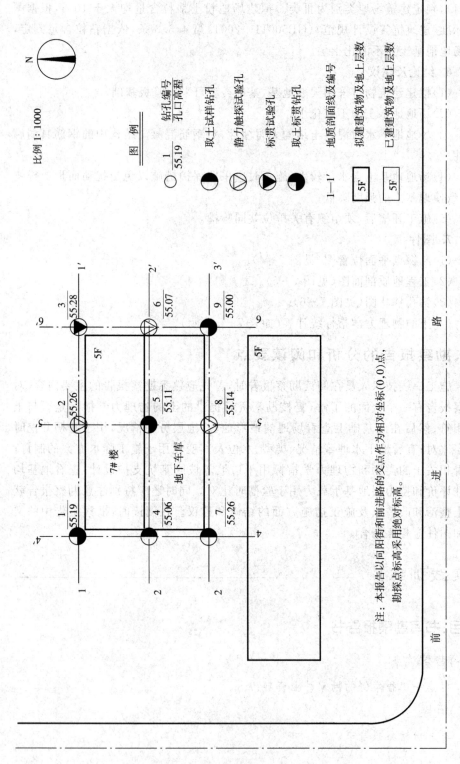

图 7-4 某厂住宅工程 7#楼及地下车库勘探点平面位置图

注：本报告以向阳街和前进路路的交点作为相对坐标(0,0)点，勘探点标高采用绝对标高。

图 例

○ 1̄ 钻孔编号
  55.19   孔口高程

◐ 取土试样钻孔

◑ 静力触探试验孔

◐ 标贯试验孔

● 取土标贯钻孔

1—1' 地质剖面线及编号

5F（框） 拟建建筑物及地上层数

5F 已建建筑物及地上层数

比例 1:1000

N

（平面图标注）

3̄ 55.28 1'
2̄ 55.26 1'
1̄ 55.19 1'
6̄ 55.07 2'
5̄ 55.11
4̄ 55.06 2'
9̄ 55.00 3'
8̄ 55.14
7̄ 55.26 3'

7#楼 地下车库 5F

前 进 路

土力学与地基基础(第2版)

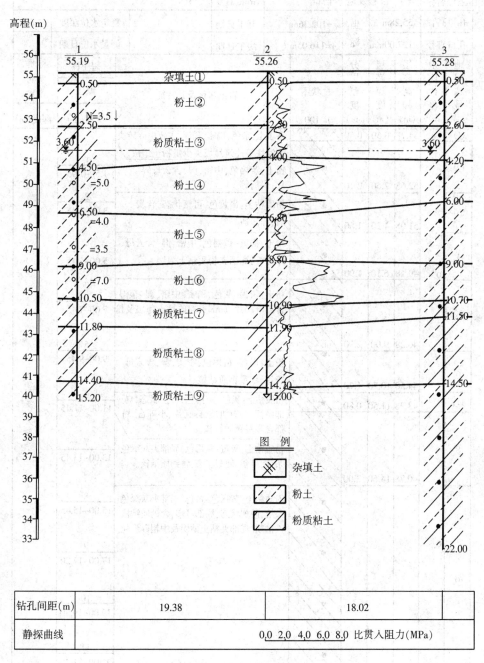

某厂 7# 楼及车库 1—1′工程地质剖面图　　水平比例 1：200
　　　　　　　　　　　　　　　　　　　　　　垂直比例 1：100

钻孔间距(m)	19.38	18.02
静探曲线	0.0 2.0 4.0 6.0 8.0 比贯入阻力(MPa)	

图 7-5　工程地质剖面图

工程编号	05-11-1						
工程名称	某厂 7# 楼及地下车库				钻孔编号	3	
孔口高程	55.28m	坐标	$x=102.36$m		开工日期		稳定水位深度 3.60m
孔口直径	127.00mm		$y=116.05$m		竣工日期		测量水位日期

地层编号	地质代号	层底高程 (m)	层底深度 (m)	分层厚度 (m)	柱状图 1:100	岩土名称及其特征	岩土样 编号 深度(m)	标贯实测击数 深度(m)
①	Q_4^{2ml}	54.78	0.50	0.50		杂填土:杂色,稍密,稍湿,主要由碎砖块水泥块等建筑垃圾夹少量粉土组成。		
②		52.68	2.60	2.10		粉土:黄褐色,中密,湿,含云母碎片、炭屑等。	1 1.50~1.95	
③		51.08	4.20	1.60		粉质粘土:褐黄色,可塑状态,含炭屑、碎砖屑。	2 3.00~3.45	
④	$Q_4^{(al+pl)}$	49.18	6.10	1.90		粉土:褐黄~黄褐色,中密,湿,含云母碎片等,局部夹粉质粘土薄层。	3 5.00~5.45	
⑤		46.28	9.00	2.90		粉土:灰褐~灰色,稍密~中密,湿~很湿,含云母碎片,局部夹粉质粘土薄层及粉细砂颗粒。	4 7.00~7.45	
⑥		44.58	10.70	1.70		粉土:褐黄~黄褐色,密实,湿,含云母碎片,零星钙质结核。	5 9.00~9.45	
⑦		43.78	11.50	0.80		粉质粘土:灰色~灰褐色,可塑状态,局部硬塑,含有机质、碎瓦片、小砾石,局部含零星钙质结核。	6 11.00~11.45	
⑧		40.78	14.50	3.00		粉质粘土:灰黄~黄褐色,局部夹灰绿色条纹,可塑~硬塑状态,含钙质结核。	7 13.00~13.45	
⑨	$Q_4^{1(al+pl)}$	33.28	22.00	7.50		粉质粘土:黄褐色~黄色,局部夹灰绿色条纹,硬塑状态,局部可塑,含钙质结核、铁锰质,局部夹粘土薄层及中粗砂颗粒。	8 15.00~15.45 9 17.00~17.20 10 19.00~19.20 11 21.00~21.20	

图 7-6 钻孔柱状图

土力学与地基基础(第2版)

表7-5 土的物理力学指标统计表(部分土层)

层号	岩土名称	统计项目	天然含水量 ω(%)	质量密度 ρ (g/cm³)	重力密度 γ (kN/m³)	土粒比重 d_s	天然孔隙比 e	饱和度 S_r (%)	液限 ω_L (%)	塑限 ω_P (%)	塑性指数 I_P	液性指数 I_L	三轴剪切(不固结不排水剪) 内摩擦角 φ_{uu}(度)	黏聚力 c_{uu} (kPa)	压缩系数 a_{1-2} (MPa⁻¹)	压缩模量 E_{s1-2} (MPa)	粘粒含量 (%)	单桥静探 p_s (MPa)
②	粉土	统计个数	6	6	6	6	6	6	6	6	6	6	6	6	6	6	7	2
		最大值	27.2	1.96	19.6	2.70	0.808	94.7	28.2	23.0	8.8	0.93	16.6	8.8	0.260	9.47	13.4	1.40
		最小值	25.0	1.89	18.9	2.69	0.716	87.8	26.2	17.5	4.2	0.77	12.0	6.6	0.190	6.66	10.9	1.21
		平均值	25.9	1.93	19.3	2.70	0.763	91.8	27.0	19.6	7.5	0.85	14.2	8.0	0.218	8.17	11.7	1.31
③	粉质粘土	统计个数	6	6	6	6	6	6	6	6	6	6	6	6	6	6		3
		最大值	29.3	1.99	19.9	2.72	0.804	99.2	39.8	22.8	17.0	0.66	12.9	15.8	0.320	7.65		1.14
		最小值	23.0	1.95	19.5	2.71	0.683	90.0	27.0	16.7	10.3	0.34	6.5	7.1	0.220	5.64		0.93
		平均值	25.1	1.97	19.7	2.71	0.723	94.2	33.6	18.7	14.9	0.44	10.2	13.6	0.260	6.70		1.03
④	粉土	统计个数	6	6	6	6	6	6	6	6	6	6	6	6	6	6	6	3
		最大值	28.9	1.97	19.7	2.70	0.822	100.0	31.7	23.3	9.9	0.92	27.4	12.0	0.230	12.77	16.3	2.91
		最小值	25.2	1.91	19.1	2.70	0.742	91.6	28.9	19.1	7.8	0.53	20.0	5.9	0.140	7.58	10.9	2.20
		平均值	27.2	1.93	19.3	2.70	0.779	94.3	29.5	20.8	8.7	0.73	22.7	8.0	0.197	9.31	12.9	2.57

层号	岩土名称	统计项目	天然含水量 ω(%)	质量密度 ρ (g/cm³)	重力密度 γ (kN/m³)	土粒比重 d_s	天然孔隙比 e	饱和度 S_r(%)	液限 ω_L(%)	塑限 ω_P(%)	塑性指数 I_P	液性指数 I_L	三轴剪切(不固结不排水剪) 内摩擦角 φ_{uu}(度)	三轴剪切(不固结不排水剪) 黏聚力 c_{uu}(kPa)	压缩系数 a_{1-2}(MPa⁻¹)	压缩模量 E_{s1-2}(MPa)	粘粒含量 (%)	单桥静探 p_s(MPa)
⑤	粉土	统计个数	6	6	6	6	6	6	6	6	6	6	6	6	6	6	6	3
		最大值	30.5	1.97	19.7	2.70	0.859	100.0	32.5	23.5	9.3	1.02	15.8	9.7	0.270	8.75	13.4	1.23
		最小值	28.3	1.87	18.7	2.69	0.776	91.5	29.5	20.8	7.4	0.71	12.2	3.8	0.190	6.31	10.9	0.67
		平均值	29.5	1.92	19.2	2.70	0.819	96.9	30.8	22.3	8.5	0.85	14.0	7.6	0.240	7.29	12.0	0.98
⑥	粉土	统计个数	7	7	7	7	7	7	7	7	7	7	7	7	7	7	6	3
		最大值	27.5	2.01	20.1	2.70	0.747	100.0	27.8	20.2	9.5	0.96	24.9	10.0	0.210	12.89	16.1	5.89
		最小值	23.5	1.95	19.5	2.70	0.667	94.7	25.1	16.3	6.9	0.74	13.5	5.6	0.130	8.32	12.5	4.94
		平均值	25.2	1.99	19.9	2.70	0.701	96.6	26.5	18.4	8.0	0.84	20.4	7.9	0.160	10.83	14.4	5.50

土力学与地基基础(第2版)

本章思考与实训

1. 为何要进行岩土工程勘察？详细勘察阶段应包括哪些内容？

2. 勘察工作的基本程序是怎样的？

3. 简述详勘探点布置的原则。

4. 一般性勘探孔与控制性勘探孔有何区别？控制性勘探孔的深度如何确定？

5. 工业与发用建筑中常用哪几种勘探方法？比较各种方法的优缺点和适用条件。

6. 试比较动力触探的方法和优缺点。

7. 岩土工程勘察报告分哪几部分？对建筑场地的评价包括哪些内容？

第八章 天然地基上的浅基础设计

【内容要点】

1. 浅基础的类型；
2. 基础埋置深度的选择；
3. 地基承载力的确定；
4. 浅基础的设计与计算；
5. 减轻不均匀沉降的措施。

【知识链接】

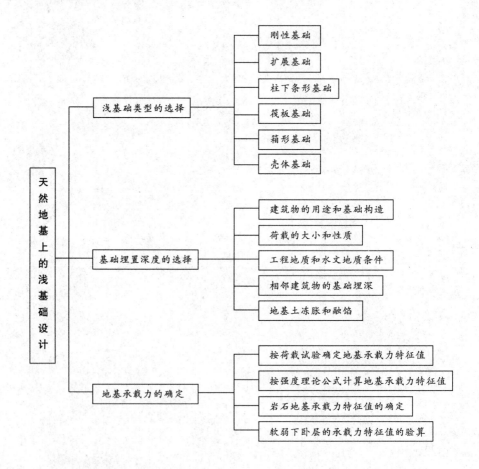

天然地基上的浅基础设计

- 浅基础类型的选择
  - 刚性基础
  - 扩展基础
  - 柱下条形基础
  - 筏板基础
  - 箱形基础
  - 壳体基础
- 基础埋置深度的选择
  - 建筑物的用途和基础构造
  - 荷载的大小和性质
  - 工程地质和水文地质条件
  - 相邻建筑物的基础埋深
  - 地基土冻胀和融馅
- 地基承载力的确定
  - 按荷载试验确定地基承载力特征值
  - 按强度理论公式计算地基承载力特征值
  - 岩石地基承载力特征值的确定
  - 软弱下卧层的承载力特征值的验算

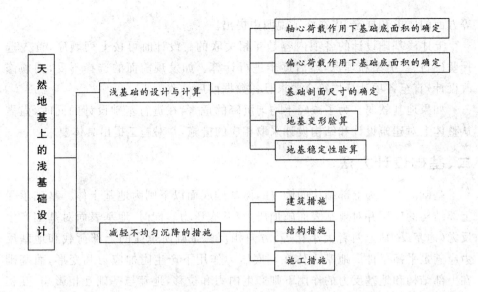

第一节　概　述

工程设计都是从选择方案开始的。地基基础设计方案有：天然地基或人工地基上的浅基础；深基础；深浅结合的基础(如桩—筏、桩—箱基础等)。上述每一种方案中各有多种基础类型和做法，可根据实际情况加以选择。

地基基础设计是建筑物结构设计的重要组成部分。基础的形式和布置，要合理地配合上部结构的设计，满足建筑物整体的要求，同时要做到便于施工、降低造价。天然地基上的浅基础最为经济，如能满足要求，宜优先选用。

本章将讨论天然地基上浅基础设计的各方面的问题。这些问题与土力学、工程地质学、砌体结构和钢筋混凝土结构以及建筑施工课程关系密切。

一、浅基础设计的内容

[想一想]

天然地基上的浅基础有什么特点？

天然地基上浅基础的设计，包括下述各项内容：

(1)选择基础的材料、类型，进行基础平面布置。

(2)选择基础的埋置深度。

(3)确定地基承载力设计值。

(4)确定基础的底面尺寸。

(5)必要时进行地基变形与稳定性验算。

(6)进行基础结构设计(按基础布置进行内力分析、截面计算和满足构造要求)。

(7)绘制基础施工图，提出施工说明。

基础施工图应清楚表明基础的布置、各部分的平面尺寸和剖面。注明设计地面或基础底面的标高。如果基础的中线与建筑物的轴线不一致，应加以标明。如建筑物在地下有暖气沟等设施，也应标示清楚。至于所用材料及其强度等级等方面的要求和规定,应在施工说明中提出。

上述浅基础设计的各项内容是互相关联的。设计时可按上列顺序,首先选择基础材料、类型和埋深,然后逐步进行计算。如发现前面的选择不妥,则须修改设计,直至各项计算均符合要求且各数据前后一致为止。

如果地基软弱。为了减轻不均匀沉降的危害,在进行基础设计的同时,尚需从整体上对建筑设计和结构设计采取相应的措施,并对施工提出具体要求。

二、基础设计方法

基础的上方为上部结构的墙、柱,而基础底面以下则为地基土体。基础承受上部结构的作用并对地基表面施加压力(基底压力),同时,地基表面对基础产生反力(地基反力)。两者大小相等,方向相反。基础所承受的上部荷载和地基反力应满足平衡条件。地基土体在基底压力作用下产生附加应力和变形,而基础在上部结构和地基反力的作用下则产生内力和位移,地基与基础互相影响、互相制约。进一步说,地基与基础之间,除了荷载的作用外,还与它们抵抗变形或位移的能力有着密切关系。而且,基础及地基也与上部结构的荷载和刚度有关。即:地基、基础和上部结构都是互相影响、互相制约的。它们原来互相连接或接触的部位,在各部分荷载、位移和刚度的综合影响下,一般仍然保持连接或接触,墙柱底端位移、该处基础的变位和地基表面的沉降相一致,满足变形协调条件。上述概念可称为地基—基础上部结构的相互作用。为了简化计算,在工程设计中,通常把上部结构、基础和地基三者分离开来,分别对三者进行计算:视上部结构底端为固定支座或固定铰支座,不考虑荷载作用下各墙柱端部的相对位移,并按此进行内力分析;而对基础与地基,则假定地基反力与基底压力呈直线分布,分别计算基础的内力与地基的沉降。这种传统的分析与设计方法,可称为常规设计法。这种设计方法,对于良好均质地基上刚度大的基础和墙柱布置均匀、作用荷载对称且大小相近的上部结构来说是可行的。在这些情况下,按常规设计法计算的结果,与进行地基—基础—上部结构相互作用分析的差别不大,可满足结构设计可靠度的要求,并已经过大量工程实践的检验。

基底压力一般并非呈直线(或平面)分布,它与土的类别性质、基础尺寸和刚度以及荷载大小等因素有关。在地基软弱、基础平面尺寸大、上部结构的荷载分布不均等情况下,地基的沉降和分力将受到基础和上部结构的影响,而基础和上部结构的内力和变位也将调整。如按常规方法计算,墙柱底端的位移、基础的挠曲和地基的沉降将各不相同,三者变形不协调,且不符合实际。而且,地基不均匀沉降所引起的上部结构附加内力和基础内力变化,未能在结构设计中加以考虑,因而也不安全。只有进行地基—基础—上部结构的相互作用分析,才能合理进行设计,做到既降低造价又能防止建筑物遭受损坏。目前,这方面的研究工作已取得进展,人们可以根据某些实测资料和借助电子计算机,进行某些结构类型、基础形式和地基条件的相互作用分析,并在工程实践中运用相互作用分析的成果或概念。

三、地基基础设计等级

在《建筑地基基础设计规范》中,根据地基损坏造成建筑物破坏后果(危及人的性命,造成经济损失、社会影响及修复的可能性)的严重性,将建筑物地基基础分为三个安全等级(见表8-1)。

[想一想]
　为什么要划分建筑物的地基基础设计等级?

表8-1　建筑物地基基础等级

等级	破坏后果	建筑类型
一级	很严重	重要的工业与民用建筑物;20层以上的高层建筑;体型复杂的14层以上的高层建筑;对地基变形有特殊要求的建筑物;单桩荷载在4MN以上的建筑物
二级	严　重	一般的工业与民用建筑物
三级	不严重	次要的建筑物

四、关于荷载取值的规定

按现行国家标准,荷载分为永久荷载、可变荷载和偶然荷载,荷载采用标准值或设计值表达。荷载设计值等于其标准值乘以荷载分项系数。在地基基础设计中,作用在基础上的各类荷载及其取值方法,可按下列各项规定或做法选取。

(1)上部结构作用在基础上的永久荷载,其分项系数为1.2,而可变荷载的分项系数为1.4。当采用某些结构分析程序进行电算时,可取永久荷载和可变荷载的综合分项系数为1.25。

[问一问]
　荷载的设计值与标准值有什么关系?

(2)按地基承载力确定基础面积及埋深时,传至基础顶面上的荷载应按基本组合的设计值计算。

(3)计算地基稳定性(以及滑坡推力)和重力式挡土墙上土压力时,荷载应按基本组合,但荷载分项系数均为1.0。

(4)计算基础的最终沉降量时,传至基础底面上的荷载应按长期效应组合,且不计入风荷载和地震作用,荷载采用标准值。

(5)进行基础截面及配筋计算时,荷载均采用设计值。

(6)设计钢筋混凝土挡土墙结构时,土压力应按设计值计算,且所取分项系数不小于1.2。

第二节　基础材料

建筑物基础材料的选择取决于基础类型、结构形式及地基条件,应尽量就地取材,同时满足基础的强度、耐久性和技术经济要求。

一、刚性基础的材料

刚性基础常用砖、毛石、混凝土以及灰土、三合土等地方材料。

1. 砖

砖具有能就地取材、价格较低、施工简便的特点,适用于干燥和较温暖的地区。但砖的强度和抗冻性不够理想,在寒冷而又潮湿的地区,耐久性较差。对砖与砂浆的强度等级,按《砌体结构设计规范》(GBJ3—88)的规定选用,见表8-2。

2. 毛石

毛石指未经过加工整平的石料,一般可以就地取材,其强度较高而未风化,重度不应低于$18kN/m^3$,毛石强度与砂浆标号要求见表8-2。

表8-2 基础用砖、石料及砂浆最低标号

地基土的潮湿程度	粘土砖		混凝土砌块	石材	混合砂浆	水泥砂浆
	严寒地区	一般地区				
稍潮湿的	MU10	MU10	MU5	MU20	M5	M5
很潮湿的	MU15	MU10	MU5	MU20	—	M5
含水饱和的	MU20	MU15	MU7.5	MU30	—	M7.5

[注] (1)石材的重度不应低于$18kN/m^3$;(2)地面以下或防潮层以下的砌体不宜采用空心砖,当采用混凝土空心砌块砌体时,其孔洞应采用强度等级不低于C15的混凝土灌实;(3)各种硅酸盐材料及其他材料制作的块体,应根据相应材料标准的规定选择使用。

3. 混凝土和毛石混凝土

[做一做]
列表比较各种基础材料的特点和应用。

混凝土的强度、耐久性和抗冻性都较好,适合荷载较大或地下水位以下使用。为节省水泥用量,可掺入少于30%体积的毛石,成为毛石混凝土,其强度仍高于砖石砌体,有广泛应用。

4. 灰土

我国在一千多年前就采用灰土作为基础材料,有的至今还保存完好。灰土是石灰和粘性土按3:7或2:8混合而成的。石灰以块状生石灰经消化1～2d后,过5～10mm筛子后使用;土料应以有机质含量很少的粉质粘土为宜,用前应过10～20mm筛子。使用时加入适水将其拌和均匀,铺入基槽内,每层可虚铺220～250mm,夯实150mm为一步,一般可铺2～3步。

5. 三合土

我国南方常用作基础材料的三合土,是用石灰、砂、骨料(矿渣、碎砖石)按体积比为1:2:4～1:3:6配成的。三合土的使用方法与灰土相同,即加入适量水拌和均匀后,每层虚铺200mm,夯实150mm。

二、钢筋混凝土

钢筋混凝土的强度、耐久性和抗冻性都很好,有良好的抗弯性能。在相同条件下,基础的高度可小得多,同时可节省开挖基坑及其辅助工程量(土方、支撑、排水等）。所以其单价虽高于其他基础材料，但总的基础造价还可能低于其他材料的基础造价。

当地下水对普通硅酸盐水泥有侵蚀时，宜采用矿渣水泥或火山灰水泥拌制混凝土。

由钢筋混凝土构筑的基础，其抗弯、抗拉能力都很强，并可具有相当的抗渗能力，适用于各种类型的基础，如扩展基础、柱下条形基础、筏板基础、壳体基础及地下构筑物，尤其适用于地基土比较软弱，上部结构荷载较大的情况。

混凝土和常用钢筋的强度以及钢筋截面面积与公称单位长度质量参见表8-3、8-4、8-5。

表8-3 混凝土的强度设计值 （单位：N/mm²）

强度种类	符号	混凝土强度等级											
		C7.5	C10	C15	C20	C25	C30	C35	C40	C45	C50	C55	C60
轴心抗压	f_c	3.7	5.0	7..5	10	12..5	15	17..5	19..5	21..5	23..5	25	26..5
弯曲抗压	f_{CM}	4.1	5..5	8..5	11	13..5	16..5	19	21..5	23..5	26	27..5	29
抗拉	f	0..5	0.65	0..9	1.1	1..3	1..5	1.65	1.8	1.9	2	2.1	2.2
弹性模量	E_c	14500	17500	22000	25500	28000	30000	31500	32500	33500	34500	35500	36000

表8-4 钢筋强度值 （单位：N/mm²）

热轧钢筋种类		抗拉压强度设计值 f_y	强度标准值 f_s	强度极限 f_b	相对界限受压区高 ε_b	截面抵抗系数 α_{smax}	弹性模量 E
Ⅰ级（A3、AY3）		210	235	375	0.614	0.426	210000
Ⅱ级	$d \leqslant 25mm$	310	335	510	0.544	0.396	200000
	$d=28\sim40mm$	290	315	510	0.556	0.401	200000
Ⅲ级（25MnSi）		340	370	590	0.528	0.389	200000

表8-5 钢筋的截面面积与公称单位长质量

钢筋直径（mm）	6	8	10	12	14	16	18
截面面积（mm²）	28.3	50.3	78.5	113.1	153.9	201.1	254.5
单位质量/(kg·m⁻¹)	0.222	0.395	0.617	0.888	1.21	1.58	2.00
钢筋直径（mm）	20	22	25	28	32	36	40
截面面积（mm²）	314.2	380.1	490.9	615.3	804.3	1018	1256
单位质量/(kg·m⁻¹)	2.47	2.98	3.85	4.83	6.31	7.99	9.87

第三节　浅基础的类型及构造

一、刚性基础

[问一问]

刚性基础有什么特点?

刚性基础是指使用砖、毛石、混凝土以及灰土或三合土等材料建成的基础（参看图 8-1）。其特点是抗压性能好而且抗弯性能差，适用于六层以下（三合土基础不宜超过四层）的民用建筑和墙承重的厂房。

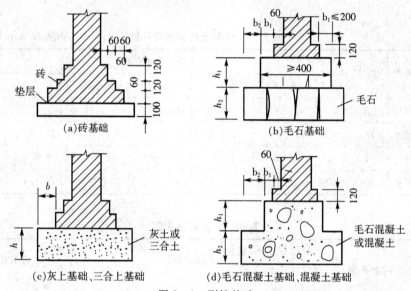

图 8-1　刚性基础

刚性基础承受荷载后不挠曲，原基底平面沉降后仍保持平面。为方便施工，基础一般做成台阶状剖面（图 8-2）。在地基反力作用下，基础下部的扩大部分如同悬臂梁向上弯曲，若悬臂过长则易产生弯曲裂缝，为此用基础台阶宽高比的允许值 $\tan\alpha$ 来限制（表 8-6），α 称为允许刚性角，如图 8-2 所示，基础底面的宽度 b 应符合下式要求：

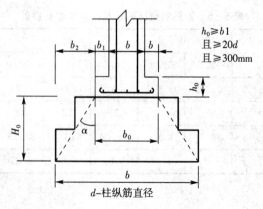

图 8-2　刚性基础剖面

$$b \leqslant b_0 + 2H\tan\alpha \qquad\qquad (8-1)$$

式中：b_0——基础顶面的砌体宽度；

H_0——基础高度；

$\tan\alpha$——基础台阶宽高比的允许值，可按表 8-6 选用。

[想一想]
为什么要限制刚性基础的宽高比？

表 8-6 刚性基础台阶宽高比的允许值

基础名称	质量要求		台阶宽高比的允许值		
			$p \leqslant 100\text{kPa}$	$100\text{kPa} < p \leqslant 200\text{kPa}$	$200\text{kPa} < p \leqslant 300\text{kPa}$
混凝土基础	C10 混凝土		1：1.00	1：1.00	1：1.00
	C7.5 混凝土		1：1.00	1：1.25	1：1.50
毛石混凝土基础	C7.5～C10 混凝土		1：1.00	1：1.25	1：1.50
砖基础	砖不低于 MU7.5	M5 砂浆	1：1.50	1；1.50	1：1.50
		M2.5 砂浆	1：1.50	1：1.50	
毛石基础	M2.5～M5 砂浆		1：1.25	1：1.50	
	M1 砂浆		1：1.50		
灰土基础	体积比为 3：7 或 2：8 的灰土，其最小干土重度：粉土 15.5kN/m³；粉质粘土 15kN/m³；粘土 14.5kN/m³		1：1.25	1：1.50	
三合土基础	体积比为 1：2：4～1：3：6（石灰：砂：骨料），每层约虚铺 220mm，夯至 150mm		1：1.50	1：2.00	

[注]　(1)p 为基础底面处的平均压力，kPa；(2)阶梯形毛石基础的每阶伸出宽度不宜大于 200mm；(3)当基础由不同材料叠合而成时，应对接触部分作抗压验算。

对混凝土基础，当基础底面处的超过 300kPa 时，尚应按下式进行抗剪验算：

$$V \leqslant 0.07 f_c A$$

式中：V——剪力设计值；

f_c——混凝土轴心抗压强度设计值；

A——台阶高度变化处的剪切断面积。

二、扩展基础

扩展基础是指柱下钢筋混凝土独立基础和墙下钢筋混凝土条形基础。由于钢筋混凝土的抗弯性能好，它能在较小埋深范围内将基础底面积扩大，在软弱地基可避免砖石或混凝土等刚性基础因刚性角限制而增大埋深、材料用量和基坑

[问一问]
扩展基础是什么基础？

开挖土方量。扩展基础的受力状况表明它仍属于板式构件,其底板厚度应满足抗冲切、抗剪及抗弯承载力计算要求。

扩展基础应满足下列构造要求:

1. 扩展基础的构造形式一般有锥形和阶梯形

按柱的施工方法不同分为现浇柱下基础和预制柱下杯口基础,杯口基础又分低杯口基础和高杯口基础,墙下条形基础分为无肋板基础和有肋板基础(图 8 −3)。

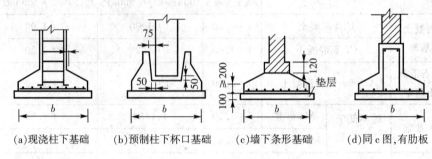

(a)现浇柱下基础   (b)预制柱下杯口基础   (c)墙下条形基础   (d)同c图,有肋板

图 8 − 3   扩展基础

扩展基础的构造,一般要求如下:

(1)锥形基础的边缘高度,不宜小于200mm;阶梯形基础中每个阶梯的高度,一般为 300~500mm;

(2)基础下通常有低强度和素混凝土或碎砖、三合土、灰土垫层,厚度一般为 100mm;

(3)底板受力钢筋直径不宜小于 8mm,间距不宜大于 200mm。有垫层时,钢筋保护层的厚度不宜小于 35mm,无垫层时,不宜小于 70mm;

(4)混凝土强度等级不宜低于 C15。

2. 现浇柱下基础有锥形和阶梯形基础

基础高度除应满足抗冲切要求外,尚应满足柱子纵向钢筋锚固长度的要求。如基础与柱不同时浇注,基础内预留插筋的数目及直径应与柱内纵向受力钢筋相同。插筋的锚固长度以及它与柱的纵向受力钢筋的搭接长度,应符合《混凝土结构设计规范》(GBJ10−89)的规定。当基础高度在 900mm 以内时,插筋应伸入基础底部的钢筋网,并在端部做成直弯钩如图 8 − 4(a)所示。当基础高度较大时,柱子四角的钢筋应伸至基底,其余插筋只需伸如锚固长度即可。插筋长度范围内均应设置箍筋。插筋伸出基础以上的长度,应按柱的受力情况及钢筋规格来确定。

[做一做]

列表总结扩展基础的构造要点。

基础顶部做成平台,每边由柱子边缘向外不小于50mm。阶梯形柱基础每阶的高度,一般为 300 ~ 500mm。基础高度 $h \leqslant 350mm$ 用一阶,$350mm < h \leqslant 900mm$ 用二阶,$h > 900mm$ 用三阶如图 8 − 4(b)所示。阶梯尺寸应用 50mm 的整数倍。

土力学与地基基础(第 2 版)

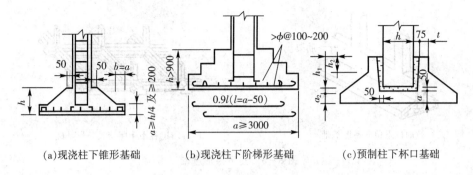

| | (a)现浇柱下锥形基础 | (b)现浇柱下阶梯形基础 | (c)预制柱下杯口基础 |

图 8-4　扩展基础的构造

3. 预制钢筋混凝土柱下独立基础应做成杯口形

如图 8-4(c)所示,柱与杯口的连接应满足下列要求:

(1)柱的插入深度 h_1 可按表 8-7 选用,并应满足锚固长度的要求(一般为 $20d$,d 为纵向受力钢筋直径)和吊装时柱的稳定性要求(即不小于吊装时柱长的 0.05 倍)。

表 8-7　柱的插入深度 h　　　　(单位:mm)

	巨型或工字形柱				单肢管柱	双肢柱
h	$h<500$	$500{\leqslant}h<800$	$800{\leqslant}h{\leqslant}1000$	$h>1000$		
h_1	$h{\sim}1.2h$	h	$0.9h{\geqslant}800$	$0.8h{\geqslant}1000$	$1.5d{\geqslant}500$	$(1/3{\sim}/3)h_a$ $(1.5{\sim}1.8)h_b$

〔注〕　(1)h 为柱截面长边尺寸,d 为管柱的外径,h_a 为双肢柱整个截面长边尺寸,h_b 为双肢柱整个截面短边尺寸;(2)柱轴心受压或小偏心受压时,h_1 可适当减小,偏心距大于 $2h$(或 $2d$)时,h_1 应适当加大。

(2)基础的杯底厚度 a_1 和杯壁厚度 t,以及当柱受小偏心受压的配筋按有关要求选取。

三、柱下条形基础

柱下条形基础一般用钢筋混凝土建造,可以是单向的,也可以是十字交叉形的如图 8-5 所示。柱下条形基础的受力条件不同于墙下条形基础,所受荷载为集中荷载,地基反力为非线性的。因而不论在纵向或横向,都要考虑弯曲应力和剪应力。柱下条基适用于柱跨较小的框架结构,当条基高度达到柱跨的 1/3~1/2 时,基础具有极大的刚度和调整地基变形的能力。目前国内外高层框架结构常采用高度较大的十字交叉条基,以增强整个建筑物的刚度,使各柱间的沉降比较均匀。

〔想一想〕

柱下条形基础常在什么情况下使用?

柱下条形基础常用于较软弱地基框架或排架结构的基础,即以下情况:

(1)地基承载力不足,需加大基础底面积,但采用扩展基础又受平面尺寸限制的情况;

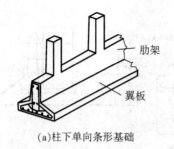
(a)柱下单向条形基础

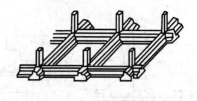
(b)柱下十字交叉条形基础

图 8-5 柱下条形基础

（2）柱荷载较大，且各柱荷载差异大，或地基土质变化大，压缩性分布不均匀，有局部软弱地基，可能引起不均匀沉降的情况。

柱下条形基础的截面一般为倒 T 形，截面中心柱下沿轴线延长部分称为肋梁，两侧挑出部分称为翼板。

柱下条形基础的构造，应符合下列要求（见图 8-5）：

（1）基础肋梁高度宜为柱距的 1/4～1/8，翼板厚度不宜小于 200mm。当翼板厚度为 200～250mm 时，宜用等厚度翼板；当翼板厚度大于 250mm 时，宜用变厚度翼板，其坡度小于 1/3。翼板与肋梁高度应进行斜截面抗压强度验算，按翼板固定端计算弯矩配置横向钢筋。

（2）一般情况下，在基础平面布置允许的条件下，为调整底面形心位置、减少端部基底压力，条形基础的端部应向外伸出，其长度宜为第一跨距的 1/4～1/3。

（3）现浇柱与条形基础梁的交接处，其平面尺寸不应下于图 8-6 所示尺寸。

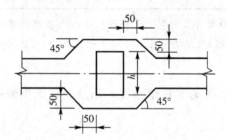

图 8-6 现浇柱与条基交接处平面尺寸

（4）条形基础肋梁按内力计算配置双层纵向受力钢筋，梁的顶面与底面应有 2～4 根通常钢筋，且其面积不得少于纵向钢筋总面积的 1/3，弯起筋及箍筋按弯矩及剪力图配置。

（5）柱下条形基础的混凝土强度等级，可采用 C20。

（6）柱下条形基础的构造，还要参照扩展基础的构造要求。

四、筏板基础

筏板基础一般为等厚度的钢筋混凝土平板。当地基软弱，采用十字交叉条基仍不能满足要求或相邻基槽距离很小时；或设计宽敞地下室基础，将基础底板连成整片，用以支撑上部结构的墙、柱或设备，即成为筏板基础。柱间不设地梁的称平板式筏板基础,设有地梁的称梁板式筏板基础如图 8-7 所示。

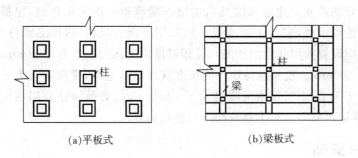

(a)平板式　　　　　　(b)梁板式

图 8-7　筏板基础

筏板基础对于上部结构较好的建筑,可将上部结构荷载均匀地分配到地基上,减少地基附加应力,在与上部结构共同工作的条件下,使沉降比较均匀,减少相对沉降。当地层中含有小洞穴或局部软弱层时,可防止局部下沉过大而造成建筑物的损坏。对自动化程度高、各设备间不允许有差异沉降时,厚筏基础可在任何方向满足工艺上连续作业的需要,也便于设备工艺更新时重新布置。

但是,当地基有显著软硬不均的情况时,仍应进行地基处理,不能单靠筏基来调整不均匀沉降。

筏板基础构造要求如下:

(1)筏板基础有平板式与肋梁式(亦称梁板式)两类。肋梁布置应使其交点位于柱下。向上凸起的肋梁间可填土或素混凝土,间距不大时亦可铺设预制钢筋混凝土板。筏板基础的板厚不得小于 200mm,且不宜小于计算区段内最小跨度的 1/20,按受冲切和受剪承载力计算确定。

(2)一般筏板边缘应伸出边柱和角柱或侧墙以外。外伸筏板可坡成坡度,但边缘厚度不小于 200mm,并上下配置钢筋。伸出长度不宜大于边跨柱距的 1/4;无外伸肋梁的筏板,伸出长度不宜大于 1.5m,双向伸出部分的直角端应削钝,对于无外伸肋梁的双向外伸筏板的四角部分,应在板底配置内锚长度大于外伸长度的辐射状附加钢筋,一把为 5~7 根,其直径与边跨板的受力钢筋相同,辐射钢筋外端间距不大于 200mm。

(3)筏板受力钢筋的配置,除应满足计算要求外,纵横两方向的柱下、肋梁以及剪力墙外板底等支座钢筋,应有一部分彼此连通。对下筏板,两向均为 0.15%;对剪力墙下筏板,纵横向分别为 0.15% 与 0.10%;对柱、墙下跨中钢筋,均按实际配筋率全部连通。

(4)筏板分布钢筋,在板厚小于等于 250mm 时,取 $\phi8mm$,间距 250mm;板厚大于 250mm 时,取 $\phi10mm$,间距 200mm。

筏板的钢筋保护层厚度,当有垫层时不宜小于 35mm,垫层厚度宜为 100mm。

筏板基础的混凝土的强度等级应不低于 C20,对于地下水位以下的地下室筏板基础,还需考虑混凝土的防渗等级。

(5)墙下筏板基础宜为等厚度的钢筋混凝土平板。

[问一问]
筏板式基础的构造有哪些要求?

墙下浅埋或不埋式筏板基础,适用于具有硬壳层(包括人工处理形成的)比较均匀的软弱地基。建造六层及六层以下横墙较密的民用建筑,埋置深度除符合一般规范要求外,宜做架空地板。如采用不埋式筏板,四周必须设置边梁,底板四周还应设置放射状附加钢筋。筏板厚度也可按楼层数每层50mm确定。但不得小于200mm。筏板悬挑墙外的长度从墙轴线起算,横向不宜大于1.5m,纵向不宜大于1mm。当预估沉降量大于120mm时,必须加强上部结构的刚度和强度,并应满足软弱地基上建筑与结构措施的要求。

五、箱形基础

箱形基础是由钢筋混凝土的底板、顶板和纵横交叉的隔墙构成的,是能共同工作的箱形地下结构,如图8-8所示。其高度一般为3~5m,还可做成多层箱基,其地下空间可做商店、库房、设备间、通风隔热(潮)层以及污水处理等。

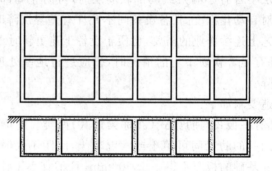

图8-8　箱形基础

箱形基础的整体刚度大,调整地基不均匀沉降的能力强;具有一定的埋深,稳定性较好;挖除土方降低了地基附加应力,从而减少了绝对沉降量;还具有较好的抗震性能。因此适用于地基软弱或不均匀、建筑物荷载很大或上部结构刚度较差、荷载分布不均匀而沉降要求严格等情况,是我国高层建筑常采用的一种主要基础形式。

[想一想]
箱形基础有哪些优点?

箱形基础与其他基础相比,由于钢筋混凝土用量多、需开挖深基坑与降水及对邻近建筑物的影响等,使其造价高、工期长,但如果能充分利用地下空间,仍可取得一定的经济效果。

六、壳体基础

壳体基础亦称薄壳体基础,是独立基础的另一种类型,是圆锥薄壳形的地下结构,有正圆锥壳、M形组合壳、内球外锥组合壳等,如图8-9所示。主要用作烟囱、水塔、贮仓等构筑物的基础,正圆锥壳可用于柱的基础。

[问一问]
壳体基础常用于何种建筑的基础?

壳体顶部均设置环梁,承受环向垂直荷载。内外壳的水平推力互相抵消或部分抵消,使环梁不出现或出现较小的拉力,在环向荷载作用下,外壳环向受拉,径向受压。内壳的环向与径向均受压。组合壳的承载能力较正圆锥壳为大,稳定性好。壳体在地基环力作用下主要是承受轴向力,混凝土受压而钢筋受拉,充

分发挥材料的作用。据某些工程实践统计,此类基础能力比实体基础节约 40%
~50%的混凝土和 30%的钢筋用量。但此类基础制作土胎膜、放置钢筋、浇注混
凝土等施工工艺复杂,操作技术要求较高。

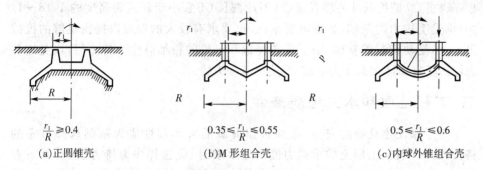

$\dfrac{r_1}{R} \geqslant 0.4$	$0.35 \leqslant \dfrac{r_1}{R} \leqslant 0.55$	$0.5 \leqslant \dfrac{r_1}{R} \leqslant 0.6$
(a)正圆锥壳	(b)M 形组合壳	(c)内球外锥组合壳

R—基础水平投影面最大半径;p—内倒球壳的曲率半径

图 8-9　壳体基础

第四节　基础埋置深度的选择

基础埋置深度是指从室外设计地面至基础底面的距离。

基础埋置深度的大小,对于建筑物的安全和正常使用、基础施工技术措施、施工工期和工程造价等影响很大。设计时必须综合考虑建筑物自身条件(如使用条件、结构形式、荷载的大小和性质等)以及所处的环境(如地质条件、气候条件、邻近建筑的影响等),选择技术可靠、经济合理的基础埋置深度。

[问一问]

1. 基础埋深如何界定?

2. 基础埋深的原则是什么?

确定基础埋置深度的原则是:在满足地基稳定和变形要求的前提下,基础应尽量浅埋,以节省投资、方便施工。考虑地面动植物活动、耕土层等因素对基础的影响,除岩石基础外,基础埋深不宜小于 0.5m。

基础埋置深度,应综合考虑以下因素后加以确定。

一、建筑物的用途以及基础的形式和构造

某些建筑物要求具有一定的使用功能或宜采用某种基础形式,这些要求常成为其基础埋深选择的先决条件。例如设置地下室或设备层的建筑物、使用箱形基础的高层或重型建筑、具有地下部分的设备基础等,其基础埋置深度应根据建筑物地下部分的设计标高、设备基础底面标高来确定。

不同基础的构造高度也不相同,基础埋深自然不同;为了保护基础不露出地面,构造要求基础顶面至少应低于室外设计地面 0.1m。

二、作用在地基上的荷载大小和性质

荷载大小不同,对地基承载力的要求也就不同,因而直接影响到持力层的选择。如浅层某一深度的上层,对荷载小的基础可能是很好的持力层,而对荷载大的基础,可能不宜作为持力层。荷载的性质对基础埋置深度的影响也很明显。

承受水平荷载的基础,必须有足够的埋置深度来获得土的侧向抗力,以保证基础的稳定性,减少建筑物的整体倾斜,防止倾覆及滑移。例如抗震设防区,高层建筑筏形和箱形基础的埋置深度,采用天然地基时一般不宜小于建筑物高度的1/15;桩箱或桩筏基础的埋置深度(不计桩长)不宜小于建筑物高度的 1/18~1/20;承受上拔力的基础,如输电塔基础,也要求有较大的埋深以提供足够的抗拔阻力;承受动荷载的基础,则不宜选择饱和疏松的粉细砂作为持力层,以免这些土层由于振动液化而丧失承载力,造成基础失稳。

三、工程地质和水文地质条件

为了保证建筑物的安全,必须根据荷载的大小和性质为基础选择可靠的持力层。一般当上层土的承载力能满足要求时,应选择作为持力层,若其下有软弱土层时,则应验算其承载力是否满足要求。当上层土软弱而下层土承载力较高时,则应根据软弱土的厚度决定基础做在下层土上还是采用人工地基或桩基础与深基础。总之,应根据结构安全、施工难易和材料用量等进行比较确定。

对墙基础,如地基持力层顶面倾斜,可沿墙长将基础底面分段做成高低不同的台阶状。分段长度不宜小于相邻两断面高差的1~2倍,且不宜小于1m。

如遇到地下水,基础应尽量埋置于地下水位以上,以避免地下水对基坑开挖、基础施工和使用的影响。如必须将基础埋在地下水位以下时,则应采取施工排水措施,保护地基土不受扰动。对承压水,则应考虑承压水上部隔水层最小厚度问题,以避免承压水冲破隔水层,浸泡基槽。对河岸边的基础,其埋深应在流水冲刷作用深度以下。

四、相邻建筑物的基础埋深

对原有邻近建筑物,为保证施工期间及其以后的安全和正常使用,一般应使新设计的基础埋深不大于原有相邻建筑物的埋深。当必须深于原有相邻建筑物的基础时,两基础间应保持一定净距。根据荷载大小及土质情况,一般取相邻两基础底面高差的1~2倍。否则应采取分段施工,设临时加固支撑、打板桩、地下连续墙等施工措施,或加固原有建筑物地基,以避免开挖基坑时,原有建筑物的地基松动。

五、地基冻胀和融陷

在季节性冻土地区,决定基础埋深要考虑地基的冻胀性。地基土结冻而体积增大、地面隆起的现象称为冻胀,冻土融化引起沉陷称为融陷。若基础埋置于冻结深度内,由于地基上的反复冻融,会使建筑物易开裂破坏或不均匀沉降。根据地基土的类别、天然含水量、地下水位等因素可将地基土的冻胀性分为五类:不冻胀、若冻胀、冻胀、强冻胀、特强冻胀,见表8-8。

表 8-8 地基的冻胀性分类

土的名称	冻前天然含水量 w	冻结期间地下水位距冻结面的最小距离 h_w/m	平均冻胀率	冻胀等级	冻胀类型
碎（卵）石，砾、粗、中砂(粒径小于 0.075m 颗粒含量大于 15%)，细砂(粒径小于 0.075 颗粒含量大于 10%)	$w<12\%$	>1.0	$\eta\leqslant1$	I	不冻胀
		$\leqslant1.0$	$1<\eta\leqslant3.5$	II	弱冻胀
	$12\%\leqslant w<18\%$	>1.0			
		$\leqslant1.0$	$3.5<\eta<1.6$	III	冻胀
	$w>18\%$	>0.5			
		$\leqslant0.5$	$6<\eta\leqslant12$	IV	强冻胀
粉砂	$w<14\%$	>1.0	$\eta\leqslant1$	I	不冻胀
		$\leqslant1.0$	$1<\eta\leqslant3.5$	II	弱冻胀
	$14\%\leqslant w<19\%$	>1.0			
		$\leqslant1.0$	$3.5<\eta\leqslant6$	III	冻胀
	$19\%\leqslant w<23\%$	>1.0			
		$\leqslant1.0$	$6<\eta\leqslant12$	IV	强冻胀
	$w>23\%$	不考虑	$\eta>12$	V	特强冻胀
粉土	$w\leqslant19\%$	>1.5	$\eta\leqslant1$	I	不冻胀
		$\leqslant1.5$	$1<\eta\leqslant3.5$	II	弱冻胀
	$19\%<w\leqslant22\%$	>1.5			
		$\leqslant.15$	$3.5<\eta\leqslant6$	III	冻胀
	$22\%<w\leqslant26\%$	>1.5			
		$\leqslant1.5$	$6<\eta\leqslant12$	IV	强冻胀
	$26\%<w\leqslant30\%$	>1.5			
		$\leqslant1.5$	$\eta>12$	V	特强冻胀
	$w>30\%$	不考虑			
粘性土	$w\leqslant w_p+2\%$	>2.0	$\eta\leqslant1$	I	不冻胀
		$\leqslant2.0$	$1<\eta\leqslant3.5$	II	弱冻胀
	$w_p+2\%<w\leqslant w_p+9\%$	>2.0			
		$\leqslant2.0$	$3.5<\eta\leqslant6$	III	冻胀
	$w_p+5\%<w\leqslant w_p+9\%$	>2.0			
		$\leqslant2.0$	$6<\eta\leqslant12$	IV	强冻胀
	$w_p+9\%w\leqslant w_p+15\%$	>2.0			
		$\leqslant2.0$	$\eta>12$	V	特强冻胀
	$w>w_p+15\%$	不考虑			

[注] 1. w_p 为土的塑限含水量,%;w 为冻前天然含水量在冻层内的平均值;2. 盐渍化冻土不在列表;3. 塑性指数大于 22 时,冻胀性降低一级;4. 粒径小于 0.005mm 的颗粒含量大于 60% 时,为不冻胀土;5. 碎石类土当充填物大于全部质量的 40% 时,其冻胀性按充填物土的类别判断;6. 碎石土、砾砂、粗砂、中砂(粒径小于 0.075mm 颗粒含量大于 15%),细砂(粒径小于 0.075mm 颗粒含量大于 10%)均按不冻胀考虑。

[做一做]

列表总结影响基础埋深的因素。

季节性冻土地基的设计冻深 z_d 可按下式计算:

$$Z_d = Z_0 \cdot \Psi_{ZS} \cdot \Psi_{ZW} \cdot \Psi_{ZO} \qquad (8-2)$$

式中:Z_d——设计冻深,$Z_d = h' - \Delta z$;

h'——冻土层厚度;

Δz——地表冻涨量;

Z_0——标准冻深,采用地表平坦、裸露、城市之外的空旷场地中不少于十年实测最大冻深的平均值。当无实测资料时,可按《规范》中的中国季节性冻土标准冻深线图采用;

Ψ_{ZS}——土性对冻深的影响系数,见表 8-9;

Ψ_{ZW}——土的冻胀性对土的影响系数,见表 8-10;

Ψ_{ZO}——环境对冻深的影响系数,见表 8-11。

表 8-9 土性对冻深的影响系数

土的岩性	Ψ_{ZS}
粘性土	1.00
细砂、粉砂、粉土	1.20
中、粗、砾砂	1.30
大块碎石土	1.40

表 8-10 土的冻胀性对冻深的影响系数

冻胀性	Ψ_{ZW}
不冻胀	1.00
弱冻胀	0.95
冻胀	0.90
强冻胀	0.85
特强冻胀	0.80

表 8-11 环境对冻深的影响系数

周围环境	Ψ_{ZO}
村、镇、旷野	1.00
城市近郊	0.95
城市市区	0.90

[注] 环境影响系数一项,当城市市区人口为 20 万～50 万时,按城市近郊取值;当城市市区人口为 50 万～100 万时,按城市市区取值;当城市市区取值超过 100 万,按城市市区取值;5km 以内的郊区应按城市近郊取值。

当建筑物基础底面之下允许有一定厚度的冻土层时,可用下式计算基础的最小埋深：

$$d_{\min} = z_d - h_{\max} \qquad\qquad (8-3)$$

式中：$h_{\max}$——基础底面下允许出现冻土的最大厚度，按表 8-12 查取。

表 8-12　建筑基底允许冻土最大厚度 $h_{\max}$　　　　单位：m

冻胀性	基础形式	采暖情况	基底(kPa)平均压力						
			90	110	130	150	170	190	210
弱冻胀土	方形基础	采暖	—	0.94	0.99	1.04	1.11	1.15	1.20
		不采暖	0.78	0.84	0.91	0.97	0.97	1.10	
	条形基础	采暖	—	>2.50	>2.50	>2.50	>2.50	>2.50	>2.50
		不采暖		2.20	2.50	>2.50	>2.50	>2.50	>2.50
冻胀土	方形基础	采暖		0.64	0.70	0.75	0.81	0.86	—
		不采暖		0.55	0.60	0.65	0.69	0.74	—
	条形基础	采暖		1.55	1.79	2.03	2.26	2.50	
		不采暖		1.15	1.35	1.55	1.75	1.95	
强冻胀土	方形基础	采暖		0.42	0.47	0.51	0.56	—	
		不采暖		0.36	0.40	0.43	0.47	—	
	条形基础	采暖		0.74	0.88	1.00	1.13		
		不采暖		0.56	0.66	0.75	0.84		
特强冻胀土	方形基础	采暖	0.30	0.34	0.38	0.41	—		
		不采暖	0.24	0.27	0.31	0.34	—		
	条形基础	采暖	0.43	0.52	0.61	0.70	—		
		不采暖	0.33	0.40	0.47	0.53	—		

[注]　(1)本表只计算法向冻胀力，如果基侧存在切向冻胀力，应采取防切向力措施；(2)基础宽度小于 0.6m 时不适用，矩形基础取短边尺寸按方形基础计算；(3)表中数据不适用于淤泥、淤泥质土和欠固结土；(4)表中基底平均压力数值为永久荷载标准值乘以 0.9，可以内插。

　　有充分依据时，基底下允许冻土层厚度也可根据当地经验确定。

　　在冻胀、强冻胀、特强冻胀地基上，宜采用下列防冻害措施：

　　(1)对在地下水位以下的基础，基础侧面应回填非冻胀性的中、粗砂，其厚度不应小于 10cm。对在地下水位以下的基础，可采用桩基础、自锚式基础(冻土层下有扩大板或扩底短桩)或采取其他有效措施。

（2）应尽量选择地势高、地下水位低、地表排水良好的建筑场地。对低洼场地,宜在建筑四周向外一倍冻深距离范围内,使室外地坪至少高出自然地面$300\sim500mm$。

（3）为了防止施工和使用期间的雨水、地表水、生活废水、生活污水浸入地基,应做好防水措施,在山区必须做好截水沟或在建筑物下设置暗沟,以排走地表水和潜水流,避免因基础堵水而造成冻害。

（4）在强冻胀性和特强冻胀性地基上,结构上应设置钢筋圈梁和基础梁,并控制建筑的长高比,增强房屋的整体刚度。

（5）当独立基础连系梁下或桩基础承台下有冻土时,应在梁或承台下留有相当于该土层冻胀量的空隙,以防止因土的冻胀将梁或承台拱裂。

（6）外门斗、室外台阶和散水坡等部位宜与主体结构断开,散水坡分段不宜超过 1.5m,坡度不宜小于 3%,其下应填入非冻性材料。

（7）按采暖设计的建筑物,如入冬不能正常采暖,过冬时应对地基采取保温措施;对跨年度施工的建筑（包括非采暖建筑）,入冬前也要采取相应的防护措施。

第五节 地基承载力的确定

地基承载力是指地基所能承受的荷载能力,以单位面积上的荷载 kPa 或 kN/m^2 表示。地基承载力的确定,在地基基础的设计中是一个非常重要而复杂的问题。它不仅与土的物理、力学性质有关,而且还与基础的形式、底面尺寸与形状及埋深、建筑类型、结构特点和施工速度有关。

地基处于极限平衡状态时,所能承受荷载的能力为极限承载力。在极限状态下,地基的变形将不能稳定,而是随时间不断地增长,并出现不同形式的破坏。为避免发生破坏,进行地基设计时须将承载力限制在某一限度内,该限度即过去所称的容许承载力,一般表现为地基的沉降将因土的压密而逐渐停止。

[问一问]

《建筑地基基础设计规范》规定地基承载力如何确定？

在我国,地基设计采用正常使用的极限状态,既按变形设计。在《建筑地基基础设计规范》(GBJ7−89)中采用的地基承载力设计值,其含义为设计时基底压力可选用的最大值。至于采用该值是否安全,还需变形计算确定。所以,为了避免引起误解,该规范中取消了容许承载力的提法,即对于沉降已经稳定的建筑或经过预压的地基,可适当提到地基承载力。今年来,为了与国际专业理论接轨,在《规范》中又提出了地基承载力特征值的概念,即在保证地基稳定的条件下,使建筑和构筑物的沉降量不超过地基承载能力。规定地基承载力特征值可由载荷试验或其他原位测试、公式计算、并结合工程实践等方法综合确定。

一、按荷载试验确定地基承载力特征值

载荷试验属于基础的模拟试验,可用于测求地基土层的承压板下应力主要影响范围内的承载力和变形参数。承压板面积一般不小于 $0.25m^2$。有关载荷

试验方法以及确定承载力和变形参数的内容已经分别在第三章和第六章中介绍,此处不再赘述。

由于建筑物基础面积和埋深与载荷承压板面积和测试深度差别大,当基础宽度大于3m或埋置深度大于0.5m时,对载荷试验或其他原位测试、经验值等方法确定的地基承载力特征值,还应按下式修正:

$$f_a = f_{ak} + \eta_b \gamma (b-3) + \eta_d \gamma_m (d-0.5) \qquad (8-4)$$

式中:f_a——修正后的地基承载力特征值,kPa;

f_{ak}——地基承载力特征值,kPa;

η_b、η_d——基础宽度和埋深的地基承载力修正系数,可按基底下土的类别查表 8-13;

γ——基底一下土的重度,地下水位以下取浮重度,kN/m³;

γ_m——基础以上土的加权平均重度,地下水位以下取浮重度,kN/m³;

b——基础底面宽度,当基础底面宽度小于3m时按3m考虑,大于6m时按6m考虑;

d——基础埋置深度,一般自室外地面标高算起。在填方整平区,可自填土地面标高算起,但填土在上部结构施工完成时,应从天然地面标高算起。对于地下室,如采用箱基或筏基时,亦从室外地面标高算起。在其他情况下,应从室内地面标高算起。

表 8-13 承载力修正系数

土的类别		η_b	η_d
淤泥和淤泥质土		0	1.0
人工填土 e 或 I_L 大于等于 0.85 的粘性土,稍密或粘粒含量 $\rho_c > 10\%$ 的粉土		0	1.0
红粘土	含水比 $a_w > 0.8$	0	1.2
	含水率 $a_w \leqslant 0.8$	0.15	1.4
大面积压实填土	压实系数大于 0.95 的粉质粘土	0	/1.5
	最大干密度大于 2.1t/m³ 的级配砂石	0	2.0
e 及 I_L 均小于 0.85 的粘性土		0.3	1.6
中密或密实 $\rho_c \leqslant 10\%$ 的粉土		0.5	1.5~2.2
粉砂、细砂(不包括很湿与饱和时的稍密状态)		2.0	3.0
中砂、粗砂、砾砂和碎石土		3.0	4.4

[注] (1)强风化和全风化的岩石,可参照所风华成的相应土类取值,其他状态下的岩石不修正;(2)地基承载力特征值按深层平板载荷试验确定时,η_d 取 0。

二、按强度理论公式计算地基承载力特征值

当偏心距 e 小于或等于 0.033 倍基础底面宽度时,根据土的抗剪强度指标确定地基承载力特征值可按下式计算,并应满足变形要求:

$$f_a = M_b \gamma b + M_d \gamma_m d + M_c c_k \qquad (8-5)$$

式中:f_a——由土的抗剪强度指标确定的地基承载力特征值;

M_b、M_d、M_c——承载力系数,可按表 8-14 确定;

b——基础底面宽度,大于 6m 时按 6m 考虑,对于砂土小于 3m 时按 3m 考虑;

C_k——基底下一倍基宽深度内土的黏聚力标准值。

三、岩石地基承载力特征值的确定

岩石地基承载力特征值,可按《规范》附录 H 规定的用岩基载荷试验方法确定。对完整和较破碎的岩石地基承载力特征值,根据室内饱和单轴抗压强度按下式计算:

$$f_a = \Psi_r \cdot f_{rk} \qquad (8-6)$$

式中:f_a——岩石地基承载力特征值,kPa;

f_{rk}——岩石饱和单轴抗压强度标准值,kPa;

Ψ_r——折减系数。根据岩体完整程度以及结构面得间距、宽度、产状和组合,由地方经验确定。无经验时,对完整岩体可取 0.5;对较完整岩体可取 0.2~0.5;对较破碎岩体可取 0.1~0.2. 注意:①上述折减系数值为考虑施工因素及建筑物使用后风化作用的继续;②对于粘土质岩,在确定施工期及使用期不致遭水浸泡时,也可采用天然湿度的试样,不进行饱和处理。

对破碎、极破碎的岩石地基承载力特征值,可根据地区经验取值;无地区经验时,可根据平板载荷试验确定。

表 8-14　承载力系数 M_b、M_d、M_c

土的内摩擦角标准值 $\varphi_K/(°)$	M_b	M_d	M_c
0	0	1.00	3.14
2	0.03	1.12	3.32
4	0.06	1.25	3.51
6	0.10	1.39	3.71
8	0.14	1.55	3.93
10	0.18	1.73	4.17
12	0.23	1.94	4.42

土的内摩擦角标准值 $\varphi_K/(°)$	M_b	M_d	M_c
14	0.29	2.17	4.69
16	0.36	2.43	5.00
18	0.43	2.72	5.31
20	0.51	3.06	5.66
22	0.61	3.44	6.04
24	0.80	3.87	6.45
26	1.10	4.37	6.90
28	1.40	7.93	7.40
30	1.90	5.59	7.95
32	2.60	6.35	8.55
34	3.40	7.21	9.22
36	4.20	8.25	9.97
38	5.00	9.44	10.80
40	5.80	10.84	11.73

四、软弱下卧层的承载力特征值的验算

当地基持力层范围内有软弱下卧层是,应按下式验算:

$$p_z + p_{cz} \leqslant f_{az} \tag{8-7}$$

[想一想]

为什么要验算软弱下卧层的强度?

式中:p_z——相应于荷载效应标准组合软弱下卧层顶面处的附加压力值;

p_{cz}——软弱下卧层顶面处土的自重压力值;

f_{az}——软弱下卧层顶面处经深度修正后地基承载力的特征值。

对条形基础和矩形基础,式(8-7)中的 p_z 值可按下列公式简化计算:

条形基础:

$$p_z = \frac{b(p_k - p_c)}{b + 2z\tan\theta} \tag{8-8}$$

矩形基础:

$$p_z = \frac{lb(p_k - p_c)}{(b + z\tan\theta)(l + z\tan\theta)} \tag{8-9}$$

式中:b——矩形基础和条形基础底边的宽度;

l——矩形基础底边的长度;

p_c——基础底面处土的自重压力值;

Z——基础底面至软弱下卧层顶面的距离;

θ——地基压力扩散线与垂直线的夹角,可按表 8-15 采用,θ 如图 8-10 所示。

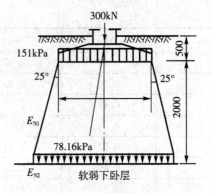

图 8-10　软弱下卧层承载力验算

对于沉降稳定的建筑物或经过顶压的地基,可适当提高地基承载力。

表 8-15　地基压力扩散角

E_{S1}/E_{S2}	z/b	
	0.25	0.50
3	6	23
5	10	25
10	20	30

[注]　(1)E_{S1}为上层土压缩模量;E_{S2}为下层土压缩模量;(2)$z<0.25b$时,必要时,宜由实验确定;$z>0.50b$时 θ 值不变。

第六节　浅基础的设计与计算

在基础类型和埋置深度初步确定后,应根据基层上作用的荷载、埋深和地基载力特征值计算基础底面尺寸。在设计步骤上,一般先初步确定埋深和基础底面尺寸,然后计算地基承载力设计值,在根据地基承载力设计值校核基础底面尺寸。如设计不能满足地基要求时,应从新选择尺寸或改变埋深后再次验算,直到满足设计要求为止。

一、轴心荷载作用下基础底面积的确定

轴心荷载作用下的基础,一般都采用对称形式,使基础底面形心位于荷载作用线上,避免基础发生倾斜。基础底面的压力对称均匀分布,可按下式确定,并应符合小于或等于地基承载力设计值的要求,即

$$p_k = \frac{F_K + G_K}{A} \leqslant f_a \qquad (8-10)$$

式中:p_K——相应于荷载效应标准组合基础底面处的平均压力值,kPa;

　　　F_K——相应于荷载效应标准组合上部结构传至基础顶面的竖向力值,kN;

A——基础底面面积，m^2；

G_K——基础自重值和基础上土重标准值，一般取 $G_K = \gamma_0 dA$；

γ_0——基底以上基础与基础台阶上回填土平均重度，kN/m^3，一般取 $\gamma_0 = 20kN/m^3$；

d——基础埋深，取室内外埋深平均值，m；

f_a——修正后的地基承载力特征值，kPa。

由上式可得：

$$A \geqslant \frac{F_K}{f - 20d} \qquad (8-11)$$

对于墙下条形基础，取墙长方向 1m 为计算单元，则 $A = 1 \times b$，故基础宽度为：

$$b \geqslant \frac{F_K}{f - 20d} \qquad (8-12)$$

对于柱下独立基础，若为方形，则 $A = b^2$，故基础边长为

$$b = \sqrt{\frac{F_K}{f - 20d}} \qquad (8-13)$$

若为矩形基础，则 $A = bl$，故

$$bl \geqslant \frac{F_K}{f - 20d} \qquad (8-14)$$

式中：b、l——矩形基础底面的宽度与长度或短边与长边的边长，m。

二、偏心荷载作用下基础底面积的确定

偏心荷载作用的基础，一般假设基础底面上的压力为直线分布，基底边缘的最大和最小压力设计值，按材料力学短柱偏心受压公式计算：

$$p_{kmin}^{kmax} = \frac{F_K + G_K}{A} \pm \frac{M_K}{W} \qquad (8-15)$$

式中：M_K——相应于荷载效应标准组合作用于基础底面的力矩值，$kN \cdot m$；

W——基础底面的抵抗矩，$W = bl/6$，m^3；

p_{kmax}、p_{kmin}——相应于荷载效应标准组合基础底面边缘的最大、最小压力值，kPa。

当基底压力求出后，除符合式(8-10)外，尚应满足下列条件：

$$p_{kmax} \leqslant 1.2 f_a \qquad (8-16)$$

当偏心矩 $e > l/6$ 时(图 8-11)，p_{kmax} 应按下式计算：

$$p_{kmax} = \frac{2(F_k + G_k)}{3ld} \qquad (8-17)$$

式中:b——垂直于力矩作用方向的基础底面边长;

a——合力作用点至基础底面最大力边缘的距离。

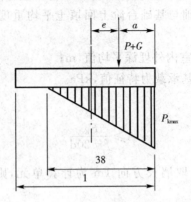

图 8-11　偏心荷载的基底压力

应该指出,基底压力 p_{kmax} 和 p_{kmin} 不能相差过大,以免基础倾斜,应尽量控制,使 $e \geq l/6$;或调整基础尺寸,将基础做成非对称形。当 $e > l/6$ 时,$p_{kmax} < 0$,基底与地基局部脱开,一般不允许出现此种情况。

矩形基础的底面尺寸 b、l 可能有多种选择,一般应使长边方向与弯矩方向一致。为简化计算,先按轴心荷载算出所需底面积,根据偏心矩大小增大 10%～50%,且要求长短边在 3 以内,求算 p_{kmax} 是否满足式 8-14 的要求,反复试算即可确定底面尺寸。

【实践训练】

课目一:确定条形基础底面宽度

(一)背景资料

某建筑物承重墙下条形基础,在 ±0.00m 标高处的相应于荷载效应标准组合上部结构传来的竖向力值 $F_K = 300 \text{kN/m}$,基础埋深 1.8m,基底下 e、I_L 均为小于 0.85 的粘性土。已知地基承载力标准值 $f_k = 200 \text{kPa}$,基底面以上土层重度 $\gamma_m = 16 \text{kN/m}^3$,地下水位在 -2m。

(二)问题

试求基础宽度。

(三)分析与解答

(1)求地基承载力特征值,先暂不考虑基础宽度的修正,查表 8-13 得 $\eta_d = 1.6$,按式 8-4 得:

$$f_a = f_{ak} + \eta_d \gamma_m (d - 0.5) = [200 + 1.6 \times 16(1.8 - 0.5)]\text{kPa} = 233.3\text{kPa}$$

(2)由式(8-12)计算得：

$$b \geqslant \frac{F}{f-20d} = \frac{300}{233.3-20 \times 1.8}\text{m} = 1.52\text{m}$$

取墙下条基宽 $b = 1.55\text{m}$。因 $b < 3\text{m}$，可不再对承载力修正。

课目二：确定柱下独立基础地面尺寸

(一)背景资料

某建筑物内柱下矩形独立基础，基础顶面位于 -1m 处，顶面处的竖向力值 $F_k = 1000\text{kN}$，弯矩 $M = 150\text{kN} \cdot \text{m}$，水平力 $F_H = 20\text{kN}$，地基埋深同例 7-1。

(二)问题

试求基础底面尺寸。

(三)分析与解答

(1)由式(8-11)得

$$A = \frac{F_K}{f-20d} = \frac{1000 \times 1}{233.3-20 \times 1.8}\text{m}^2 = 5.068\text{m}^2$$

考虑弯矩作用，加大 10% 底面积，得

$$A = (1+10\%) \times 5.068\text{m}^2 = 5.575\text{m}^2$$

若取长短边之比 $l/b = 2$，则 $2b^2 \geqslant 5.58\text{m}^2$，$b \geqslant \sqrt{2.79}\text{m} = 1.67\text{m}$

(2)取 $b = 1.7\text{m}$ 则 $l = 3.4\text{m}$，依此验算承载力，得：

$$A = 1.7 \times 3.4\text{m}^2 = 5.78\text{m}^2, G_K = 20dA = 20 \times 1.8 \times 5.78\text{kN} = 208\text{kN}$$

$$M_k = [150 + 20 \times (1.8-1)]\text{kN} \cdot \text{m} = 166\text{kN} \cdot \text{m},$$

$$W = bl^2/6 = 1.7 \times 3.4^2/6\text{m}^3 = 3.275\text{m}^3$$

按式(8-15)、(8-16)验算：

$$p_{kmin}^{kmax} = \frac{F_k + G_K}{A} \pm \frac{M_k}{W} = \left(\frac{1000+208}{5.78} \pm \frac{166}{3.275}\right)\text{kPa} = (209 \pm 50.7)\text{kPa}$$

$$p_{kmax} = 259.7\text{kPa} < 1.2f_a = 1.2 \times 233.3\text{kPa} = 280\text{kPa}$$

$$p_{kmin} = 158.3\text{kPa} > 0$$

$p_k = 209\text{kPa} < f_a = 233.3\text{kPa}$，均满足要求。

三、基础剖面尺寸的确定

按上述方法确定的基底面积，只能保证地基承载力和变形满足要求，基础本身材料是否会受力破坏，还需要进行计算，包括基础剖面尺寸的确定和基础配筋的计算。

基础剖面尺寸主要是指基础高度。基础高度通常小于基础埋深，这是为了

防止基础露出地面,遭受人来车往、日晒雨淋的损伤。基础顶面需要覆盖一层保护基础的土层,此保护层的厚度通常大约为 10~15cm。因此,基础的高度为基础的埋深和基础保护层厚度之差。若基础材料采用刚性材料,如砖、砌石或混凝土时,基础高度设计还应满足基础台阶高度比小于等于基础刚性角正切值的要求,以免刚性材料受拉开裂。

四、地基变形验算

[问一问]
地基变形特征值有哪些?

地基在上部结构荷载作用下发生压缩变形,建筑物及基础随之沉降。若地基不均匀或上部结构荷载差异较大,则可能造成不良沉降,使建筑物倾斜、出现裂缝或影响正常使用,严重的将引起建筑物破坏。为此,地基基础设计要求,建筑物的地基变形计算值不应大于地基变形允许值。

根据建筑物结构类型的不同,地基变形特征可分为沉降量、沉降差、倾斜、局部倾斜四种指标。

验算时,首先应根据建筑物的结构特点、安全使用要求及地基的工程特性确定某一变形特征作为变形验算的控制条件。

在计算地基变形时,由于建筑地基不均匀、荷载差异很大、体形复杂等因素引起的地基变形,对于砌体承重结构应由局部倾斜控制;对于框架结构和单层排架结构应由相邻桩基的沉降差控制;对于多层或高层建筑和高耸结构应由倾斜值控制。

在必要情况下,需要分别预估建筑物在施工期间和使用期间的地基变形值,以便预留建筑物有关部分之间的净空,考虑连接方法和施工顺序。此时一般建筑物在施工期间完成的沉降量,对于砂土可认为其最终沉降量已基本完成;对于低压缩粘性土可认为已完成最终沉降量的 50%~80%;对于中压缩粘性土可认为已完成 20%~50%;对于高压缩粘性土可认为已完成 5%~20%。

[问一问]
不同类型的土一般在施工期间完成的沉降量分别是什么?

一般情况下,变更基础的尺寸与布置方式可以有效地调整基底附加压力的分布与大小,从而改变地基变形值。当基底附加压力相同时,地基的变形随基底尺寸的增大而增加;而在确定的荷载下,若增大基底尺寸,将会使地基变形量减小,但应注意加大基底面积会增加地基压缩层的厚度,以致影响到地基深层中有较高压缩性的土层,也会造成地基变形量的增加。因此在验算地基变形调整基底尺寸时,应考虑到其他因素的影响。在实际设计中,常常会产生仅依靠调整基底尺寸还不能使地基变形满足要求的情况,这需要采取其他措施,例如改变基础埋深、改换基础类型、修改上部结构形式,甚至需要人工地基或多种工程措施,以达到满足地基变形控制要求。

五、地基稳定性验算

进行地基设计时,对经常受水平荷载作用的高层建筑和高耸结构,承受水压力或土压力的挡土墙、水(堤)坝、桥台,以及建造在斜坡上的建(构)筑物,尚应验算其稳定性。

1. 在竖向和水平荷载作用下，地基内仅存在软土或其夹层时，可能发生地基整体滑动失稳。实际观察表明，地基整体滑动形成的滑裂面通常是球弧面，对于均质土可简化为平面问题的圆弧面，如图 8-12 所示。其稳定性取决于最危险的滑动面上各力对滑动中心所产生的抗滑力矩 M_R 与滑动力矩 M_S 的相互关系。M_R 和 M_S 应符合下式要求：

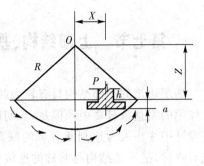

图 8-12　圆弧滑动面示意图

$$M_S \leqslant M_R / \gamma_S \tag{8-18}$$

式中：γ_S——抗力分项系数，可取 1.2. 当滑动面为平面时，该系数应提高为 1.3。

2. 对位于稳定土坡坡顶上的建筑，当垂直于坡顶边缘线的基础底面边长 $b \leqslant 3m$ 时，其基础底面外边缘线至坡顶的水平距离 a，如图 8-13 所示。应符合下式要求，但不得小于 2.5m。

［想一想］
　在什么情况下需要验算地基的稳定性？

(1) 条形基础

$$a \geqslant 3.5b - \frac{d}{\tan\beta} \tag{8-19}$$

(2) 矩形基础

$$a \geqslant 2.5b - \frac{d}{\tan\beta} \tag{8-20}$$

式中：a——基础底面外边缘线至坡顶的水平距离；

　　　b——垂直于坡顶边缘线的基础底面边长；

　　　d——基础埋置深度；

　　　β——边坡坡角。

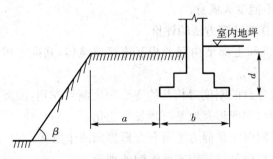

图 8-13　基底边缘至坡顶的水平距离

第七节　上部结构、基础和地基共同作用的概念

高层建筑的上部结构具有较大的高度,并且和基础、地基三者同处于一个共同作用的完整系统之中。但是,长期以来由于认识的局限性和计算手段的缺陷,在设计中往往人为地割断各部的联系。如在设计上部结构时,假定地基基础为绝对刚性,把上部结构与基础的连接点处理成固接,忽略地基基础对上部结构工作形状的影响,而在设计地基基础时或是把上部结构视为绝对刚性,不考虑共同作用,或只考虑基础与地基的共同作用,不考虑上部结构刚度的贡献。直到近十余年来,大量建造高层建筑的丰富实践和计算技术的迅速发展,才为解决高层建筑与地基基础共同作用的问题提供了可能。

一、地基基础与上部结构的关系

1. 常规考虑办法

在建筑结构的设计计算中,通常把上部结构、基础和地基三者分开考虑,视为彼此相互独立的结构单元,进行静力平衡分析计算。既不考虑上部结构的刚度,只计算作用在基础顶面的荷载;也不考虑基础的刚度,基底反力简化为直线分布,并反向施加于地基,当做柔性荷载验算地基承载力和进行地基沉降计算。

[想一想]

如何合理地分析地基、基础及上部结构三者的关系?

2. 上述常规方法的评价

(1)对于单层排架结构一类的上部柔性结构和地基土质较好的独立基础,可以得到满意的结果。

(2)对于软弱地基上单层砖石砌体承重结构和条形基础,按常规方法计算与实际差别较大。

(3)对于钢筋混凝土框架结构一类的敏感性结构下的条形基础,上述常规计算结果与实际不同。

(4)对于高层建筑剪力墙结构下箱形基础置于一般土质天然地基的工程,常规的计算方法也不能令人满意。

3. 对合理的分析计算方法的评价

(1)地基、基础和上部结构三者相互连接成整体,共同承担荷载而产生相应的变形。

(2)三者都按各自的刚度对相互的变形产生制约作用,因而制约整个体系的内力、基底反力和结构变形及地基沉降发生变化。

(3)三者之间同时满足静力平衡和变形协调两个条件。

(4)需要建立正确反映结构刚度影响的理论。

(5)需要研究合理反映土放入变形特性的地基计算模型及其参数。

上述合理的方法是相当复杂的,但已越来越受到重视和接受,并已在地基上梁和板的分析及高层建筑箱形基础内力计算等方面得到部分应用。

总之,了解地基、基础于上部结构共同工作的概念,有助于掌握各类基础的性能,更好地设计地基基础方案。

二、基础刚度的影响

建筑物基础的内力、基底反力大小与分布以及地基沉降量,除了与地基的特性密切相关外,还受基础本身与上部结构刚度大小的制约,首先研究基础本身刚度的影响。

1. 柔性基础

(1)柔性基础可随地基的变形而任意弯曲。例如,土工聚合物上填土可视为柔性基础。

(2)柔性基础的基底反力分布与作用在基础上的荷载分布相同,如图 8 - 14 (a)所示。

(3)均布荷载下柔性基础的基底沉降量中部大、边缘小,如图 8 - 14(b)所示。要使沉降均匀,应使边缘荷载增大。

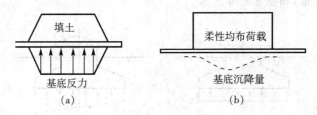

图 8 - 14 柔性基础

(4)柔性基础缺乏刚度,无力调整基础的不均匀沉降,不可能使传至基底的荷载改变原来的分布情况。

2. 刚性基础

(1)刚性基础具有极大的抗弯刚度,在荷载作用下基础不产生挠曲。例如,沉井基础可视为刚性基础。

(2)刚性基础基底平面沉降后仍保持平面,中心荷载作用下均匀沉降,基底保持水平;偏心荷载作用下沉降后,基底为一倾斜平面。

(3)刚性基础底面积和埋深较大,上部中心荷载不大时基底反力呈马鞍形分布,如图 8 - 15(a)所示。

(4)随着上部荷载增大,邻近基底边缘的塑性区逐渐扩大,基底应力重新分布。所增大的上部荷载依靠基底中部反力增大来平衡,因此,基底反力图由马鞍逐渐变成抛物线形,如图 8 - 15(b)所示。

[问一问]
　基础刚度如何影响基底压力及地基的变形?

(5)刚性基础基底反力分布与荷载分布情况无关,仅与荷载合力大小与作用点位置有关。例如,荷载合力偏心很大时,离合力作用点近的基底边缘反力很大,而远离合力作用点的基底边缘反力为零,甚至基底可能与地基脱开。

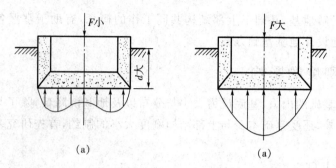

图 8-15 刚性基础

三、地基软硬的影响

1. 软土地基

在淤泥或淤泥质土一类的软土地基中,当基础的相对刚度较大时,基底反力分布可按直线计算。中心荷载作用下,基底反力均匀分布。偏心荷载作用下,基底反力梯形分布,如图 8-16 所示。

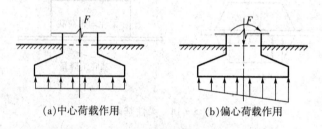

(a)中心荷载作用   (b)偏心荷载作用

图 8-16 软土地基上反力分布

2. 坚硬地基

坚硬地基包括岩石、密实卵石、坚硬粘性土地基。坚硬地基上置抗弯刚度很小的基础,当基础上作用集中荷载时,仅传递到荷载附近的地基中,远离荷载的地基不受力。若为相对柔性的基础,在远离集中荷载作用点处基底反力不仅为零,且可能与地基脱开悬空,如图 8-17 所示。

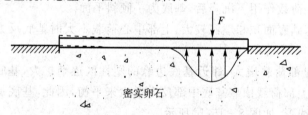

密实卵石

图 8-17 坚硬地基土薄板基础集中荷载的反力分布

3. 软硬悬殊地基

[问一问]
　地基软硬如何影响地基反力的分布?

实际工程中常遇到各种软硬相差悬殊的地基,如基槽中存在古水井、古河沟、坟墓、暗塘以及防空洞、旧基础等情况,对基础梁的挠曲和内力的影响很大。

例如,条形基础下,地基的中部软、两边硬,则加剧条形基础的挠曲程度,如图 8-18(a)所示。若相反,地基中部硬、两边软,如图 8-18(b)所示,则可能使条形基础的正向挠曲变为反向挠曲。

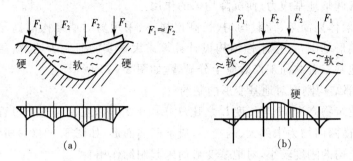

图 8 - 18　地基软硬悬殊对基础受力的影响

四、上部结构刚度的影响

上部结构刚度不同,在地基变形时将产生不同的影响。同时,上部结构刚度大小不同,对基础受力状况也产生不同的影响。

1. 上部结构完全柔性

(1)以屋架、柱、基础为承重结构的木结构和土堤、土坝一类填土工程,可认为是完全柔性结构;钢筋混凝土排架结构也可视为柔性结构。

(2)上部结构的柔性变形与地基的变形一致,地基的变形对上部结构不产生附加应力,上部结构没有调整地基不均匀变形的能力,对基

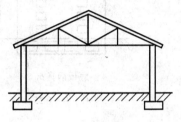

图 8 - 19　柔性基础

础的挠曲没有制约作用,即上部结构不参与地基、基础的共同工作,如图 8 - 19 所示。

(3)在木结构柱顶荷载作用下,独立基础发生沉降差,不会引起主体结构的次应力,传递给基础的柱荷载也不会因此而发生变化。

通常静定结构与非软弱地基变形之间不存在彼此制约的关系,也可视其为柔性结构一类。

2. 上部结构绝对刚性

(1)烟囱、水塔、高炉一类高耸结构,置于整体大厚度的钢筋混凝土独立基础上,整个体系为绝对刚性,如图 8 - 20 所示。

[问一问]
　上部结构的刚度对地基的变形和基础受力有何影响?

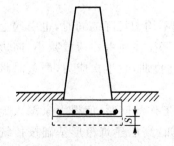
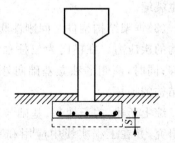

图 8 - 20　绝对刚性上部结构

(2)在中心荷载作用下,均匀地基的沉降量相同,基础部发生挠曲。刚性上部结构具有调整地基应力、使沉降均匀的作用。

(3)一般体型简单、荷载均匀、长高比很小、采用剪力墙结构的高层建筑,配置相应的箱形基础,可按刚性结构设计计算。大量实验研究表明,高层建筑、箱形基础和地基三者共同工作效应十分显著,如图8-21所示。

① 上部结构刚度对地基变形的制约

高层建筑物高度 H 与长度 L 之比 $H/L < 0.25$ 时,在建筑施工过程中,地基变形的纵、横两向均为中部大、两端小,成下凹曲面形,如图8-21(a)所示。因为此时上部结构的刚度较小,对地基变形尚未起制约作用。

当楼层升高后,地基中部与两端的沉降差异反而减少,这是由于上部分结构的刚度增大,自动地将上部均匀荷载和自重向沉降小的部位传递,使地基变形的曲率减小,甚至趋近于零,见图8-21(b)。

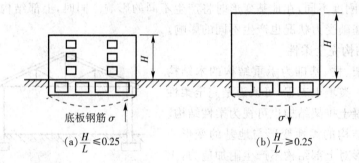

图8-21 上部结构与地基基础共同工作

② 上部结构刚度对箱形基础弯曲和内力的制约

在高层建筑施工初期,$H/L < 0.25$ 时,楼身不高,即上部结构刚度较小时,箱基底板与顶板中部的钢筋拉应力 σ 随楼身升高而增大,最后达到最大值 σ_{max}。

当楼层继续升高后,$H/L > 0.25$,上部结构刚度不断增大,箱基底板钢筋拉应力反而逐渐减小,在建筑物完工时达到最小值 σ_{min}。

3. 上部结构为敏感性结构

(1)低层砖石砌体承重结构和单层钢筋混凝土框架结构对地基不均匀沉降反应灵敏,均为敏感性结构。

(2)由于砖石材料为刚性材料,抗拉强度低,当地基局部倾斜较大时,墙体将发生裂缝。

(3)框架结构构件之间刚性联结在调整地基不均匀沉降的同时,也引起上部结构的次应力。在横向为三柱独立基础的情况下往往使中柱荷载减小,向边柱转移;同时,两侧的独立基础向外转动,引起梁柱挠曲,发生次应力,严重时将导致结构的损坏。

综上所述,关于地基、基础与上部结构共同工作的问题,值得大家深入地试验研究,并在工程实线中应用和总结经验。例如,高层建筑箱形基础按传统方法,即地基、基础与上部结构三者分别计算,则箱形基础底板的钢筋应力超过了

100MPa,如按三者共同工作考虑,实测钢筋应力仅为 30MPa 左右,可见此类问题有很大的研究潜力,可节省大量钢材与建设资金。

第八节　减轻不均匀沉降的措施

地基不均匀沉降可导致墙体裂缝、梁板拉裂、构配件损坏、影响正常使用等危害。通常的解决方法有:采用柱下条形基础、筏基或箱基;采用桩基或其他深基础;地基处理;在建筑、结构和施工方面采取措施。但前三种方法往往造价较高,深基础和许多地基处理方法还需要具备一定的施工条件,有时还不能完全解决问题。而如能在建筑、结构和施工方面采取一些措施,则可降低对地基基础处理的要求和难度,取得较好的效果。

一、建筑措施

1. 建筑物体型力求简单

建筑物体型系指其平面形状与立面轮廓。平面形状复杂(如"L"、"T"、"E"、"Ⅱ"形等)的建筑物,在其纵、横交叉处基础密集,地基中附加应力互相重叠,使该处产生较大的沉降,引起墙体的开裂;同时,此类建筑物整体刚度差,刚度不对称,当地基出现不均匀沉降时,容易产生扭曲应力,因而更容易使建筑物开裂。建筑物高低(或轻重)变化悬殊,地基各部分所受的荷载差异大,也容易出现过量的不均匀沉降。因此,建筑物的体型设计应力求简单,平面尽量少转折(如采用"一"字形),立面体型变化不宜过大。

[想一想]
为什么体型简单的建筑物对减轻地基不均匀沉降有利?

2. 设置沉降缝

用沉降缝将建筑物从屋面到基础断开,划分成若干个长高比较小、体型简单、整体刚度较好、结构类型相同、自成沉降体系的独立单元,可以有效地减少不均匀沉降的危害。建筑物的下列部位,宜设置沉降缝:

(1)建筑平面的转折部位。

(2)高度差异或荷载差异处。

(3)长高比过大的砌体承重结构或钢筋混凝土框架结构的适当部位。

(4)地基土的压缩性有显著差异处。

(5)建筑结构或基础类型不同处。

(6)分期建造房屋的交界处。

沉降缝可结合伸缩缝设置,在抗震区,最好与抗震缝共用。

沉降缝的构造参见图 8－22。缝内一般不能填塞,寒冷地区为防寒可填以松软材料。沉降缝还要求有一定的宽度,以防止缝两侧单元发生互倾沉降时造成单元结构间的挤压破坏。沉降缝的宽度见表 8－16。

[问一问]
沉降缝为什么可以有效地减少不均匀沉降?

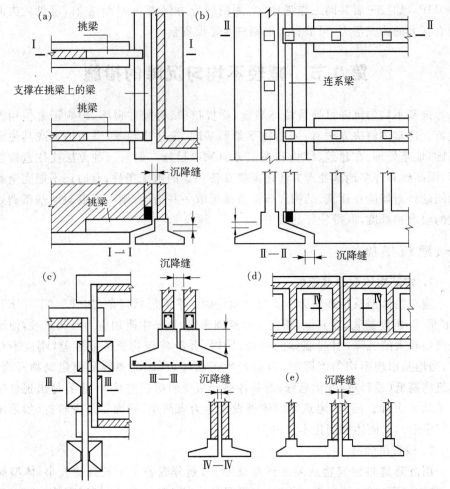

图 8-22 基础沉降缝的构造

表 8-16 建筑物沉降缝的宽度

建筑物层数	沉降缝宽度（mm）	建筑物层数	沉降缝宽度
2～3	50～80	>5	≥120
4～5	80～120		

3. 控制相邻建筑物基础的间距

由于地基附加应力的扩散作用，使相邻建筑物产生附加不均匀沉降，可能导致建筑物的开裂或互倾。另外，高层建筑在施工阶段深基坑开挖也易对邻近原有建筑物产生影响。

为了减少或避免相邻建筑物影响的损害，建造在软弱地基上的建筑物基础之间要有一定的净距。其值视地基的压缩性、产生影响建筑物的规模和重量以及被影响建筑物的刚度等因素而定，参见表 8-17。

表 8-17　相邻建筑物基础间的净距(m)

影响建筑的预估平均沉降量 s(mm)	被影响建筑的长高比	
	$2.0 \leqslant L/H_f < 3.0$	$3.0 \leqslant L/H_f < 5.0$
70～150	2～3	3～6
160～250	3～6	6～9
260～400	6～9	9～12
>400	9～12	≥12

[注]　(1)表中 L 为建筑物长度或沉降缝分隔的单元长度(m);H_f 为自基础底面标高算起的建筑物高度(m);(2)当被影响建筑的长高比为 $1.5 < L/H_f < 2.0$ 时,其间净距可适当缩小。

4. 调整建筑物各部分标高

由于沉降会改变建筑物原有标高,严重时将影响建筑物的正常使用,甚至导致管道等设备的破坏。因此,建筑物各组成部分的标高,应根据可能产生的不均匀沉降采取下列相应措施:

(1)室内地坪和地下设施的标高,应根据预估沉降量予以提高。

(2)建筑物各部分(或设备之间)有联系时,可将沉降较大者的标高提高。

(3)建筑物与设备之间应留有足够的净空。

(4)当建筑物有管道穿过时,应预留足够尺寸的孔洞,或采用柔性的管道接头等。

[问一问]
如何调整建筑物标高以适应地基不均匀沉降?

二、结构措施

1. 减轻建筑物自重

建筑物自重在基底压力中占有较大的比例,一般工业建筑中约占 40%～50%,民用建筑中可高达 60%～80%。因此,减小沉降量常可以首先从减轻建筑物自重着手,措施如下:

(1)选用轻型高强墙体材料

如轻质高强混凝土墙板、各种空心砌块、多孔砖及其他轻质墙等。

(2)选用轻型结构

如预应力钢筋混凝土结构、轻钢结构及各种轻型空间结构。

(3)减少基础和回填土重量

采用架空地板代替室内填土,设置地下室或半地下室,采用覆土少、自重轻的基础形式。

2. 减少或调整基底的附加压力

通过调整各部分的荷载分布、基础宽度或埋置深度,控制与调整基底压力,改变不均匀沉降量。对不均匀沉降要求严格的建筑物,可选用较小的基底压力。

3. 增强建筑物的整体刚度和强度

(1)控制建筑物的长高比

砌体承重房屋的长高比大,则整体刚度小,纵墙很容易因挠曲变形过大而开裂。《建筑地基基础设计规范》规定：对于三层和三层以上的房屋，其长高比 L/H_f 宜小于或等于 2.5；当房屋的长高比为 $2.5 < L/H_f \leqslant 3.0$ 时，宜做到纵墙不转折或少转折，并应控制其内横墙间距或增强基础刚度和强度。当房屋的预估最大沉降量小于或等于 120mm 时，其长高比可不受限制。不符合上述条件时，可考虑设置沉降缝。

(2)合理布置纵横墙

合理布置纵横墙，是增强砌体承重结构房屋整体刚度的重要措施之一。一般来说，房屋的纵向刚度较弱，故地基不均匀沉降的损害主要表现为纵墙的挠曲破坏。内、外纵墙的中断、转折，都会削弱建筑物的纵向刚度。当遇地基不良时，应尽量使内、外纵墙都贯通；另外，缩小横墙的间距，也可有效地改善房屋的整体性，从而增强调整不均匀沉降的能力。

(3)设置圈梁

墙体内宜设置钢筋混凝土圈梁或钢筋砖圈梁，以增强房屋的整体性，提高砌体结构的抗拉、抗剪能力，防止出现裂缝和阻止裂缝开展。实践中常在基础顶面附近、门窗顶部楼(屋)面处设置圈梁，圈梁应设置在外墙、内纵墙及主要内横墙上，并宜在平面内连成封闭系统。圈梁不能在门窗洞口处连通时，应增设加强圈梁进行搭接处理。

(4)其他

在墙体上开洞时，宜在开洞部位配筋或采用构造柱及圈梁加强。

4. 加强基础整体刚度

对于建筑体型复杂、荷载差异较大的框架结构，可采用箱基、桩基、筏基等加强基础整体刚度，减少不均匀沉降。

[想一想]
减轻地基不均匀沉降的结构措施有几个方面？施工措施有哪些？

三、施工措施

对于淤泥及淤泥质土，施工时应注意不要扰动其原状土，开挖基坑时，通常在坑底保留 200mm 厚原状土，待基础施工时才挖除。如坑底已被扰动，应清除扰动土层，并用砂、碎石回填夯实。

当建筑物各部分存在高低、轻重差异时，应按照先高后低，先重后轻，先主体后附属的原则安排施工顺序，必要时还要在高或重的建筑物竣工之后间歇一段时间再建低或轻的建筑物，这样可减少一部分沉降差。

此外，在施工时还需特别注意基坑开挖时，由于井点降水、施工堆载等可能对邻近建筑造成的附加沉降。

本章思考与实训

1. 设计浅基础一般要妥善处理哪几方面问题？

2. 地基与基础相互作用主要受哪些因素影响？

3. 为何采取扩展基础，它包括哪几种类型？

土力学与地基基础(第2版)

4. 基础埋置深度的确定要考虑哪些因素？

5. 确定地基容许承载力的方法。

6. 何谓承载力基本值？何谓承载力标准值？何谓承载力设计值？

7. 地基变形特征一般分为哪几种？

8. 对于软弱地基上的建筑物，常采用哪些措施减轻自重，以便达到减少沉降量的目的？

9. 某钢筋混凝土独立柱基础，所受荷载如图 8－23 所示。试设计基础底面尺寸。

（$\eta_d=1.1, \eta_b=0.0$）

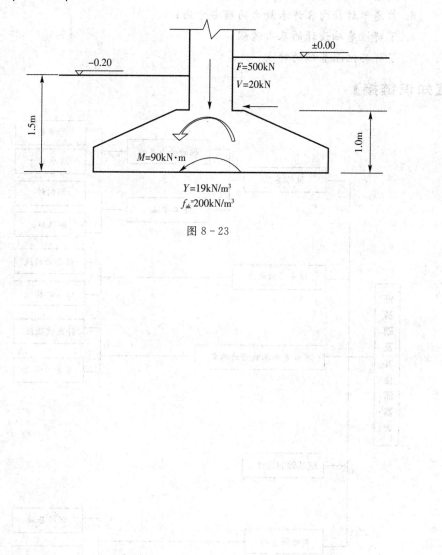

图 8－23

第九章 桩基础及其他深基础

【内容要点】

1. 掌握桩基础的适用条件、桩和桩基础的分类；
2. 熟悉桩基础的基本构造；
3. 熟悉单桩轴向容许承载力的确定方法；
4. 了解桩基础设计的基本流程；
5. 了解其他深基础的特点。

【知识链接】

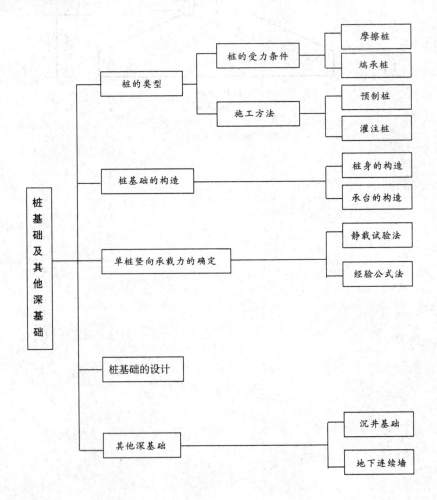

第一节　桩　基　础

一、桩基础概念及应用

如果场地条件允许,在工程建设中应优先考虑采用天然地基上的浅基础。当地基的上部软土层很厚,即使采用一般地基处理仍不能满足设计要求或费用较高时,可以采用桩基础将建筑物的荷载传递到深层的坚硬土层上,以满足建筑物对地基稳定性和地基变形的要求。

[问一问]
　桩基础有什么特点?

桩基础具有承载力高、稳定性好、沉降稳定快和沉降变形小、抗震能力强,便于机械化施工以及能适应各种复杂地质条件等特点。桩基础由桩和承台两部分组成(图9-1)。根据承台与地面的相对位置,一般可分为低承台桩基和高承台桩基。当承台底面位于地面以下时,称低承台桩基;当承台底面高出地面时,称高承台桩基。在一般房屋建筑和水工建筑物中最常用的是低承台桩基;而高承台桩基则常用于桥梁工程、港口码头及海洋工程中。

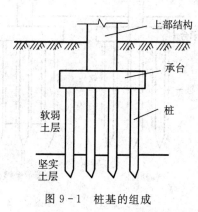

图9-1　桩基的组成

近年来随着新技术、新工艺及设计理论的不断发展,设计水平的不断提高,桩基础在工程中得到了广泛的使用。如2009年7月19日,中国第一高楼、设计总高度达632m的上海中心大厦的主楼桩基工程竣工。955根主楼工程桩单桩直径达1m、深86m,它们将支撑起121层的摩天大楼。该工程将于2014年竣工。2008年6月30日建成并正式通车的苏通大桥主墩基础由131根长约120m、直径2.5m至2.8m的钻孔灌注桩组成,承台长114m、宽48m,面积有一个足球场大,是世界规模最大、入土最深的桥梁桩基础。

二、桩基础的分类

根据《建筑桩基技术规范》(JGJ 94—94)推荐的分类方法,桩基础可以以下几个方面进行分类:

(一)根据桩的受力特点分类

1. 摩擦型桩

摩擦型桩是指在竖向极限荷载作用下,桩顶荷载全部或主要由桩侧阻力承担。摩擦型桩根据桩顶极限荷载由桩侧摩阻力和桩端阻力分摊的情况又可分为摩擦桩和端承摩擦桩两类。桩顶极限荷载绝大部分由桩侧阻力承担,桩端阻力可忽略不计的桩称为摩擦桩。如桩端以下无较坚实的持力层;桩底残留虚土或沉渣的灌注桩;桩端出现脱空的打入桩等可按摩擦桩考虑。桩顶极限荷载由桩侧阻力和桩端阻力共同承担,而大部分由桩侧阻力分担,这类桩称为端承摩擦桩。这类桩的桩端持力层为较坚实的粘性土、粉土和砂类土等,除桩侧阻力外,还有一定的桩端阻力。这类桩所占比例很大。

[想一想]

摩擦桩和端承桩有什么区别?

2. 端承桩

在竖向极限荷载作用下,若桩身处的土层非常软弱,桩顶荷载全部或主要由桩端阻力承担,桩侧摩阻力可忽略不计,这种桩称端承桩(如图 9 - 2(d)所示)。当桩侧阻力也承担部分荷载时,称为摩擦端承桩。当桩端嵌入岩层一定深度(要求桩的周边嵌入微风化或中等风化岩体的最小深度不小于 0.5m)时,称为嵌岩桩。

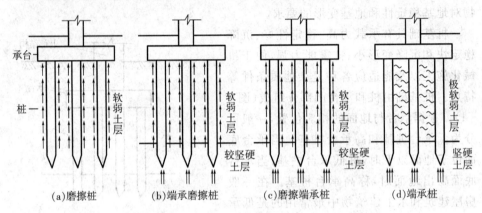

图 9 - 2　桩基按受力特点分类

(二)按桩的使用功能分类

1. 竖向抗压桩

以承受竖向荷载为主的桩。

2. 竖向抗拔桩

以承受竖向上拔荷载为主的桩。

3. 水平受荷桩

以承受水平荷载为主的桩。

4. 复合受荷桩

所受的竖向、水平荷载均较大的桩。

(三)按施工方法分类

根据桩的施工方法不同,主要可分为预制桩和灌注桩两大类。

1. 预制桩

预制桩桩体可以在施工现场预制,也可以在工厂制作,然后运至施工现场。预制桩可以是木桩,也可以是钢桩或预制钢筋混凝土桩等。预制桩沉桩方法主要有锤击、振动、静压或旋入等方式。目前工程上广泛应用的是钢筋混凝土预制桩。

(1) 混凝土预制桩

混凝土预制桩的横截面有方、圆等多种形状。一般普通实心方桩的截面边长为 300~500mm,桩长在 25~30m 以内。工厂预制时分节长度≤12m,分节接头应保证质量以满足桩身承受轴力、弯矩和剪力的要求。接桩方法有用钢板、角钢焊接,并涂以沥青以防腐蚀、法兰连接以及硫黄胶泥连接等也可采用钢板垂直插头加水平销连接,其施工快捷,不影响桩的强度和承载力。

(2)预应力混凝土管桩

先张法预应力管桩是采用先张法预应力工艺和离心成型法制成的一种空心筒体细长混凝土预制构件,主要由圆筒形桩身、端头板和钢套箍等组成(如图9-3所示)。

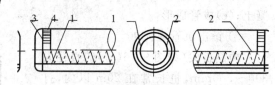

1—预应力钢筋;2—螺旋箍筋;3—端头板;4—钢套箍

图9-3 预应力混凝土管桩

[问一问]

什么叫PHC桩?

管桩按混凝土强度等级和壁厚分为预应力高强混凝土管桩,代号为PC;经高压蒸养的预应力高强混凝土管桩,代号为PHC;薄壁管桩,代号为PTC。PC桩的混凝土强度不得低于C50砼,薄壁管桩强度等级不得低于C60,PHC桩的混凝土强度等级不得低于C80。PC桩和PTC桩一般采用常压蒸汽养护,一般要经过28天才能施打。而PHC桩,脱模后要进入高压釜蒸养,经10个大气压、180度左右的蒸压养护,混凝土强度等级达C80,且从成型到使用的最短时间只需3~4天。管桩按外径分为300mm、350mm、400mm、450mm、500mm、550mm、600mm、800mm和1000mm等规格,建筑工程中常用的PHC,PC管桩的外径为300~600mm,每节长5~13m。桩的下端设置开口的钢桩尖或封口十字刃钢桩尖,如图9-4所示。沉桩时桩节处通过焊接端头板接长。

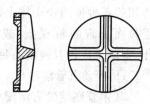

图9-4 管桩封口十字刃钢桩尖

预制桩的截面形状、尺寸和桩长可在一定范围内选择,桩尖可达坚硬粘性土或强风化基岩。具有承载能力高、耐久性好、且质量较易保证等优点。但其自重大,需大能量的打桩设备,并且由于桩端持力层起伏不平而导致桩长不一,施工中往往需要接长或截短,工艺比较复杂。

预制桩沉桩深度一般应根据地质资料及结构设计要求估算。施工时以最后贯入度和桩尖设计标高两方面控制。摩擦桩主要参照设计标高;而端承桩主要参照最后贯入度。最后贯入度是指沉至某标高时,每次锤击的沉入量,通常以最后每阵的平均贯入量表示。锤击法常以10次锤击为一阵,振动沉桩以1min为一阵,最后贯入度可根据计算或地区经验确定。

2. 灌注桩

灌注桩是直接在所设计桩位处成孔,然后在孔内下放钢筋笼再浇灌混凝土而成。其横截面呈圆形,可以做成大直径和扩底桩。保证灌注桩承载力的关键在于桩身的成型及混凝土质量。灌注桩通常可分为:

(1)沉管灌注桩

利用锤击或振动等方法沉管成孔,然后浇灌混凝土,拔出套管。一般可分为单打、复打(浇灌混凝土并拔管后,立即在原位再次沉管及浇灌混凝土)和反插法(灌满混凝土后,先振动再拔管,一般拔0.5~1.0m,再反插0.3~0.5m)三种。

复打后的桩横截面面积增大,承载力提高,但其造价也相应提高。其施工程序如图 9-5 所示,包括(a)就位;(b)沉套管;(c)灌注混凝土;(d)安放钢筋笼继续灌混凝土;(e)拔管成形

① 锤击沉管灌注桩

预制桩尖(如图 9-6(a))的直径为 $300\sim500\text{mm}$,桩长常在 20m 以内,打至硬塑粘土层或中、粗砂层。其优点是设备简单、打桩进度快、成本低。但在软、硬土层交界处或软弱土层处易发生缩颈(桩身截面局部缩小)现象,此时通常可放慢拔管速度,灌注管内混凝土的充盈系数(混凝土实际用量与计算的桩身体积之比)一般应达 $1.10\sim1.20$。此外,也可能由于邻桩挤压或其他振动作用等各种原因使土体上隆,引起桩身受拉而出现断桩现象;或出现局部夹土、混凝土离析及强度不足等质量事故。

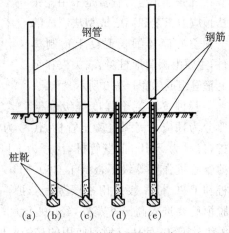

图 9-5 沉管灌注桩施工程序

② 振动沉管灌注桩

其钢管底端带有活瓣桩尖(沉管时桩尖闭合,拔管时活瓣张开以便浇灌混凝土,如图 9-6(b)所示),或套上预制混凝土桩尖。桩横截面尺寸一般为 $400\sim500\text{mm}$,常用振动锤的振动力为 70kN、100kN 和 160kN。在粘性土中,其沉管穿透能力比锤击沉管灌注桩稍差,承载力也比锤击沉管灌注桩要低。

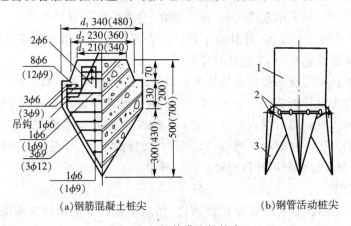

(a)钢筋混凝土桩尖　　　　　(b)钢管活动桩尖

图 9-6 沉管灌注桩桩尖

[做一做]

　　列表比较三种沉管灌注桩各有什么特点。

③ 内击式沉管灌注桩

亦称弗朗基桩,其优点是混凝土密实且与土层紧密接触,同时桩头扩大,承载力较高,效果较好,但穿越厚砂层能力较低,打入深度难以掌握。施工时,先在竖起的钢套筒内放进约 1m 高的混凝土或碎石,用吊锤在套筒内锤打,形成"塞头"。以后锤打时,塞头带动套筒下沉。至设计标高后,吊住套筒,浇灌混凝土并

土力学与地基基础(第 2 版)

继续锤击．使塞头脱出筒口,形成扩大的桩端．其直径可达桩身直径的2～3倍,当桩端不再扩大而使套筒上升时,开始浇注桩身混凝土(若需配筋时先吊放钢筋笼),同时边拔套筒边锤击,直至达到所需高度为止。

(2)钻(冲)孔灌注桩

钻(冲)孔灌注桩用钻机钻土成孔,然后清除孔底残渣,安放钢筋笼,浇灌混凝土。有的钻机成孔后,可撑开钻头的扩孔刀刃使之旋转切土扩大桩孔。浇灌混凝土后在底端形成扩大桩端,但扩底直径不宜大于3倍桩身直径。根据不同土质,可采用不同的钻、挖工具．常用的有螺旋钻机、冲击钻机、冲抓钻机等。

目前国内钻(冲)孔灌注桩多用泥浆护壁,泥浆应选用膨胀土或高塑性粘土在现场加水搅拌制成。一般要求其比重为1.1～1.15,粘度为10～25s,含砂率<6％,胶体率>95％。施工时泥浆水面应高出地下水面1m以上,清孔后在水下浇灌混凝土。常用桩径为800mm,1000mm,1200mm等。其最大优点是入土深,能进入岩层,刚度大,承载力高,桩身变形小,并可方便地进行水下施工。泥浆护壁钻孔灌注桩施工工艺如图9-7、9-8、9-9所示。

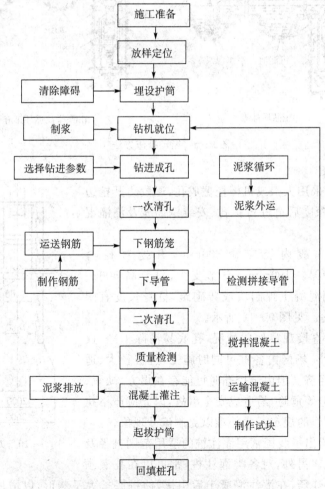

图9-7 泥浆护壁成孔灌注桩施工工艺流程图

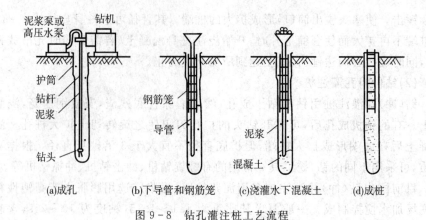

(a)成孔　　(b)下导管和钢筋笼　　(c)浇灌水下混凝土　　(d)成桩

图 9-8　钻孔灌注桩工艺流程

［想一想］
钻孔灌注桩施工过程中,泥浆的作用是什么?

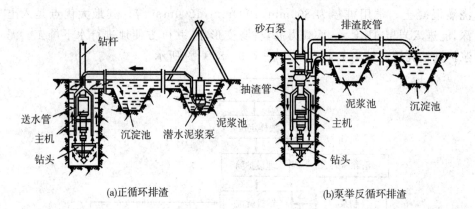

(a)正循环排渣　　　　　　　　(b)泵举反循环排渣

图 9-9　循环排渣方法

(3)挖孔桩

挖孔桩可采用人工或机械挖掘成孔,逐段边开挖边支护,达所需深度后再进行扩孔、安装钢筋笼及浇灌混凝土而成。

挖孔桩一般内径应 ≥ 800mm,开挖直径 ≥ 1000mm,护壁厚 ≥ 100mm。分节支护,每节高 500 ~ 1000mm,可用混凝土预制块或砖砌筑,桩身长度宜限制在 40m 以内。见图 9-10 所示。

挖孔桩可直接观察地层情况,孔底易清除干净,设备简单,噪音小,场区内各桩可同时施工,且桩径大、适应性强,比较经济。但由于挖孔时可能存在塌方、缺氧、有害气体、触电等危险,易造成安全事故,因此应严格执行有关安全操作的规定。此外难以克制流砂现象。

表 9-1 给出了我国常用灌注桩的适用范围桩径及桩长的参考值。另外,对各类灌注桩,都可以在孔底预先放置适量的炸药,在灌注混凝土后引爆,使桩底扩大呈球形,以增加桩底支承

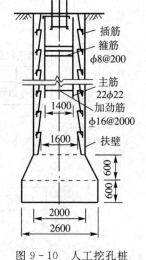

图 9-10　人工挖孔桩

面积而提高桩的承载力,这种爆炸扩底的桩称爆扩桩。

表 9-1　常用灌注桩适用范围及桩径和桩长

序号	项目	成孔工艺	适用范围	桩径 d（mm）	桩长 l（m）
1	泥浆护壁成孔	冲击冲抓	碎石土、砂土、粘性土及风化岩	500～1400	≤50
2		潜水钻回转钻	粘性土、淤泥、淤泥质土及砂土	300～1400	≤80
3	套管成孔	打入	粘性土、淤泥、淤泥质土及砂土	480	≤24
4	挖孔	人工	粉土、粉质粘土及含少量砂石粘土层,且地下水位低	800～3000	≤50

(四)按桩的设置效应分类

1. 非挤土桩

桩周土不受排挤作用。如:钻(冲或挖)孔灌注桩、机挖井形灌注桩及机动洛阳铲成孔灌注桩等。

2. 部分挤土桩

在桩的设置过程中对桩周土体稍有排挤作用。如:冲击成孔灌注桩、预钻孔打入式预制桩、H 形钢桩、开口钢管桩和开口预应力混凝土管桩等。

3. 挤土桩

实心的预制桩、下端封闭的管桩、木桩以及沉管灌注桩等在锤击和振动贯入过程中都要将桩位处的土体大量排挤开,使土的结构严重扰动破坏,对土的强度及变形性质影响较大。因此必须采用原状土扰动后再恢复的强度指标来估算桩的承载力及沉降量。

(五)按桩径大小分类

按桩径的大小可以分为三种。

1. 小直径桩

(d≤250mm)。

2. 普通桩

(250mm<d<800mm)。

3. 大直径桩

(d≥800mm)。

另外按照材料桩还可以分为:木桩、钢桩、混凝土桩和钢筋混凝土桩。

三、桩的质量检测

(一)检测目的

为了确定单桩竖向承载力以作为桩基的设计依据,同时桩基础属于地下隐

[问一问]
进行桩的质量检测有什么目的?

蔽工程,由于施工的原因或遇到复杂的地基土层,很容易出现各种质量缺陷。尤其是灌注桩,常出现如:缩颈(桩身的局部直径小于设计要求的现象);吊脚桩(桩底部混凝土隔空或松软,没有落实到孔底地基土层上的现象);断桩(指桩身局部分离或断裂,更为严重的是一段桩没有混凝土)或泥浆过厚等多种形态的质量缺陷,影响桩身结构完整性和单桩承载力。因此除了进行严格的现场施工监督、详尽的现场记录外,还必须进行桩的质量检测,以保证桩基的质量,减少隐患。对于桩下单桩或大直径灌注桩工程,保证桩身质量就更为重要。

(二)检测方法

目前常用的检测方法及其检测内容如下:

1. 单桩竖向抗压静载试验

检测内容:主要确定单桩竖向承载力、测定桩侧摩阻力和桩端阻力。

2. 单桩竖向抗拔试验

检测内容:主要确定单桩竖向抗拔承载力及桩的抗拔摩阻力。

3. 单桩水平静载试验

检测内容:主要确定单桩水平临界和极限承载力、测定桩身弯曲。

4. 钻心法

检测内容:检测灌注桩的桩长、桩身混凝土强度、桩的沉渣厚度、判定或鉴别桩端岩土性状,判断桩身完整性类别。

5. 低应变法

检测内容:检测桩身缺陷位置,判定桩身完整性类别。

6. 高应变法

检测内容:判定单桩竖向抗压承载力是否满足设计要求、判定桩身完整性类别分析桩侧和桩端阻力。

7. 声波投射法

检测内容:检测灌注桩桩身缺陷及位置,判定桩身完整性类别。

(三)单桩竖向抗压静载试验

下面简要介绍用静载试验确定单桩容许承载力的方法:

静载试验法即在现场对一根沉入设计深度的桩在桩顶逐级施加轴向荷载,直至桩达到破坏状态为止,并在试验过程中测量每级荷载下的桩顶沉降,根据沉降与荷载及时间的关系,分析确定单桩轴向容许承载力。

静载试验可在现场作试桩或利用基础中已浇筑的基桩进行试验。试桩数目应不少于基桩总数的1%,且不应少于3根。当工程的总桩数≤50根时,不应少于2根。试桩的施工方法以及试桩材料和尺寸、入土深度均应与设计桩相同。

1. 试验装置

[问一问]
静载试验对试桩数目有何规定?

锚桩法试验装置是常用的一种加荷装置,主要设备由锚梁、横梁和液压千斤顶组成,如图9-11所示。锚桩可根据需要布设4～6根。锚桩的入土深度等于或大于试桩的入土深度。锚桩与试桩的间距应大于试桩桩径的3倍,以减小对试桩的影响。桩顶沉降常用百分表或位移计量测。观测装置的固定点(如基准桩)应与试、锚桩保持适当的距离。

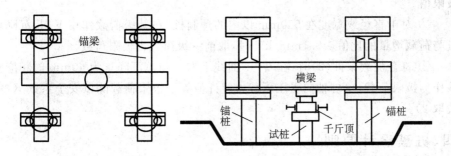

图 9-11　锚桩法试验装置

2. 测试方法

试桩加载应分级进行,每级荷载约为极限荷载预估值的 $1/10\sim1/15$;有时也采用递变加载方式,开始阶段每级荷载取极限荷载预估值的 $1/2.5\sim1/5$,终了阶段取 $1/10\sim1/15$。

测读沉降时间,在每级加荷后的第一个小时内,每隔 15min 测读一次,以后每隔 30min 测读一次,至沉降稳定为止。沉降稳定的标准通常规定为:对砂性土为 30min 内不超过 0.1mm;对粘性土为 1h 内不超过 0.1mm。待沉降稳定后,方可施加下一级荷载。循此加载观测,直至桩达到破坏状态,终止试验。

当出现下列情况之一时,一般认为桩已达破坏状态,所相应施加的荷载即为破坏荷载:

(1)桩的沉降量突然增大,总沉降量大于 40mm,且本级荷载下的沉降量为前一级荷载下沉降量的 5 倍以上(荷载—沉降曲线有明显陡降)。

(2)总位移量大于或等于 40mm,本级荷载加上 24h 后桩的沉降未趋稳定。对于大块碎石类、密实砂类土及硬粘性土,总沉降量值小于 40mm。但荷载已大于或等于设计荷载与设计规定的安全系数乘积时,可取终止加载。试验成果如图 9-12 所示。Q_u 为极限荷载;s 为沉降量。

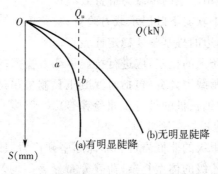

图 9-12　静载荷试验(荷载—沉降曲线)

(3)极限荷载和轴向容许承载力的确定。

依据荷载—沉降曲线,可根据以下几种方法确定单桩极限承载力:

① 有明显陡降特征时,取相对应于陡降段起点的荷载作为单桩竖向承载力极限值。

② 对于直径或宽度在 550mm 以内的预制桩,在某级荷载作用下,其沉降增量与荷载增量的比值≥0.1mm/kN 时,取前一级荷载为极限荷载。

③ 符合加载条件(2)时,在 $Q-s$ 曲线上取桩顶总沉降量为 40mm 时相应荷载作为极限荷载,单桩轴向受压承载力容许值等于极限荷载除以安全系数 K(一般取 2)。

四、桩基设计原则

根据《建筑桩基技术规范》(JGJ 94－2008)规定,按照建筑规模、功能特征、对差异变形的适应性、场地地基和建筑物体形的复杂性和建筑物因桩基损坏所造成的后果的严重性(危及人的生命、造成经济损失、产生社会影响等),将建筑桩基分为三个设计等级(表 9－2),并要求进行如下计算和验算。

表 9－2　建筑桩基安全等级

设计等级	建筑类型
甲级	(1)重要的建筑; (2)30 层以上或高度超过 100m 的高层建筑; (3)体型复杂且层数相差超过 10 层的(含纯地下室)连体建筑; (4)20 层以上框架—核心筒结构及其他对差异沉降有特殊要求的建筑; (5)场地和地基条件复杂的 7 层以上的一般建筑及坡地、岸边建筑; 对相邻既有工程影响较大的建筑。
乙级	除甲级、丙级以外的建筑。
丙级	场地和地基条件简单、荷载分布均匀的 7 层及 7 层以下的一般建筑。

1. 所有桩基均应进行承载能力极限状态计算,内容包括:

(1)桩基的竖向(抗压或抗拔)承载力和水平承载力计算,某些条件下尚应考虑桩、土、承台相互作用产生的承载力群桩效应;

(2)桩端平面以下软弱下卧层承载力验算;

(3)位于坡地、岸边的桩基整体稳定性验算;

(4)对于抗震设防区的桩基,应进行抗震承载力验算;

[问一问]
桩基的设计原则主要有哪些?

(5)承台及桩身承载力计算(包括对混凝土预制桩吊运和锤击时的强度验算及软土或可液化土中细长桩的桩身压屈验算等)。

2. 以下桩基尚应进行沉降验算:

(1)设计等级为甲级的非嵌岩桩和非深厚坚硬持力层的建筑桩基;

(2)设计等级为乙级的体型复杂,荷载分布显著不均匀或柱端平面以下存在软弱土层的建筑桩基;

(3)软土地基多层建筑减沉符合疏桩基础。

3. 对不允许出现裂缝或需限制裂缝宽度的混凝土桩身和承台还应进行抗裂

或裂缝宽度验算;

4. 对受水平荷载较大,或对水平位移有严格限制的建筑桩基,应计算其水平位移。

五、单桩的破坏模式

单桩在轴向荷载作用下,其破坏模式主要取决于桩的类型、材料、截面尺寸及桩长;桩周土的抗剪强度及桩端支承情况等条件。图9-13给出了轴向荷载下可能的单桩破坏模式简图。

1. 压屈破坏

当桩底支承在坚硬的土层或岩层上,桩周土层极为软弱,桩身无约束或侧向抵抗力。桩在轴向荷载作用下,如同一细长压杆出现纵向压屈破坏,荷载—沉降($Q-s$)关系曲线为"急剧破坏"的陡降型,其沉降量很小,具有明确的破坏荷载,如图9-13(a)所示。桩的承载力取决于桩身的材料强度,穿越深厚淤泥质土层中的小直径端承桩或嵌岩桩,细长的木桩等多属于此种破坏。

2. 整体剪切破坏

[想一想]
单桩在竖向荷载作用下,在什么情况下会发生压屈破坏?

当具有足够强度的桩穿过抗剪强度较低的土层,达到抗剪强度较高的土层,且桩的长度不大时,桩在轴向荷载作用下,由于桩底上部土层不能阻止滑动土楔的形成,桩底土体形成滑动面而出现整体剪切破坏。因为桩底的端较高强土层将出现大的沉降,桩侧摩阻力难以充分发挥。

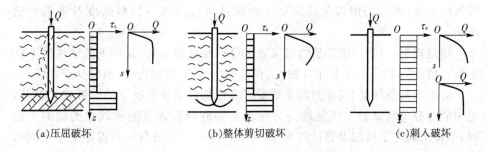

(a)压屈破坏   (b)整体剪切破坏   (c)刺入破坏

图9-13   轴向荷载下桩基的破坏模式

主要荷载由桩端阻力承受,$Q-s$曲线也为陡降型,呈现明确的破坏荷载,如图9-13(b)所示。桩的承载力主要取决于桩端土的支承力。一般打入式短桩、钻扩短桩等的破坏均属于此种破坏。

3. 刺入破坏

当桩的入土深度较大或桩周土层抗剪强度较均匀时,桩在轴向荷载作用下将出现刺入破坏,如图9-13(c)所示。此时桩顶荷载主要由桩侧摩阻力承担,桩端阻力极微,桩的沉降量较大。一般当桩周土质较软弱时,$Q-s$曲线为"渐进破坏"的缓变型(图9-12(b)),无明显拐点,极限荷载难以判断,桩的承载力要由上部结构所能承受的极限沉降确定;当桩周土的抗剪强度较高时,$Q-s$曲线可能为陡降型,有明显拐点,桩的承载力主要取决于桩周土的强度,一般情况下的钻孔灌注桩多属于此种情况。

六、单桩竖向承载力的确定

单桩在竖向荷载作用下到达破坏状态前或出现不适于继续承载的变形时所对应的最大荷载,称单桩竖向极限承载力。在设计时,不应使桩在极限状态下工作,必须有一定的安全储备。下面介绍几种确定单桩竖向承载力的常用方法:

1. 按材料强度计算单桩竖向承载力

按材料强度计算单桩竖向承载力是将桩视为一轴向受压构件,混凝土桩单桩竖向承载力设计值公式则为:

$$R = \frac{\varphi}{K}(f_c A_c + f_c' A_s') \tag{9-1}$$

式中:R——单桩竖向承载力设计值;

φ——混凝轴心受压构件的稳定系数;

f_c——混凝土轴心抗压强度设计值;

f_c'——纵向受力钢筋的抗压强度设计值;

A_c——桩身横截面面积;

A_s'——纵向受力钢筋的截面面积;

K——安全系数,预制桩,$K=1.55$;灌注桩和爆破桩,K 值适当增加。

2. 按静荷载试验确定单桩竖向承载力

静载试验是在施工现场进行的,静载荷试验是评价单桩承载力最为直观和可靠的方法,考虑的因素包括地基土的承载力以及桩身材料强度对承载力的影响。

规范规定,对于一级建筑物必须通过静荷载试验,同一条件下的试桩数不宜少于总桩数的 1%,并不少于 3 根;工程桩总数在 50 根以内时,不应少于 2 根。

对于地基条件复杂、桩的施工质量可靠性低等某些情况下的二级建筑桩基,也须通过静荷载试验。当桩端持力层为密实砂卵石或其他承载力类似的土层时,单桩承载力很高的大直径端承桩,可采用深层平板荷载试验确定桩端土的承载力。

[问一问]
如何按静载荷试验确定单桩承载力标准值?

对于预制桩,由于打桩时土中产生的孔隙水压力有待消散,土体因打桩扰动而降低的强度随时间逐渐恢复,因此,为了使试验能真实反映桩的承载力,要求在桩身强度满足设计要求的前提下,砂类土间歇时间不少于 10d;粉土和粘性土不少于 15d;饱和粘性土不少于 25d。测出 n 根试桩极限承载力后,可通过统计试桩数取试验平均值的方法,确定单桩竖向极限承载力的标准值。并要求极差不得大于平均值的 30%,取其平均值的一半为单桩承载力标准值。其计算公式为:

$$R_k = \frac{1}{2n}\sum_{i=1}^{n} R_{u_i} \tag{9-2}$$

式中:R_k——单桩承载力标准值;

n——试桩数量;

R_{ui}——第 i 根桩的单桩竖向极限承载力。

3. 根据经验参数确定单桩竖向承载力

地基土对桩承载力的影响主要体现在桩侧摩阻力和桩端阻力两方面,根据经验参数确定单桩竖向承载力可按下列公式计算:

$$R_k = q_{pk}A_p + u \sum q_{sik}l_i \qquad (9-3)$$

式中:R_k——单桩承载力标准值;

q_{pk}——极限端阻力标准值(kPa),可按地区经验确定;

A_p——桩端面积(mm);

u——桩身周长(m);

q_{sik}——桩侧第 i 层土的极限侧阻力标准值(kPa),可按地区经验确定(kPa);

l_i——桩穿越第 i 层土的厚度(m)。

【实践训练】

课目一:按静荷载试验确定单桩竖向承载力

(一)背景资料

某工程为混凝土灌注桩在建筑场地现场已进行的 3 根桩的静载荷试验(377 的振动沉管灌注桩),根据报告提供 $Q-S$ 曲线确定桩的极限承载力标准值分别为 598kN、603kN、625kN。

(二)问题

确定单桩竖向极限承载力标准值 R_k。

(三)分析与解答

由静载荷试验得出单桩的竖向极限承载力,三次试验的平均值为:

$Q_{um} = (598+603+625)/3 = 608kN$

极差 $= 625-598 = 27 < 625 \times 30\% = 187.5kN$

则有:$Q_{uk} = Q_{um} = 608kN$

该桩的单桩竖向承载力标准值为:$R_k = 608/2 = 304kN$

课目二:根据经验参数确定单桩竖向承载力

(一)背景资料

某建筑场地,根据工程地质勘察,有关土的物理力学性质指标如图 9-14 所示,拟建建筑物为 7 层写字楼,确定基础形式为混凝土灌注桩,桩管采用 $\phi377$。选择粘土层作为持力层,桩尖进入持力层厚度不小于 1m,桩长 12m。

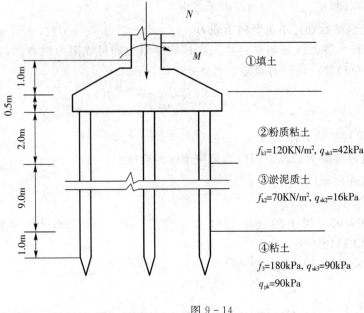

図 9 - 14

(二)问题

确定基桩的单桩竖向承载力。

(三)分析与解答

本例可以利用经验参数确定单桩竖向承载力的公式计算,计算过程如下:

已知:

桩端面积:$A_p = \dfrac{314 \times 0.377^2}{4} = 0.111 \text{m}^2$

桩身周长:$u = 3.14 \times 0.377 = 1.18 \text{m}$

由公式(9-3):$Q_{uk} = Q_{sk} + Q_{pk} = u \sum q_{sik} l_i + q_{pk} A_p$

可得该基桩的单桩竖向承载力为:

$Q_{uk} = [1.18 \times (2 \times 42 + 9 \times 16 + 1 \times 90) + 0.111 \times 2700]$

$= (375.24 + 299.7) = 674.9 \text{kN}$

七、群桩效应

[问一问]

群桩效应有什么表现?

群桩是指由若干根桩组成的桩群,通常桩基础的形式都属于群桩。对于端承桩其承载力主要有端阻力承担,各桩之间不发生应力叠加,所以可以认为端承桩群桩承载力等于各单桩承载力之和;而摩擦桩的单桩摩擦力沿深度扩散,在桩尖处就会形成很大的应力叠加现象如图 9-15(b)所示,由此造成群桩的沉降量大于单桩的理论沉降量,同时单桩的承载力也有所降低,这种现象被称为群桩效应。通过对群桩工作特点的分析可以得出以下结论:对于端承桩和桩中心距大于六倍桩径的摩擦桩群桩,群桩的竖向承载力等于各单桩承载力之和,沉降量也与独立单桩基本一致;而对于桩的中心距在六倍桩径以内的摩擦群桩,除了验算单桩的承载力外,还须验算群桩的承载力和沉降。

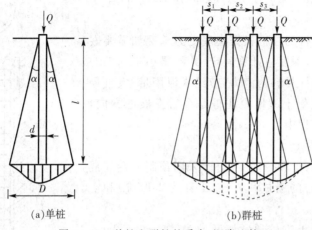

(a)单桩   (b)群桩

图 9-15 单桩和群桩的受力、沉降比较

在确定桩基竖向承载力设计值时,需考虑群桩效应的分项效应系数:

1. 群桩效应系数

$$\zeta = \text{群桩承载力}/n \times \text{单桩承载力}$$

群桩效应系数是在考虑群桩和单桩沉降相同的条件下,群桩承载力的变化,一般小于 1。

2. 沉降比

$$\eta = \text{群桩沉降量}/\text{单桩沉降量}$$

沉降比是反映单桩和群桩沉降差异的系数,一般均大于 1。

八、桩基础设计

(一)桩基础的构造

1. 桩身的构造

(1)灌注钢筋混凝土桩的构造

钻(挖)孔桩是采用就地灌注的钢筋混凝土的桩,桩身常为实心断面,混凝土强度等级不低于 C25,钻孔桩设计直径一般为 0.8~3.2m,挖孔桩的直径或最小边宽度不宜小于 1.2m。

桩内钢筋应按照内力和抗裂性的要求布设,长摩擦桩应该根据桩身弯矩分布情况分段配筋,短摩擦桩可按桩身最大弯矩通长均匀配筋,当按内力计算桩身不需要配筋时,应在桩顶 3~5m 内设置构造钢筋。为了保证钢筋骨架有一定的刚性,便于吊装及保证主筋受力后的纵向稳定,主筋不宜过细过少(直径不宜小于 16mm),每根桩不宜少于 8 根,主筋净距不宜小于 80mm 且不大于 350mm;配筋较多时,可成束布置。

[做一做]

总结灌注桩的构造要点。

主筋若需焊接,焊接长度应符合规定:双面缝大于 $5d$(d 为钢筋直径),单面缝大于 $10d$。箍筋应适当加强。箍筋直径一般不小于 8mm,且不小于主筋直径的 1/4,中距为 20~40cm。对于直径较大的桩或较长的钢筋骨架,可在钢筋骨架上每隔 2.0～2.5m 设置一道加劲箍筋，直径为 16～22mm，如图 9-16 所示。保护层厚度不宜小于 60mm。

钻（挖）孔桩的柱桩根据桩底受力情况如需要嵌入岩层时，嵌入深度应计算确定，并不得小于 0.5m。为了进一步发挥材料的潜力，节约水泥用量，大直径的空心钢筋混凝土就地灌注桩是今后发展的方向，目前在一些工程中已被采用。

(2)钢筋混凝土预制桩

沉桩（打入桩和振动下沉桩）采用预制的钢筋混凝土桩，有实心的圆桩和方桩（少数为矩形桩）和空心的管桩。

钢筋混凝土方桩通常横断面为（20cm×20cm）～（50cm×50cm），桩身混凝土强度等级不低于 C25。桩身配筋应考虑制造、运输、施工和使用各阶段的受力要求配筋。主筋直径一般为 12～25mm，主筋净距不小于 5cm；箍筋直径为 6～8mm，其间距

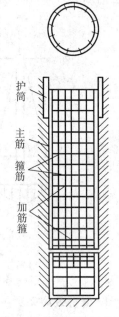

图 9-16　灌注桩钢筋笼

一般不大于 40cm。桩的两端和接桩区箍筋的间距须加密，其值可取 40～50mm。为了便于吊运，应在桩顶预设吊耳，一般由直径为 20～25mm 的圆钢制成。

钢筋混凝土预制桩的分节长度应根据施工条件决定，并应尽量减少接头数量。接头强度不应低于桩身强度，接头法兰盘不应突出于桩身之外，在沉桩时和使用过程接头不应松动和开裂。预制桩的构造见图 9-17 及图 9-18 所示。

[做一做]
　列表总结钢筋混凝土预制桩的构造要点。

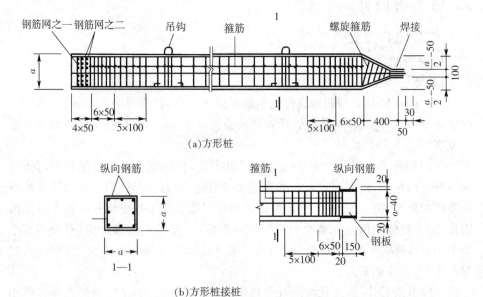

(a)方形桩

1—1

(b)方形桩接桩

图 9-17　方形桩配筋示例

土力学与地基基础(第2版)

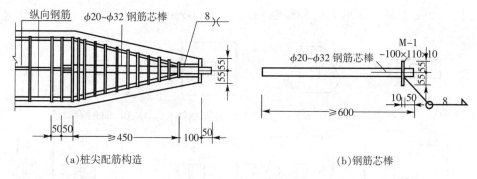

(a)桩尖配筋构造   (b)钢筋芯棒

图 9-18 桩尖构造示例

2. 桩的布置和间距

桩基础的布置应根据受力大小和施工条件决定。桩基排列时,应尽量使桩顶的荷载均匀,注意使桩基承载力合力点与竖向永久荷载合力作用点重合,并使受水平力和弯矩较大方向有较大的抵抗矩。条形基础下的桩,常用单排式,如图9-19(a)、(b),行列式如图9-19(c)或梅花式如图9-19(d)。如果考虑施工方便,宜采用行列式布置;若承台板的平面面积不大,而需要排列的桩数较多,按行列式布置不下时,可考虑梅花式布置。桩在平面内可布置成方形(或矩形)、三角形等形式,如图9-20所示。

[想一想]

桩的布置和间距应考虑哪些因素?

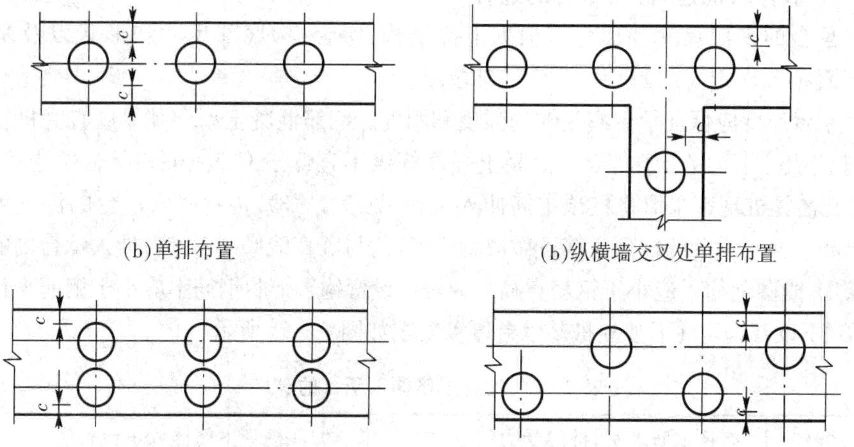

(b)单排布置   (b)纵横墙交叉处单排布置

(c)行列式   (d)梅花式

图 9-19 墙下条形基础桩的布置

考虑桩与桩侧土的共同工作条件和施工的需要,锤击、静压沉桩,在桩端处的中心距不应小于桩径(或边长)的 3 倍,在软土地区还需适当增加。振动法沉入砂土内的桩,在桩尖处的中心距不小于桩径的 4 倍;桩在承台底面处的中距不小于桩径的 1.5 倍;钻(挖)孔桩的摩擦桩中心距不得小于桩径的 2.5 倍;支撑或嵌固在岩层上的柱桩不应小于桩径的 2.0 倍。

为了避免承台边缘距桩身过近而发生破裂,边桩外侧到承台边缘的距离,对桩径小于或等于 1.0m 的桩不应小于桩径的 0.5 倍且不小于 250mm;对于桩径大于 1.0m 的桩不应小于 0.3 倍桩径并不小于 500mm。

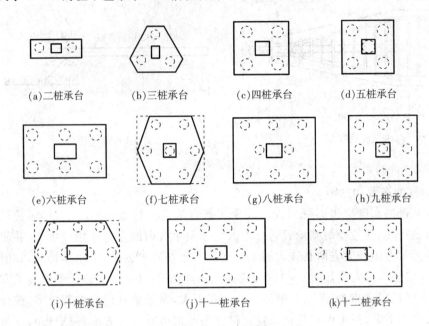

图 9 - 20   独立柱下桩的平面布置

3. 承台的构造, 桩与承台的连接

承台的平面尺寸和形状应根据上部结构(墩台身)底部尺寸和形状以及基桩的平面布置而定,一般采用矩形和圆端形。

承台厚度应保证承台有足够的强度和刚度。钢筋混凝土承台其厚度宜为桩径的 1.0 倍以上,且不宜小于 1.5m,混凝土强度等级不宜低于 C25。桩和承台的连接,钻(挖)孔灌注桩现都采取将桩顶主筋伸入承台(见表 9 - 3),桩身嵌入承台的深度可取 100mm。伸入承台的桩顶主筋可做成喇叭形,约与竖直线倾斜 15 度;伸入承台内的主筋长度,光圆钢筋不应小于钢筋直径的 30 倍(设弯钩),带肋钢筋不应小于钢筋直径的 35 倍(不设弯钩),柱下独立桩基承台厚度要求如图 9 - 21 所示。

表 9 - 3   桩身主筋伸入承台的长度

序号	桩身主筋级别、桩的受力特点、桩型	桩身主筋伸入承台长度
1	Ⅰ 级钢筋	不宜 < 30d
2	Ⅱ 级钢筋	不宜 < 35d
3	抗拔桩基	40d
4	一柱一大径桩	柱子纵筋插入桩身 ≥ 锚固长度

[问一问]
    桩与承台连接有何要求?

桩顶直接埋入承台的长度,对于普通钢筋混凝土桩及预应力混凝土桩,当桩径(或边长)小于 0.6m 时,不应小于桩径的 2 倍(或边长);当桩径(或边长)在 0.6~1.2m 时,不应小于 1.2m;当桩径大于 1.2m 时,埋入长度不应小于桩径,管桩与承台的连接如图 9 - 22 所示。

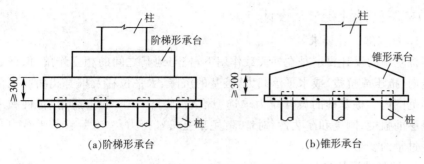

(a)阶梯形承台　　　　　　　　　(b)锥形承台

图 9-21　柱下独立桩基承台厚度要求

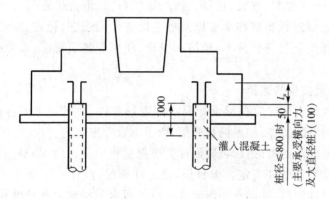

图 9-22　管桩与承台连接

　　当桩顶直接伸入承台连接时,应在每根桩的顶面上设 1~2 层钢筋网。当桩顶主筋伸入承台时,承台在桩顶混凝土顶端平面内须设一层钢筋网,纵桥向和横桥向每 1m 宽度内可采用截面积为 1200~1500mm² 的,直径为 12~16mm 钢筋。钢筋网在越过桩顶钢筋处不应截断,并应与桩顶主筋连接。钢筋网也可根据基桩和墩台的布置,按带状布设。低桩承台有时也可不设钢筋网。承台的顶面和侧面应设置表层钢筋网,每个面在两个方向的截面面积不宜小于 400mm²,钢筋间距不应大于 400mm,单桩承台配筋如图 9-23 所示。

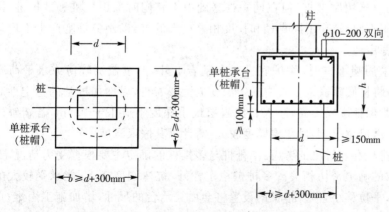

图 9-23　单桩承台配筋示例

(二)桩基础设计要求及设计步骤

1. 桩基础设计要求

桩基础的设计要求是在外荷载作用下,桩与地基之间的相互作用,保证足够的竖向(抗压或抗拔)或水平承载力,桩基的沉降、水平位移及桩身挠曲在规范允许的范围内。桩基础的设计应力求选型恰当、经济合理、安全适用,对桩和承台有足够的强度、刚度和耐久性;对地基(主要是桩端持力层)有足够的承载力和不产生过量的变形。

2. 桩基础设计步骤

桩基础的设计方法与步骤一般先根据收集的必要设计资料,拟定出设计方案(包括选择桩基类型、桩长、桩径、桩数、桩的布置、承台位置与尺寸、绘制桩基施工图等),然后进行基桩和承台以及桩基础整体的强度、稳定、变形检验,经过计算、比较、修改直至符合技术、经济和安全、使用等各项要求,最后确定较佳的设计方案。

(1)桩基础类型的选择

选择桩基础类型时应根据设计要求和现场条件,同时要考虑各种类型桩和桩基础具有的不同特点,注意扬长避短,给予综合考虑选定。

承台底面标高的考虑:承台底面标高应根据桩的受力情况,桩的刚度、地形、地质、水流、施工等条件确定。承台低,稳定性则好,但在水中施工难度较大,因此可用于季节性河流,冲刷小的河流或岸滩上墩台及旱地上其他结构物的基础。当承台埋于冻胀土层中时,为了避免由于土的冻胀引起桩基础的损坏,承台底面应位于冻结线以下不少于 0.25m。对于常年有流水、冲刷较深,或水位较高,施工排水困难,在受力条件允许时,应尽可能采用高桩承台。承台如在水中、在有流冰的河道时,承台底面应位于最低冰层底面以下不少于 0.25m;在有其他漂流物或通航的河道时,承台底面也应适当放低,以保证基桩不会直接受到撞击。

端承桩和摩擦桩的考虑:端承桩与摩擦桩的选择主要根据地质和受力情况确定。端承桩基础承载力大,沉降量小,较为安全可靠,因此当基岩埋深较浅时应考虑采用端承桩。若适宜的岩层埋置较深或受到施工条件的限制不宜采用柱桩时,则可采用摩擦桩,但在同一桩基础中不宜同时采用柱桩和摩擦桩,同时也不宜采用不同材料、不同直径和长度相差过大的桩,以避免桩基产生不均匀沉降或丧失稳定性。

当采用端承桩时,除桩底支承在基岩上外,如覆盖层较薄或水平荷载较大时,还需将桩底端嵌入基岩中一定深度成为嵌岩桩,以增加桩基的稳定性和承载能力。为保证嵌固牢靠,嵌入新鲜岩层最小深度不应小于 0.5m,若新鲜岩层埋藏较深,微风化层、弱风化层厚度较大,需计算其嵌入深度。

单排桩和多排桩的考虑:单排桩与多排桩的确定主要根据受力情况,并与桩长、桩数的确定密切相关。多排桩稳定性好,抗弯刚度较大,能承受较大的水平荷载,水平位移小,但多排桩的设置将会增大承台的尺寸,增加施工困难;单排桩与此相反,能较好地与柱式墩台结构形式配用,减小作用在桩基的竖向荷载。因此,单桩承载力较大,需用桩数不多时常采用单排排架式基础。公路桥梁自采用了具有较大刚度的钻孔灌注桩后,选用盖梁式承台双柱或多柱式单排墩台桩柱基础也较广泛,对较高的桥台、拱桥桥台、制动墩和单向水平推力墩基础则常需用多排桩。

在桩基受有较大水平力作用时,无论是单排桩还是多排桩,若能选用斜桩或竖直桩配合斜桩的形式则将明显增加桩基抗水平力的能力和稳定性。

施工方式的选择:设计时将桩基施工方式拟定为打入桩、振动下沉桩、钻(挖)孔灌注桩、管柱基础等。桩型的选择应根据地质情况、上部结构要求和施工技术设备条件等确定。

(2)桩径、桩长的拟定和单桩容许承载力的确定

桩径拟定:当桩基类型选定后,桩的横截面可根据各类桩的特点与常用尺寸,并考虑工程地质情况和施工条件选择确定。如钻孔桩,则以钻头直径作为设计直径,钻头直径常用规格为 0.8m、1.0m、1.25m 和 1.5m 等。

桩长拟定:桩长确定的关键在于选择桩底持力层。设计时可先根据地质条件选择适宜的桩底持力层初步确定桩长,并应考虑施工的可能性(如打桩设备能力或钻进的最大深度等)。一般总希望把桩底置于岩层或坚实的土层上,以得到较大的承载力和较小的沉降量。如在施工条件容许的深度内没有坚实土层的存在,应尽可能选择压缩性较低、强度较高的土层作为持力层,要避免把桩底坐落在软土层上或离软弱下卧层的距离太近,以免桩基础发生过大的沉降。

对于摩擦桩,有时桩底持力层可能有多种选择,此时确定桩长与桩数两者相互牵连,遇此情况,可通过试算比较,选用较合理的桩长。摩擦桩的桩长不应太短,因为桩长过短则达不到设置的桩基能把荷载传递到深层或减小基础下沉量的目的,且必然增加桩数、扩大承台尺寸,最终影响施工的进度。此外,为保证发挥摩擦桩桩底土层支承力,桩底端部应插入桩底持力层一定深度(插入深度与持力层土质、厚度及桩径等因素有关)一般不宜小于 1m。

[问一问]
如何拟定桩径及桩长?

单桩轴向受压承载力容许值的确定:桩径、桩长确定后,应根据地质资料确定单桩容许承载力,进而估算桩数和进行桩基验算。通常工程的初步设计阶段单桩轴向受压承载力容许值可按经验(规范)公式计算;而对于重要建筑或复杂地基条件还应通过静载试验或其他方法,并作详细分析比较,较准确合理地确定。

(3)确定基桩的根数及其在平面的布置

桩的根数估算:基础所需桩的根数可根据承台底面上的竖向荷载和单桩容许承载力估算。估算的桩数是否合适,应待验算各桩的受力状况后确定。

① 承受竖向中心荷载的桩基,其桩数 n 为:

$$n \geqslant \frac{F_k + G_k}{R_a} \qquad (9-4)$$

式中:F_k——作用在承台上的竖向荷载标准值;

G_k——承台及上覆土重量;

R_a——单桩竖向承载力容许值。

② 当桩基承受竖向偏心荷载时,其桩数为:

$$n \geqslant \frac{F_k + G_k}{R_a} \qquad (其中\ \mu = 1.1 \sim 1.2) \qquad (9-5)$$

确定桩的平面布置:桩数确定后,可根据桩基受力情况选用单排桩桩基或多排桩桩基。桩的排列形式考虑到:一般墩(台)基础,多以纵向荷载控制设计,控制方向上桩的布置应尽可能使各桩受力相近,且考虑施工的可能和方便。相邻桩的间距不宜过大,间距大,承台平面尺寸和重量相应增大;间距小,摩擦桩桩尖处应力重叠现象严重,会加大基础的沉降。

(4)桩基础设计方案检验

根据上述原则所拟订的桩基础设计方案应进行检验,即对桩基础的强度、变形和稳定性进行必要的验算,以验证所拟订的方案是否合理,是否需要修改,能否优选成为较佳的设计。

单桩受力桩基验算:

在竖向轴力作用下

[问一问]

什么是桩基础设计方案检验?

$$Q_k \geqslant \frac{F_K + G_K}{n} \leqslant R_a \qquad (9-6)$$

在竖向偏心力作用下

$$Q_{ik\,max} = \frac{F_k + G_k}{n} + \frac{M_{xk} + y_{max}}{\sum y_i^2} + \frac{M_{yk}\,x_{max}}{\sum x_i^2} \qquad (9-7)$$

其中:$Q_{ik\,max} \leqslant 1.2R_a$

式中:$Q_{ik\,max}$——群桩中单桩最大受力;

M_{xk}、M_{yk}——垂直于 X 轴方向和 Y 轴方向弯矩标准值;

x_i、y_i——桩 i 至通过桩群重心的 X 轴和 Y 轴的距离;

x_{max}、y_{max}——自桩基主轴到最远桩的距离;

R_a——单桩轴向承载力设计值。

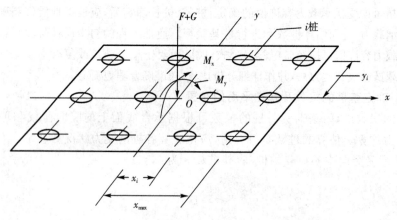

图 9-24　桩基中单桩受力计算简图

(5)承台的设计与计算

承台的作用是将各个单桩与上部结构连接成整体,所以必然会承受冲切、剪切及弯曲作用。因此必须保证承台具有足够的强度和刚度,并满足必要的构造要求。

① 构造要求

柱下单独桩基和整片的桩基,宜采用现浇式承台。承台的宽度应不小于500mm,厚度应不小于300mm,桩边缘至承台边缘的距离应不小于75mm。承台的配筋可按结构计算确定,三桩承台应按等于桩径的板梁宽度确定配置量,并按三向板带均匀布置;对于矩形承台宜按双向均匀布置。如图9-25所示。

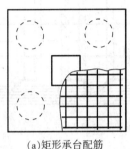

(a)矩形承台配筋　　　　　(b)三桩承台配筋

图9-25　承台配筋示意图

② 承台内力计算

承台内力通常可按简化方法计算,并按现行《钢筋混凝土结构设计规范》进行受弯、受剪、冲切机局部承压的强度计算。

承台两个方向的正截面弯矩表达式为:

$$M_x = \sum N_i y_i, \quad M_y = \sum N_i x_i \qquad (9-9)$$

式中:M_x、M_y——垂直于 X 轴方向和 Y 轴方向弯矩设计值,如图9-24所示。

x、y——垂直于 X 轴方向和 Y 轴方向自桩轴线到相应计算截面的距离。

(6)绘制桩基施工图

桩基施工图的绘制方法与其他施工图大致相同。一般是按平面图、立面图、剖面图、详图这个顺序进行的。

第二节　其他深基础简介

深基础的种类很多,除桩基础外,墩基、沉井、沉箱和地下连续墙等都属于深基础。深基础的主要特点是需采用特殊的施工方法,解决基坑开挖、排水等问题,减小对邻近建筑物的影响。

一、沉井基础

沉井通常是用钢筋混凝土或砖石、混凝土等材料制成的井筒状结构物,一般分数节制作。施工时,先在场地上平整地面,一铺设砂垫层,设支承枕木,制作第一节沉井。然后在井筒内挖土(或水力吸泥),使沉井失去支承下沉,边挖边排水

[问一问]
深基础的主要特点是什么?

边下沉,再逐节接长井筒。当井筒下沉达设计标高后,用素混凝土封底。最后浇筑钢筋混凝土底板,构成地下结构物,或在井筒内用素混凝土或砂砾石填充,构成深基础。沉井施工顺序如图 9-26 所示。

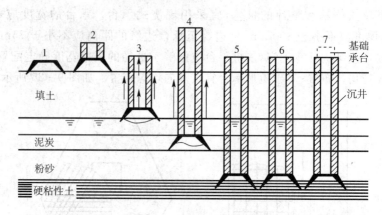

图 9-26　沉井施工顺序示意图

　　沉井主要由井壁、刃脚、隔墙、凹槽、封底和盖板等部分组成。井壁是沉井的主要部分,施工完毕后也是建筑物的基础部分。沉井在下沉过程中,井壁需挡土、挡水,承受各种最不利荷载组合产生的内力,因此应有足够的强度;同时井壁还要有足够的厚度和重量(一般壁厚 0.5~1.8m),以便在自重作用下克服侧壁摩擦阻力下沉至设计标高。刃脚位于井壁的最下端,其作用是使沉井易于切土下沉,并防止土层中的障碍物损坏井壁。刃脚应有足够的强度,以免挠曲或破坏,靠刃脚处应设置约 0.15~0.25m 深 1.0m 高的凹槽,使封底混凝土嵌入井壁形成整体结构。必要时,井筒内可设置隔墙以减少外壁的净跨距,加强沉井的刚度,同时把沉井分成若干个取土小间,以便于施工时掌握挖土的位置以控制沉降和纠偏。当沉井下沉到设计标高后,在井底用混凝土封底,以防止地下水渗入井内。封底混凝土强度等级一般不低于 C15。当井孔内不填料或填以砂砾等时,还应在井顶浇筑钢筋混凝土盖板。

[想一想]
　　在什么情况下使用沉井基础?

　　沉井的横截面形状,根据使用要求可做成方形、矩形、圆形、椭圆形等多种。井筒内的井孔有单孔、单排多孔及多孔等。当沉井下沉很困难时,其立面也可做成台阶形。

　　沉井的优点是占地面积小,井筒在施工过程中可做支承围护,不需另外的挡土结构,技术上操作简便,不需放坡,挖土量少,节约投资,施工稳妥可靠。通常适用于地基深层土承载力大,而上部土层比较松软,易于开挖的地层;或由于建筑物的使用要求,基础埋深很大;或因施工原因,例如在已有浅基础邻近修建深埋较大的设备基础时,为了避免基坑开挖对已有基础的影响,也可采用沉井法施工。

　　沉井在下沉过程中常会发生各种问题:如遇到大块石、残留基础或大树根等障碍物下沉;穿过地下水位以下的细、粉砂层时,大量砂土涌入井内,使沉井倾斜等。这些都会对施工造成很大的困难,甚至无法进行。因此,对于准备用沉井法施工的场地,必须事先做好地基勘探工作,并对可能发生的问题事先加以预防。

当问题发生时,要及时采取措施进行处理。

二、地下连续墙

地下连续墙是 20 世纪 50 年代由意大利米兰 ICOS 公司首先开发成功的一种新的支护形式。它是在泥浆护壁条件下,使用专门的成槽机械,在地面开挖一条狭长的深槽,然后在槽内设置钢筋笼,浇筑混凝土,逐步形成一道连续的地下钢筋混凝土连续墙,用以作为基坑开挖时防渗、挡土和对邻近建筑物基础的支护以及直接成为承受上部结构荷载的基础的一部分。

地下连续墙的优点是土方量小、施工期短、成本低,可在沉井作业、板桩支护等方法难以实施的环境中进行无噪声、无振动施工,并穿过各种土层进入基岩,无须采取降低地下水的措施。因此可在密集建筑群中施工,尤其是用于二层以上地下室的建筑物,可配合"逆筑法"施工(从地面逐层而下修筑建筑物地下部分的一种施工技术),而更显出其独特的作用。目前,地下连续墙已发展有后张预应力、预制装配和现浇预制等多种形式,其使用日益广泛,目前在泵房、桥台、地下室、箱基、地下车库、地铁车站、码头、高架道路基础、水处理设施,甚至深埋的下水道等,都有成功应用的实例。

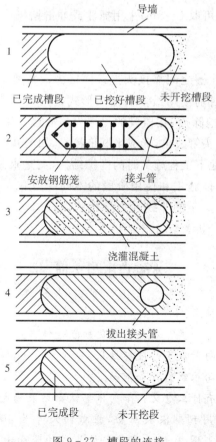

图 9-27　槽段的连接

地下连续墙的成墙深度由使用要求决定,大都在 50m 以内,墙宽与墙体的深度以及受力情况有关,目前常用 600mm 和 800mm 两种,特殊情况也有 400mm 和 1200mm 的薄型以及厚型地下连续墙。地下连续墙的施工工序如下:

[问一问]

什么是地下连续墙? 工程上有哪些应用?

1. 修筑导墙

沿设计轴线两侧开挖导沟,修筑钢筋混凝土(钢、木)导墙,以供成槽机械钻进导向、维护表土和保持泥浆稳定液面。导墙内壁之间的净空应比地下连续墙设计厚度加宽 40~60mm,埋深一般为 1~2m,墙厚 0.1~0.2m。

2. 制备泥浆

泥浆以膨润土或细粒土在现场加水搅拌制成,用以平衡侧向地下水压力和土压力,保护槽壁不致坍塌,并起到携渣、防渗的作用。泥浆液面应保持高出地下水位 0.5~1.0m,比重($1.05~1.10g/cm^3$)应大于地下水的比重。其浓度、粘度、pH 值、含水量、泥皮厚度以及胶体率等多项指标应严格控制并随时测定、调整,以保证其稳定性

3. 成槽

成槽是地下连续墙施工中最主要的工序,对于不同土质条件和槽壁深度应采用不同的成槽机具开挖槽段。例如大卵石或孤石等复杂地层可用冲击钻;切削一般土层,特别是软弱土,常用导板抓斗、铲斗或回转钻头抓铲。采用多头钻机开槽,每段槽孔长度可取 6~8m;采用抓斗或冲击钻机成槽,每段长度可更大。墙体深度可达几十米。

4. 槽段的连接

地下连续墙各单元槽之间靠接头连接。接头通常要满足受力和防渗要求,且需施工简单。国内目前使用最多的接头形式是用接头管连接的非刚性接头。在单元槽段内土体被挖除后,在槽段的一端先吊放接头管,再吊入钢筋笼,浇筑混凝土,然后逐渐将接头管拔出,形成半圆形接头,如图 9-24 所示。

地下连续墙既是地下工程施工时的围护结构,又是永久性建筑的地下部分。因此,设计时应针对墙体施工和使用阶段的不同受力和支承条件下的内力进行简化计算;或采用能考虑土的非线性力学性状以及墙与土的相互作用的计算模型以有限单元法进行分析。

本章思考与实训

1. 试简述桩基的特点。

2. 如何将桩基进行分类? 各类桩的优缺点是什么?

3. 简述单桩在竖向荷载下的破坏性状。

4. 什么是单桩竖向承载力? 如何确定?

5. 桩的静载试验有什么意义? 如何根据试验结果确定单桩竖向承载力?

6. 某工程桩基采用预制混凝土桩,桩截面尺寸为 400mm×400mm,桩长 18m,各土层分布情况见图 9-28,试确定该基桩的竖向承载力标准值和基桩的

竖向承载力设计值 R。

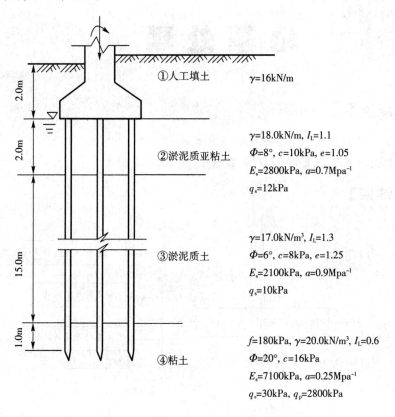

① 人工填土　　$\gamma=16\text{kN/m}$

② 淤泥质亚粘土　　$\gamma=18.0\text{kN/m},\ I_L=1.1$
$\Phi=8°,\ c=10\text{kPa},\ e=1.05$
$E_s=2800\text{kPa},\ a=0.7\text{Mpa}^{-1}$
$q_s=12\text{kPa}$

③ 淤泥质土　　$\gamma=17.0\text{kN/m}^3,\ I_L=1.3$
$\Phi=6°,\ c=8\text{kPa},\ e=1.25$
$E_s=2100\text{kPa},\ a=0.9\text{Mpa}^{-1}$
$q_s=10\text{kPa}$

④ 粘土　　$f=180\text{kPa},\ \gamma=20.0\text{kN/m}^3,\ I_L=0.6$
$\Phi=20°,\ c=16\text{kPa}$
$E_s=7100\text{kPa},\ a=0.25\text{Mpa}^{-1}$
$q_s=30\text{kPa},\ q_p=2800\text{kPa}$

图 9 - 28

第十章 地基处理

【内容要点】

1. 了解地基处理和复合地基的基本概念；
2. 熟悉常见地基处理方法、加固原理、施工、质量检验。

【知识链接】

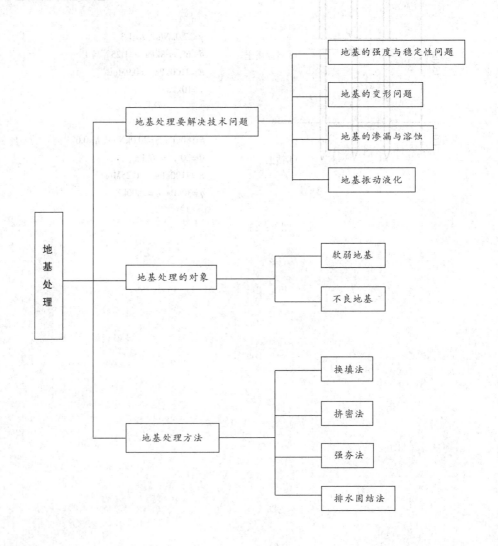

土力学与地基基础(第2版)

第一节　概　述

一、建筑物地基处理的目的与意义

各类建筑物的地基需要解决的技术问题,可以概括为以下四个方面。

1. 地基的强度与稳定性问题

若地基的抗剪强度不足以支承上部荷载时,地基就会产生局部剪切或整体滑动破坏。它将影响建筑物的正常使用,甚至成为灾难。如加拿大特朗斯康谷仓地基滑动,引起上部结构倾倒,即为此类典型实例。

2. 地基的变形问题

当地基在上部荷载作用下,产生严重沉降或不均匀沉降时,就会影响建筑物的正常使用,甚至发生整体倾斜、墙体开裂、基础断裂等事故。如比萨斜塔倾斜即为此类典型实例。湿性黄上遇水湿陷,膨胀土的胀缩,也属这类问题。

［做一做］

地基处理有何意义?

3. 地基的渗漏与溶蚀

如水库地基渗漏严重,会发生水量损失。地基溶蚀会使地面坍陷,如徐州市区坍陷即为典型实例。

4. 地基振动液化

在强烈地震的作用下,会使地下水位下的松散粉细砂和粉土产生液化,使地基丧失承载力。凡建筑物的天然地基,存在上列四类问题之一时,必须进行地基处理,以确保工程安全。地基处理的优劣,关系到整个工程的质量、造价与工期。地基处理的意义已被越来越多的人所认识。我国于 2002 年颁布《建筑地基处理技术规范》(JCJ 79——2002),要求地基处理做到技术先进、经济合理、安全适用、确保质量。

二、地基处理的对象

地基处理的对象包括软弱地基与不良地基两方面。

(一)软弱地基

软弱地基是指在地表下相当深度范围内存在软弱土。

1. 软弱土的特性

软弱土包括淤泥、淤泥质土、冲填土、杂填土及饱和松散粉细砂与粉土。这类土的工程特性为压缩性高、强度低,通常很难满足地基承载力和变形的要求。因此,不能作为永久性大中型建筑物的天然地基。

淤泥和淤泥质土具有下列特性:

(1)天然含水率高,含水量会大于液限,呈流塑状态。

(2)孔隙比大,一般情况下大于1。

(3)压缩性高,一般压缩系数在 0.7~1.5MPa。

(4)渗透性差,通常渗透系数 K 小于 10^{-6} cm/s,这类地基的沉降往往持续几十年才能稳定。

(5)具有结构性,施工时扰动结构,则强度降低。冲填土是疏浚江河时,用挖泥船的泥浆泵将河底的泥沙用水力冲填至岸上形成的土。含粘土颗粒多的冲填土往往是强度低、压缩性高的欠固结土。以粉土或粉细砂为主的冲填土容易产生液化。

杂填土是城市地表覆盖的、由人类活动堆填的建筑垃圾、生活垃圾和工业废料,结构松散,分布无规律,极不均匀。

2. 软弱土的分布

(1)淤泥和淤泥质土

广泛分布在上海、天津、宁波、温州、连云港、福州、厦门、广州等东南沿海地区及昆明、武汉等内陆地区。此外,各省市都存在小范围的淤泥和淤泥质土。

(2)冲填土

主要分布在沿海江河两岸地区,例如天津市有大面积海河冲填土。

(3)杂填土

杂填土是指含有建筑垃圾、工业废料、生活垃圾等杂物的填土。在历史悠久的城市杂填土厚度较大,而且市区多为建筑垃圾。

(二)不良地基

不良地基包括下列几类。

1. 湿陷性黄土地基

由于黄土的特殊环境与成因,黄土中含有大孔隙和易溶盐类,使陇西、陇东、陕北、关中等地区的黄土具有湿陷性,导致房屋开裂。

2. 膨胀土地基

膨胀土中有大量蒙脱石矿物,是一种吸水膨胀、失水收缩,具有较大往复胀缩变形的高塑性粘土。在膨胀土场地上造建筑物处理不当,会使房屋发生开裂等事故。

3. 泥炭土地基

凡有机质含量超过 25% 的土称为泥炭质土。泥炭土是在沼泽和湿地中生长的苔藓、树木等植物分解而形成的有机质土,呈黑色或暗褐色,具有纤维状疏松结构,为高压缩性土。

4. 多年冻土地基

在高寒地区,含有固态水,且冻结状态持续两年或两年以上的土,称为多年冻土。多年冻土的强度和变形有其特殊性。例如,冻土中既有固态冰又有液态水,在长期荷载作用下具有流变性;又如建房取暖,将改变多年冻土地基的温度与性质,故对此需专门研究。

5. 岩溶与土洞地基

岩溶又称"喀斯特"。它是可溶性岩石,如石灰岩、岩盐等长期被水溶蚀而形成的溶洞、溶沟、裂隙,以及由于溶洞的顶板塌落,使地表发生坍陷等现象和作用的总称。土洞是岩溶地区上覆土层被地下水冲蚀或潜蚀所形成的洞穴,岩溶和

[做一做]
总结软弱地基及不良地基的特点。

土洞对建筑物的影响很大。

6. 山区地基

山区地基的地质条件复杂,主要为地基的不均匀性和场地的稳定性。例如,山区的基岩面起伏大,且可能有大块孤石,使建筑地基软硬悬殊导致事故发生。尤其在山区常有滑坡、泥石流等不良地质现象,威胁建筑物的安全。

7. 饱和粉细砂与粉土地基

饱和粉细砂与粉土地基,在强烈地震作用下,可能产生液化,使地基表失承载力,发生倾倒、墙体开裂等事故。

此外,如旧房改造和增层,工厂设备更新、加重,在邻近低层房屋开挖深坑建高层建筑等情况,都存在地基土体的稳定性与变形问题,需要进行研究与处理。

工程建设中,不可避免地会遇到地质条件不好的地基或软弱地基,当这样的地基不能满足设计建筑物对地基强度与稳定性和变形的要求时,常需要采用各种地基加固、补强等技术措施,改善地基土的工程性状,以满足工程要求,这些工程措施统称为地基处理,处理后的地基称为人工地基。下面简单介绍几种常用的地基处理方法。

第二节 换 填 法

这种方法是先挖除基底下处理范围内的软弱土,再分层换填强度大、压缩性小、性能稳定的材料,并压实至要求的密实度,作为地基的持力层。

1. 换土垫层的材料

(1)理想材料

主要为卵石、碎石、砾石、粗中砂。要求级配良好,不含杂质。使用粉细砂时,应掺入 25%~30% 的碎石或卵石,最大粒径不宜大于 50mm,这类材料应用最广。

(2)素土

土料中有机质含量不得超过 5%,亦不得含有冻土或膨胀土。当含有碎石时,粒径不宜大于 50mm。

(3)灰土

灰与土的体积配合比宜为 2:8 或 3:7,土料宜用粘性土及塑性指数大于 4 的粉土,不得含有松软杂质,并应过 15mm 的筛。灰料宜用新鲜的消石灰,颗粒不得大于 5mm。

[问一问]

换填法加固原理是什么?

(4)工业废料

如矿渣,应质地坚硬、性能稳定和无侵蚀性。其最大粒径及级配宜通过试验确定。

2. 换土垫层法的加固原理

(1)提高地基承载力

浅基础的地基承载力与基底土的强度有关。若上部荷载超过软弱地基土的强度,则从基础底面开始发生剪切破坏,并向软弱地基的纵深发展。换土垫层法以强度大的砂石代替软弱土,就可避免地基剪切破坏,从而提高地基承载力。

(2)减小地基沉降量

软弱地基上的压缩性高、沉降量大,换填压缩性低的砂石,则地基沉降量减小。湿陷性黄土换成灰土垫层,可消除湿陷性,也可减小地基沉降量。

(3)加速软土的排水固结

砂、石垫层透水性大,软弱下卧层在荷载作用下,以砂、石垫层作为良好的排水体,可使孔隙水压力迅速消散,从而加速软土的固结过程,提高地基承载力。

(4)防止冻胀

砂、石本身为不冻胀土,垫层切断了下卧软弱土中地下水的毛细管上升,因此可以防止冬季结冰造成的冻胀。

(5)消除膨胀土的胀缩作用

在膨胀土地基中采用换土垫层法,应将基础底面与两侧膨胀土挖除一定的范围,换填非膨胀性材料,则可消除胀缩作用。

3. 换填垫层法的适用范围

换填垫层法适用于淤泥、淤泥质土、湿陷性黄土、素填土、杂填土地基及暗沟、古井、古墓等浅层处理。常用于多层或低层建筑的条形基础、独立基础、地坪、料场段道路工程。因换填的宽深范围有限,所以既安全又经济。

4. 换填垫层法的施工要点

垫层施工时应注意下列事项,以保证工程质量。

(1)基坑保持无积水,若地下水位高于基坑底面时,应采取排水或降水措施。

(2)铺筑垫层材料之前,应先验槽。清除浮土,边坡应稳定。基坑两侧附近如存在低于地基的洞穴,应先填实。

(3)施工中必须避免扰动软弱下卧层的结构,防止降低土的强度、增加沉降。基坑挖好立即回填,不可长期暴露、浸水或任意践踏坑底。

(4)如采用碎石或卵石垫层,宜先铺一层 15～20cm 的砂垫层作底面,用木夯夯实,以免坑底软弱土发生局部破坏。

(5)垫层底面应等高。如深度不同,基土面应挖成踏步或斜坡搭接。分段施工接头处应做成斜坡,每层错开 0.5～1.5m。搭接处应注意捣实,施工顺序先深后浅。

(6)人工级配砂石垫层,应先拌和均匀,再铺填捣实。

(7)垫层每层虚铺 200～300mm,均匀、平整,严格掌握。禁止为抢工期一次铺土太厚,否则层底压不实,且坚决返工重做。

[想一想]

如何掌握换填法的施工要点?

(8)垫层材料应采用最优含水率,尤其对素土和灰土垫层。

(9)施工机械应根据不同垫层材料进行选择,如素填土宜用平碾或羊足碾;其余参见规范。机械应采取慢速碾压,如平板振捣器宜在各点留振 1～2min。

(10)进行质量检验,合格后,再铺一层材料再压实,直至设计厚度为止,并及时进行基础施工与基坑回填。

5. 换填垫层法施工的质量检验标准

垫层的质量控制标准,根据承载力的要求,通常采用压实系数来表示。

压实系数 λ_c,按下式计算:

$$\lambda_c = \rho d / \rho d_{\max}$$

式中:λ_c——压实系数,一般要求 $\lambda_c = 0.93 \sim 0.97$;

ρd——垫层材料施工要求达到的干密度,单位为 g/cm^3;

$\rho d_{\max}$——垫层材料能够压密的最大干密度,由击实试验测定,单位为 g/cm^3。

[想一想]

能影响压实系数有哪些因素?

第三节 挤 密 法

挤密法是用振动、冲击或打入套管等方法在地基中成孔(孔径一般为 30~60cm),然后向孔中填入砂、土、石灰等材料,分层捣实成桩,再将钢管拔出,形成土中桩体从而加固地基的方法。这里简单介绍砂石桩法。

砂石桩法的最早应用是在 1835 年,法国人由此方法来加固兵工厂车间海积软土地基。砂桩在 19 世纪 30 年代起源于欧洲;20 世纪 50 年代日本开发振动式和冲击式砂桩施工方法,提高了质量和效率。

1. 砂石桩法的适用范围

(1)挤密松散砂土、素填土和杂填土等地基;

(2)置换饱和粘性土地基,主要不以变形控制的工程。

2. 砂石桩法的加固机理

(1)砂类土加固机理

挤密疏松砂土为单粒结构,孔隙大,颗粒位置不稳定。在静力和振动作用下,土粒易位移至稳定位置,使孔隙减小而压密。在挤密砂石桩成桩过程中,桩套管挤入砂层,该处的砂被挤向桩管四周而变密。挤密砂桩的加固效果包括:①使松砂地基挤密至小于临界孔隙比,以防止砂土振动液化;②形成强度高的挤密砂石桩,提高了地基的强度与承载力;③加固后大幅度减小地基沉降量;④挤密加固后,地基呈均匀状态。

(2)粘性土加固机理——置换

砂石桩在粘性土地基中,主要利用砂石桩本身的强度及其排水效果。其作用包括:①砂石桩置换,在粘性土中形成大直径密实砂石桩桩体,砂石桩与粘性土形成复合地基,共同承担上部荷载,提高了地基承载力和整体稳定性;②上部荷载产生对砂石桩的应力集中,减少了粘性土的应力,从而减少了地基的固结沉降量,经砂石桩处理淤泥质粘性土地基,可减少沉降量 20%~30%;③排水固结,砂石桩在粘性土地基中形成排水通道,因而加速固结速率。

[问一问]

砂类土和粘性土的加固机理有什么不同?

3. 砂石桩的设计

(1)砂石桩直径与平面布置

砂石桩直径可采用 300~600mm。根据地基土质和成桩设备等因素确定平面排列宜采用等边三角形或正方形布置。

(2)砂石桩的间距

砂石桩的间距应通过现场试验确定,但不宜大于砂石桩直径的 4 倍。

(3)砂石桩长度

当松软土层厚度不大时,砂石桩长度宜穿过松软土层;当松软土层厚度较大时,桩长应根据建筑地基的允许变形值确定;对可液化砂层,桩长应穿透可液化层。

(4)砂石桩挤密地基的宽度

挤密地基宽度应超出基础的宽度,每边放宽不应小于 1~3 排;砂石桩用于防止砂层液化时,每边放宽不宜小于处理深度的 1/2,并不应小于 5m;当可液化土层上覆盖有厚度大于 3m 的非液化土层时,每边放宽不宜小于液化土层厚度的 1/2,并不应小于 3m。

(5)砂石桩填料

砂石桩填料应采用粗粒洁净材料,如砾砂、粗砂、中砂、圆砾、角砾、卵石、碎石等;填料中含泥量不得大于 52.6%,并不宜含有大于 50mm 的颗粒。

(6)砂石桩复合地基承载力

承载力应按现场复合地基载荷试验确定其标准值。

4. 砂石桩的施工

(1)施工方法与要求

砂石桩施工可采用振动成桩或锤击成桩法。成桩时首先将钢套管在地面准确定位,通过振动或锤击将套管打入土中设计深度后将砂石料从套管上部的送料斗投入套管中,然后向上拉拔套管,压缩空气将砂石从套管底端压出并挤密周围土体,直至地面成砂石桩。施工顺序应从外围或两侧向中间进行成桩。以挤密为主的砂石桩施工顺序应间隔进行。成桩中要求控制每次填入的砂石量、套管提升的高度和速度、挤压次数和时间以及电机的工作电流等,以保证挤密均匀和砂石桩身的连续性。

(2)成桩挤密试验

在砂石桩正式施工前进行现场挤密试验,试桩数宜为 3~9 根。如发现质量不能满足设计要求时,应调整桩的间距,填入的砂石量等有关参数,重新试验或改变设计。

5. 砂石桩的质量检验

(1)砂石柱的偏差:满堂布桩桩位偏差应不大于 $0.40D$,条基布桩桩位偏差应不大于 $0.25D$(D 为桩径)。桩身垂直度偏差不应大于 1%。

(2)实际填入的砂石量不应少于设计值的 95%。

(3)桩及桩间土挤密质量,可采用标准贯入、静力触探或动力触探等方法检测,对于重要工程宜进行载荷试验。

砂石桩挤密承载力检测数量应不小于桩孔总数的 0.5%,但不应小于 3 根。其他主控项目,应抽查总数的 20% 以上。检查结果如有占检测总数 10% 的桩未

[想一想]
砂石桩的设计包括几个方面?

达到设计要求时,应采取加桩或其他措施。

进行质量检验间隔时间:对一般土层可在施工后 7d 进行,对饱和粘性土时间还要加长,可在施工后两周。

[做一做]
列表比较挤密砂石桩的优缺点。

第四节 强 夯 法

强夯法是通过强大的夯击力在地基中产生动应力与振动波,从地面夯击点发出纵波和横波传到土层深处,使地基浅层和深处产生不同程度的加固。

1. 强夯法加固机理

(1)动力密实机理

强夯法加固多孔隙、粗颗粒、非饱和土为动力密实机理,即强大的冲击能强制超压密地基,使土中气相体积大幅度减小。

(2)动力固结机理

强夯加固细粒饱和土为动力固结机理,即强大的冲击能与冲击波破坏土的结构,使土体局部液化并产生许多裂隙,作为孔隙水的排水通道,加速土体固结土体发生触变,强度逐步恢复。

(3)动力置换机理

强夯加固淤泥为动力置换机理,即强夯将碎石整体挤入淤泥成整式置换或间隔夯入淤泥成桩式碎石墩。

2. 强夯法的适用范围

强夯法适用于碎石土、砂土、粘性土、湿陷性黄土及杂填土地基的深层加固。其方法、设备简单、工艺方便、原理直观;需要人员少,施工速度快;不消耗水泥、钢材,费用低,通常可比桩基节省投资 30%～70%。但施工中由于振动大,有噪声,在市区密集建筑区难以采用。

3. 强夯法的施工工序和要点

为了保证强夯加固地基的预期效果,需要严格、科学的施工技术与管理制度。

(1)夯前地基的详细勘察。查明建筑场地的土层分布、厚度与工程性质指标。

(2)现场试夯与测试。在建筑场地内,选代表性小块面积进行试夯或试验性强夯施工。间隔一段时间后,测试加固效果,为强夯正式施工提供参数的依据。

(3)清理并平整场地。平整的范围应大于建筑物外围轮廓线每边外伸设计处理深度的 1/2～2/3,并不小于 3m。

(4)标明第一遍夯点位置。对每一夯击点,用石灰标出夯锤底面外围轮廓线,并测量场地高程。

(5)起重机就位,夯锤对准夯点位置,位于石灰线内。测量夯前锤顶高程。

(6)将夯锤起吊到预定高度,自动脱钩,使夯锤自由下落夯击地基,放下吊钩,测量锤顶高程。若因坑底倾斜造成夯锤歪斜时,应及时整平坑底。

(7)重复步骤(6),按设计规定的夯击次数及控制标准,完成一个夯点的夯击。

(8)重复步骤(5)~步骤(7),按设计强夯点的次序图,完成第一遍全部夯点的夯击。

(9)用推土机将夯坑填平,并测量场地高程,标出第二遍夯点位置。

(10)按规定的间隔时间,待前一遍强夯产生的土中孔隙水压力消散后,再按上述步骤,逐次完成全部夯击遍数,通常为3~5遍。最后采用低能量满夯,将场地表层松土夯实,并测量场地夯后高程。

4. 质量检查

[想一想]

强夯法有哪些适应范围? 它有何局限性?

全部夯击结束后,按砂土1~2周、低饱和度粉土与粘性土2~4周的时间间隔进行强夯效果质量检测。采用两种以上方法,检测点不少于3处。对重要工程与复杂场地,应增加检测方法与检测点,检测的深度应不小于设计地基处理的深度。

第五节　排水固结法

排水固结法是指在软土地基内设置(有时不设置)竖向排水体,铺设水平排水垫层,并对地基施加固结压力进行软土地基加固的一种方法。排水固结法由加压系统和排水系统两个主要部分组成。加压系统是为地基提供必要的固结压力而设置的,它使地基土层因产生附加应力而发生排水固结;设置排水系统则是为了改善地基原有的天然排水系统的边界条件,增加孔隙排除路径,缩短排水距离,从而加速地基土的排水固结进程。

1. 排水固结法的作用与适用范围

排水固结处理的主要作用表现在以下两个方面:

(1)降低压缩性

通过排水固结处理,可使地基沉降在加载期间大部分或基本完成,从而大大减小了工后沉降和差异沉降。

(2)提高地基强度

排水固结加速了地基抗剪强度的增长,提高了地基承载力和稳定性。

排水固结处理适用于淤泥质土、淤泥和冲填土等饱和粘性土地基。目前在地基处理工程中广泛运用、行之有效的方法是堆载预压,特别是砂井堆载预压法。

2. 砂井堆载预压法

砂井堆载预压法是指将砂井和堆载预压结合起来,在地基土中设置竖向的砂井,为土体孔隙水的排除提供通道,在堆载预压的作用下增大孔隙水所受的压力,从而加快地基的固结速度,提高地基承载力的一种方法。

砂井堆载预压法的加固机理。在含水量大、孔隙比大、压缩性高、厚度大的软土地基中设置砂井和砂垫层作为滤水层兼排水通道以缩短排水的距离。在上部堆载的作用下产生的附加应力,使土颗粒间的孔隙水通过设在软土层中的砂井排出地层外面,这降低了地基土的孔隙比和含水量,从而增加了土体的密实度,减少了压缩性,使土体在较短时间内达到了较高的固结度,地基的承载力和抗剪能力得以提高。

3. 质量检验

在预压过程中应进行竖向变形、侧向位移、孔隙水压力等项目的监测。施工完成后,应进行地基强度检验和地基变形检验,检验点数应根据不同的地质及设计要求确定。对于所有预压后的地基,都应进行十字板抗剪强度试验及室内土工试验,以检验处理效果。对于重要工程,在预压加载不同阶段应对代表性地点不同深度进行原位与室内强度试验,以验算地基抗滑的稳定性。

[想一想]
排水固结法有什么优缺点?

在预压期间应及时检验并整理下列工作:①变形与时间关系曲线;②孔隙水压力与时间关系曲线;③推算地基最终固结沉降量;④推算不同时间的固结度和相应的沉降量。以分析处理效果,并为确定卸载时间提供依据。

堆载预压方法的施工工艺简单、成本低廉、处理软土地基技术可靠、经济合理,相对于其他加固处理方法,具有施工工期短、造价低等优点。在施工中若严格按照施工工艺与质量控制要求合理施工,选用适宜的打桩设备,砂井施工工效就好,经济效益也就能提高,易保证施工质量,值得在软土加固工程中推广应用。

本章思考与实训

1. 地基处理的目的是什么?
2. 地基处理的对象有哪些工程特征?
3. 地基处理的方法有哪些?
4. 简述换填法的作用和适应范围。

第十一章　特殊土地基与地震区地基基础

【内容要点】

1. 了解湿陷性黄土、膨胀土和红粘土的分布特征和工程特性及为防止其危害相应采取的工程措施；
2. 熟悉砂土液化、滑坡等地基震害现象；
3. 熟悉地基基础抗震设计原则和抗震措施。

【知识链接】

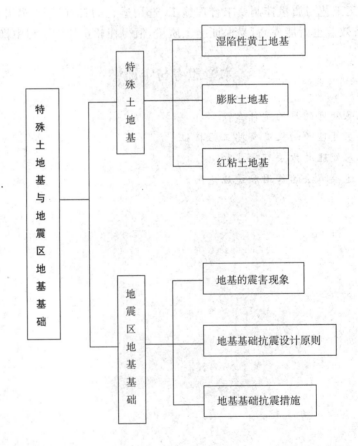

第一节　特殊土地基

一、湿陷性黄土地基

1. 黄土的特征与分布

黄土是一种在第四纪地质历史时期干旱条件下产生的沉积物,其内部物质成分和外部形态特征均不同于同时期的其他沉积物,地理分布上具有一定的规律性。

黄土颗粒组成以粉粒为主,富含碳酸钙盐类等可溶性盐类,孔隙比较大,外观颜色主要呈黄色或褐黄色。

黄土在天然含水量状态下,一般强度较高,压缩性较小,能保持直立的陡坡。但在一定压力下受水浸湿后,结构迅速破坏,并发生显著的附加下沉(其强度也随着迅速降低),这种现象称为湿陷性。具有湿陷性的黄土,称为湿陷性黄土;而不具湿陷性,则称为非湿陷性黄土,非湿陷性黄土地基的设计与施工与一般粘性土地基无差别。

湿陷性黄土又分为自重湿陷性和非自重湿陷性两种,在土自重应力下受水浸湿后发生湿陷的称为自重湿陷性黄土;在大于土自重应力下(包括土的自重应力和附加应力)受水浸湿后发生湿陷的称为非自重湿陷性黄土。

[问一问]
黄土发生湿陷现象的原因是什么?

黄土在我国分布广泛,面积达 64 万平方千米,其中湿陷性黄土约占 3/4,主要分布在陕西、甘肃、山西地区,青海、宁夏、河南也有部分分布,此外,河北、山东、新疆、内蒙古、东北三省等地也有零星分布。

《湿陷性黄土地区建筑规范》给出了我国湿陷性黄土工程地质分区略图。

2. 黄土湿陷性发生的原因和影响因素

黄土的湿陷现象是一个复杂的地质、物理、化学过程,对其湿陷的原因和机理,有多种不同的理论和假说,至今尚无大家公认的理论能够充分解释所有的湿陷现象和本质。但归纳起来,可分为外因和内因两个方面:外因即黄土受水浸湿和荷载作用;内因即黄土的物质成分及结构特征。

黄土发生湿陷性的影响因素主要有以下几点:

(1)物质成分的影响

在组成黄土的物质成分中,粘粒含量对湿陷性有一定的影响。一般情况下,粘粒含量越多湿陷性越小。在我国分布的黄土中,其湿陷性存在着由西北向东南递减的趋势,这与自西北向东南方向砂粒含量减少而粘粒增多的情况相一致。另外,黄土中盐类及其存在的状态对湿陷性有着更为直接的影响。例如,起胶结作用而难溶解的碳酸钙含量增大时,黄土的湿陷性减弱;而中溶性石膏及其他碳酸盐、硫酸盐和氯化物等易溶盐的含量越多,则湿陷性越强。

(2)物理性质的影响

黄土的湿陷性与孔隙比和含水量的大小有关。孔隙比越大,湿陷性越强;而含水量越高,则湿陷性越小;但当天然含水量相同时,黄土的湿陷变形随湿度增长程度的增加而增大。饱和度 $S_r \geqslant 80\%$ 的黄土,称为饱和黄土,其湿陷性已退化。成为压缩性很大的软土。

除以上两项因素外,黄土的湿陷性还受外加压力的影响,外加压力越大,湿陷量也将显著增加,但当压力超过某一数值时,再增加压力,湿陷量反而减少。

3. 湿陷性黄土地基的工程措施

在湿陷性黄土地区进行建设,除了必须遵循一般地基的设计和施工原则外,还应针对黄土湿陷性的特点和要求,因地制宜采取必要的工程措施,确保建筑物的安全和正常使用。

(1)地基处理措施

地基处理的目的在于破坏湿陷性黄土的大孔结构,以便消除或部分消除黄土地基的湿陷性,从根本上避免或削弱湿陷现象的发生。《湿陷性黄土地区建筑规范》根据建筑物的重要性、地基受水浸湿可能性的大小以及在使用上对不均匀沉降限制的严格程度,将建筑物分为甲、乙、丙、丁四类。对甲类建筑物要求消除地基的全部湿陷量,或穿透全部湿陷土层;对乙、丙类建筑物则要求消除地基的部分湿陷量;丁类属次要建筑物,地基可不做处理。

常用的地基处理方法有垫层法、重锤夯实法、强夯法、挤密法、预浸水法、化学加固法(单液硅化或碱液加固法)等,也可采用将桩端进入非湿陷性土层的桩基础。

(2)防水措施

防水措施是在建筑物施工和使用期间,防止和减少水浸入地基,从而消除黄土产生湿陷性的外在条件。需综合考虑整个建筑场地以及单体建筑物的排水、防水。防水措施包括:

① 基本防水措施

在建筑物布置、场地排水、地面防水、散水、排水沟、管道敷设、管道材料和接口等方面,采取措施防止雨水或生产、生活用水的渗漏。

② 检漏防水措施

在基本防水措施的基础上,对防护范围内的地下管道,增设检漏管沟和检漏井。

③ 严格防水措施

在检漏防水措施的基础上,提高防水地面、排水沟、检漏管沟和检漏井等设施的材料标准,如增设卷材防水层、采用钢筋混凝土排水沟等。

具体要求见《湿陷性黄土地区建筑规范》。

[做一做]

总结湿陷性黄土的特点及其工程措施。

(3)结构措施

结构措施的目的是为了减小建筑物的不均匀沉降,或使结构适应地基的变形,它是对前两项措施非常必要的补充。如选择适宜的结构体系和基础形式,加强结构的整体性和空间刚度,基础预留适当的沉降净空等。

在上述措施中,地基处理是主要的工程措施,防水措施和结构措施应根据实际情况配合使用。在实际工作中,对地基做了处理,若消除了全部地基土的湿陷性,就不必再考虑其他措施;若地基处理只消除地基主要部分湿陷量,为了避免湿陷对建筑物的危害,确保建筑物的安全和正常使用,还应采取适当的防水措施和结构措施。

二、膨胀土地基

1. 膨胀土的特征与分布

膨胀土是指土中粘粒成分主要由亲水性矿物组成,同时具有显著的吸水膨胀和失水收缩两种变形特性的粘性土。

膨胀土多出现于二级或二级以上阶地、山前和盆地边缘丘陵地带。所处地形平缓,无明显自然陡坎。旱季时地表常见裂缝(长达数十米至百米,深数米),雨季时裂缝闭合。

我国膨胀土形成的地质年代大多数为第四纪晚更新世(Q_3)及其以前,少量为全新世(Q_4)。颜色呈黄色、黄褐色、红褐色、灰白色或花斑色等。结构致密,多呈坚硬或硬塑状态($I_L \leqslant 0$),压缩性小。其粘土矿物成分中含有较多的蒙脱石、伊里石等亲水性矿物,这类矿物具有较强的与水结合的能力,即吸水膨胀。塑性指数 $I_P > 17$,孔隙比中等偏小,一般在 0.7 及以上。

裂隙发育是膨胀土的一个重要特征,常见光滑面或擦痕。裂隙有竖向、斜交和水平三种,竖向裂隙常出露地表,裂隙宽度随深度增加而逐渐尖灭;斜交剪切裂隙越发育,胀缩性越严重。裂隙间常充填灰绿、灰白色粘土。

膨胀土在我国分布范围较广,黄河以南地区较多,其中云南、广西、湖北、安徽、四川、河南、河北及山东等 20 多个省区均有膨胀土。

2. 膨胀土的危害

一般粘性土都具有胀缩性,但其量不大,对工程没有太大的影响。而膨胀土的膨胀—收缩—膨胀的周期性变形特性非常显著。建造在膨胀土地基上的建筑物,随季节气候变化会反复不断地产生不均匀的抬升和下沉,而使建筑物破坏,破坏具有下列规律:

[问一问]
膨胀土有什么危害?

(1)建筑物的开裂破坏具有地区性成群出现的特点,建筑物裂缝随气候变化不停地张开和闭合。而且以低层轻型、砖混结构损坏最为严重,因为这类房屋重量轻、整体性较差,且基础埋深浅,地基土易受外界环境变化的影响而产生胀缩变形。

(2)房屋在垂直和水平方向都受弯和受扭,故在房屋转角处首先开裂,墙上出现对称或不对称的正、倒八字形裂缝和 X 形裂缝。外纵墙基础由于受到地基在膨胀过程中产生的竖向切力和侧向水平推力的作用,造成基础移动而产生水平裂缝和位移。室内地坪和楼板发生纵向隆起开裂。

(3)边坡上的建筑物不稳定,地基会产生垂直和水平向的变形,故损坏比平地上更严重。

3. 膨胀土地基的工程措施

（1）设计措施

① 场址选择。尽量布置在地形条件比较简单、土质较均匀、胀缩性较弱的场地。

② 建筑体型力求简单。在地基土显著不均匀处、建筑平面转折处和高差（荷重）较大处以及建筑结构类型不同部位，应设置沉降缝。

③ 加强隔水、排水措施，尽量减少地基土的含水量变化。室外排水应畅通，避免积水，屋面排水宜采用外型排水。采用宽散水，其宽度不小于1.2m，并加隔热保温层。

④ 使用要求特别严格的房屋地坪可采用地面配筋或地面架空等措施，尽量与墙体脱开。一般要求的可采用预制块铺砌，块体间嵌填柔性材料。大面积地面作分格变形缝。

⑤ 合理确立建筑物与周围树木间距离，绿化避免选用吸水量大、蒸发量大的树种。建筑物周围宜种植草皮。坡地建筑应避免大开挖，依山就势建筑，同时应利用和保护天然排水系统。

⑥ 膨胀土地区的民用建筑层数宜多于2层，以加大基底压力，防止膨胀变形。承重砌体结构可采用拉结较好的实心砖墙，不得采用空斗墙、砌块墙或无砂混凝土砌体，不宜采用砖拱结构、无砂大孔混凝土和无筋中型砌块等对变形敏感的结构。

⑦ 较均匀的膨胀土地基可采用条基础；基础埋深较大或条基基底压力较小时，宜采用墩基础；加强建筑物的整体刚度，基础顶部和房屋顶层宜设置圈梁，其他层隔层设置或层层设置。

⑧ 基础埋藏深度的选择应综合考虑膨胀土地基胀缩等级以及大气影响深度等因素，基础不宜设置在季节性干湿变化剧烈的土层内，一般膨胀土地基上建筑物基础的埋深不应小于1m。当膨胀土位于地表下3m，或地下水位较高时，基础可以浅埋。若膨胀土层不厚，则尽可能将基础埋置在非膨胀土上。

⑨ 钢和钢筋混凝土排架结构的山墙和内隔墙应采用与柱基相同的基础形式；围护墙应砌置在基础梁上，基础梁底与地面之间应留有10cm左右的空隙。

⑩ 膨胀土地基可采用地基处理方法减小或消除地基胀缩对建筑物的危害，常用的方法有换土垫层、土性改良、深基础等。换土可采用非膨胀性的粘土，砂石或灰土等材料，换土厚度应通过变形计算确定，垫层宽度应大于基础宽度。土性改良可通过在膨胀土中掺入一定量的石灰来提高土的强度。工程中可采用压力灌浆的办法将石灰浆液灌注入膨胀土的裂隙中起加固作用。当大气影响深度较深，膨胀土层较厚，选用地基加固或墩式基础施工有困难时，可选用桩基础穿越。

[问一问]

膨胀土地基的工程措施有哪些？

（2）施工措施

膨胀土地区的建筑物应根据设计要求、场地条件和施工季节，做好施工组织设计。在施工中应尽量减少地基中含水量的变化。

① 基础施工前,应完成场区土方、挡土墙、排水沟等工程,使排水畅通、边坡稳定。

② 施工用水应妥善管理,防止管网漏水,应做好排水措施,防止施工用水流入基槽内。临时水池、洗料场等与建筑物外墙的距离不应少于10m。

③ 基础施工宜采取分段快速作业法,施工过程中不得使基坑暴晒或浸泡,雨季施工应采取防水措施。施工灌注桩时,在成孔过程中不得向孔内注水。

④ 基础施工出地面后,基坑(槽)应及时分层回填并夯实。

⑤ 填料可选用非膨胀土、弱膨胀土及掺有石灰或其他材料的膨胀土,每层虚铺厚度300mm。

三、红粘土地基

1. 红粘土的特征与分布

红粘土是指碳酸盐系的岩石经过红土化作用(即成土化学分化作用)形成的棕红、褐黄等颜色的高塑性粘土,其液限一般大于50%,具有表面收缩、上硬下软、裂隙发育的特征。红粘土经再搬运之后仍保留其基本特征,液限大于45%的土称为次生红粘土。

红粘土的形成与分布与气候条件密切相关。一般气候变化大、潮湿多雨地区有利于岩石的风化,易形成红粘土。因此,在我国以贵州、云南、广西分布的最为广泛和典型,其次在安徽、川东、粤北、鄂西和湘西也有分布。

2. 红粘土的工程地质特征

红粘土的矿物成分以石英和高岭石(或伊利石)为主。红粘土中较高的粘土颗粒含量(55%~70%)使其具有高分散性和较大的孔隙比($e=1.1\sim1.7$)。常处于饱和状态($Sr \geqslant 85\%$),它的天然含水量($w=30\%\sim60\%$)几乎与塑限相等,但液性指数较小($I_L=-0.1\sim0.6$),这说明红粘土中的水以结合水为主。因此,红粘土的含水量虽高,但土体一般仍处于硬塑或坚硬状态,而且具有较高的强度和较低的压缩性。在孔隙比相同时,它的承载力约为软粘土的2~3倍。因此,从土的性质来说,红粘土是建筑物较好的地基,但也存在下列一些问题:

(1)有些地区的红粘土受水浸泡后体积膨胀,干燥失水后体积收缩而具有胀缩性。

(2)红粘土厚度分布不均,其厚度与下卧基岩面的状态和风化深度有关。常因石灰岩表面石芽、溶沟等的存在,而使上覆红粘土的厚度在小范围内相差悬殊,造成地基的不均匀性。

(3)红粘土沿深度从上向下含水量增加、土质有由硬至软的明显变化。接近下卧基岩面处,土常呈软塑或流塑状态,其强度低、压缩性较大。

(4)红粘土地区的岩溶现象一般较为发育。由于地面水和地下水的运动引起的冲蚀和潜蚀作用,在隐伏岩溶上的红粘土层常有土洞存在,因而影响场地的稳定性。

3. 红粘土地基的工程措施

红粘土上部常呈坚硬至硬塑状态,设计时应根据具体情况,充分利用它作为天然地基的持力层。当红粘土层下部存在局部的软弱下卧层或岩层起伏过大时,应考虑地基不均匀沉降的影响,采取相应措施。

红粘土地基,应按它的特殊性质采取相应的处理方法。需注意的是,从地层的角度这种地基具有不均匀的特性,故应按照不均匀地基的处理方法进行处理。为消除红粘土地基中存在的石牙、土洞或土层不均匀等不利因素的影响,应对地基、基础或上部结构采取适当的措施,如换土、填洞、加强基础和上部结构的刚度或采取桩基础等。

施工时,必须做好防水排水措施,避免水分渗透进地基中。基槽开挖后,不得长久暴露使地基干缩开裂或浸水软化,应迅速清理基槽修筑基础,并及时回填夯实。由于红粘土的不均匀性,对于重要建筑物,开挖基槽时,应注意做好施工验槽工作。

[做一做]
　总结红粘土的危害及其工程措施。

对于天然土坡和开挖人工边坡或基槽时,必须注意土体中裂隙发育情况,避免水分渗入引起滑坡或崩塌事故。应防止破坏坡面植被和自然排水系统,土面上的裂隙应填塞,应做好建筑场地的地表水、地下水以及生产和生活用水的排水、防水措施,以保证土体的稳定性。

第二节　地震区地基基础

一、概述

1. 地震的概念

地震是地壳表层因弹性传到引起的振动作用和现象,是地壳运动的一种特殊形式。按其成因可分为:构造地震、火山地震、激发地震和陷落地震。其中构造地震为最常见,约占地震总数的 90%。已经发生的灾难性地震多为构造地震,给人类带来巨大的灾害。从工程地质观点看,构造地震是主要研究对象。

我国地处太平洋地震带和欧亚地震带,地震区分布广泛且影响相当强烈。地震时,地壳中震动发生处为震源。震源在地面上铅直投影称为震中。震源到震中的距离称为震源深度。震源深度 $0\sim70km$ 的为浅源地震,$70\sim300km$ 的为中源地震,大于 $300km$ 的称为深源地震。其中分布最广、破坏性最强的是浅源地震。

2. 震级和烈度

地震的震级是指一次地震释放的能量大小,一次地震只会有一个震级。烈度是指某一地点在该次地震时所受到的影响程度。一次地震在不同地点可表现出不同的烈度。

二、地基的震害现象

地基的震害包括振动液化、滑坡及震陷等方面。这些现象的表现特征各不相同,但产生的条件是相互依存的。某些防治措施亦可通用。

1. 饱和砂土和粉土的振动液化

饱和砂土受到振动后趋于密实，导致孔隙水压力骤然上升，相应地减小了土粒间的有效应力，从而降低了土体的抗剪强度。在周期性的地震荷载作用下，孔隙水压力逐渐累积，甚至可以完全抵消有效应力，使土粒处于悬浮状态，而接近液体的特性，这种现象称为液化。表现的形式近似于流砂，产生的原因在于振动。当某一深度处砂层产生液化，则液化区的超静水压力将迫使水流涌向地表，使上层土体受到自下而上的动水压力。若水头梯度达到了临界值，则上层土体的颗粒间的有效应力也将等于零，构成"间接液化"。

砂土液化的宏观标志是：在地表裂缝中喷水冒砂，地面下陷，建筑物产生巨大沉降和严重倾斜，甚至失稳。例如唐山地震时，液化区喷水高度可达 8m，厂房沉降达 1m。

[问一问]
地基的震害包括哪些方面?

《建筑抗震设计规范》规定饱和砂土或粉土，当符合下列条件之一时，可初步判别为不液化或不考虑液化影响：①对第四纪晚更新世及其以前的土，7 度、8 度时可判为不液化土；②粉土的粘粒（粒径小于 0.005mm）含量百分率，7 度、8 度、9 度分别不小于 10、13 和 16 时，可判为不液化土；③采用天然地基的建筑，当上覆非液化土层厚度和地下水位深度符合规范规定(11-1)、(11-2)、(11-3)条件之一时，可不考虑液化影响。

$$d_u > d_0 + d_b - 2 \tag{11-1}$$

$$d_w > d_0 + d_b - 3 \tag{11-2}$$

$$d_w + d_u > 1.5 d_0 + 2 d_b - 4.5 \tag{11-3}$$

式中：d_w——地下水位深度(m)，宜按设计基准期内年平均最高水位采用，也可按近期年最高水位采用；

d_u——上覆非液化土层厚度(m)，计算时宜将淤泥和淤泥质土层扣除；

d_b——基础埋置深度(m)，不超过 2m 时应采用 2m；

d_0——液化土特征深度(m)，可按表(11-1)采用。

表 11-1 液化土特征深度

饱和土类别	抗震设防烈度 7 度	抗震设防烈度 8 度	抗震设防烈度 9 度
粉土	6	7	8
砂土	7	8	9

当初步判别认为需进一步进行液化判别时，应采用标准贯入试验或其他已有成熟经验的判别法。采用标准贯入试验时，在地面 15m 深度范围内的土如符合下列条件(11-4)、(11-5)，是可液化土：

$$N < N_{cr} \tag{11-4}$$

$$N_{cr} = N_0 \left[0.9 + 0.1(d_s - d_w) \right] \sqrt{\frac{3}{\rho_c}} \tag{11-5}$$

式中：N_{cr}——液化判别标准贯入锤击数临界值；

$\qquad N_0$——液化判别标准贯入锤击数基准值，烈度为 7，近震为 6、远震为 8；烈度为 8，近震为 10、远震为 12；烈度为 9，近震为 16；

$\qquad d_s$——饱和土标准贯入试验点的深度（m）；

$\qquad d_w$——地下水位深度（m），宜按建筑物使用期内年平均最高水位或近期内最高水位采用；

$\qquad \rho_c$——粘粒含量百分率，当小于 3 或为砂类土时，均应采用 3。

当采用桩基或埋深大于 5m 的深埋基础，尚应判别 15～20m 范围内土的液化。对地面下 15～20m 范围内，液化判别标准贯入锤击数临界值可按下式计算

$$N_{cr} = N_0(2.4 - 0.1d_s)\sqrt{\frac{3}{\rho_c}} \qquad (11-6)$$

存在液化土层的地基，还应进一步探明各液化土层的深度和厚度，并应按规范公式计算液化指数 I_{iE}，将地基划分为轻微、中等、严重三个液化等级，结合建筑物类别选择抗液化措施。

$$I_{iE} = \sum_{i=1}^{n}\left(1 - \frac{N_i}{N_{cri}}\right)d_i W_i \qquad (11-7)$$

式中：n——每个钻孔内各土层中标准贯入点总数；

$\qquad N_i$、N_{cri}——分别为第 i 点的标准贯入锤击数的实测值和临界值，当 $N_i >$ N_{cri} 时，取 $N_i = N_{cri}$；

$\qquad d_i$——第 i 个标准贯入点所代表的土层厚度，m，详见《抗震规范》；

$\qquad W_i$——第 i 土层单位土层厚度的层位影响的权函数值，m^{-1}，详见《抗震规范》；

按式(11-7)计算出建筑物地基范围内各钻孔的 I_{iE} 后，可参考表 11-2 确定液化等级，进而依据不同建筑物的抗震设防类别，选择抗液化措施。

表 11-2　地基的液化等级

液化等级	轻微	中等	严重
判别深度为 15m 时的液化指数	$0 < I_{iE} \leqslant 5$	$5 < I_{iE} \leqslant 15$	$I_{iE} \geqslant 15$
判别深度为 20m 时的液化指数	$0 < I_{iE} \leqslant 6$	$6 < I_{iE} \leqslant 18$	$I_{iE} \geqslant 18$

2. 地震滑坡和地裂

地震导致滑坡的原因，一方面在于地震时边坡滑动时承受了附加惯性力，下滑力加大；另一方面，土体受震趋于密实，孔隙水压力增高，有效应力降低，从而减小阻止滑动的内摩擦力。这两方面因素对边坡稳定都是不利的。地质调查表明：凡发生过地震滑坡的地区，地层中几乎都有夹砂层。黄土中夹有砂层或砂透镜体时，由于砂层震动液化及水分重新分布，抗剪强度将显著降低而引起流滑。在均质粘土内，尚未有过关于地震滑坡的实例。

此外，在地震后，地表往往出现大量裂缝，称为"地裂"。地裂可使铁轨移位、

管道扭曲,甚至可拉裂房屋。地裂与地震滑坡引起的地层相对错动有密切关系。例如路堤的边坡滑动后,坡顶下降将引起沿路线方向的纵向地裂。因此,河流两岸、深坑边缘或其他有临空自由面的地带往往地裂较为发育。也有由于砂土液化等原因使地表沉降不均而引起地裂的。

3. 土的震陷

地震时,地面的巨大沉陷称为"震陷"或"震沉"。此现象往往发生在砂性土或淤泥质土中。震陷是一种宏观现象,原因有多种:①松砂经震动后趋于密实而沉缩;②饱和砂土经震动液化后涌向四周洞穴中或从地表裂缝中逸出而引起地面变形;③淤泥质粘土经震动后,结构受到扰动而强度显著降低,产生附加沉降。振动三轴试验表明,振动加速度愈大则震陷量也愈大。为减轻震陷,只能针对不同土质采取相应的密实或加固措施。

[想一想]
地震震害现象的原因、表现特征及其防治措施。

【实践训练】

课目:判别地基土是否液化

(一)背景资料

某地基为第四纪全新世冲积层,分为5层土:表层为素填土,层厚0.8m;第二层为粉质粘土,2~2.3m时$N=12$;第三层为中密粉砂,层厚为2.3m;标准贯入试验深度2~2.3m时$N=12$,深度3~3.3m时$N=13$;第四层为中密细砂,层厚为4.3m;标准贯入试验深度5~5.3m时$N=15$;深度7~7.3m时$N=16$;第五层为硬塑粉质粘土,层厚为5.6m。地下水位埋深2.5m,位于第三层中密粉砂层中部。当地地震烈度8度,基础埋置深度1.5m,位于第三层中密粉砂层顶面。

(二)问题

试判别地基是否液化?

(三)分析与解答

(1)初步判别:

因为地基为第四纪全新世冲积层,无法判为不液化土。当地地震烈度8度,液化土特征深度对砂土为$d_0=8m$,上覆非液化土层厚度为$d_u=2.5m$,按式(11-1)、(11-2)、(11-3)判别均不满足要求,须进一步判别。

(2)标准贯入试验进一步判别:

深度2~2.3m,位于地下水位以上,为不液化土;

深度3~3.3m,$N=13$,按式(11-5)计算:

$$N_{cr}=N_0[0.9+0.1(d_s-d_w)]\sqrt{\frac{3}{\rho_c}}$$

$$=10[0.9+0.1(3.15-2.5)]\sqrt{\frac{3}{3}}=9.65<N=13$$

不会液化。

同理：深度 $5\sim5.3\text{m}$，$N=15$，$N_{cr}=11.65<N=15$，结论是不会液化。

深度 $7\sim7.3\text{m}$，$N=15$，$N_{cr}=13.65<N=16$，结论是不会液化。

综上所述，该地基土不会发生液化。

三、地基基础抗震设计原则及技术要点

1. 抗震设计原则

(1)选择有利的建筑场地

参照地震烈度区划资料结合地质调查和勘察，查明场地土质条件、地质构造和地形特征，尽量选择有利地段，避开不利地段，而不得在危险地段进行建设。实践证明，在高烈度地区往往可以找到低烈度地段作为建筑场地，反之亦然，不可不慎。

从建筑物的地震反应考虑，建筑物的自震周期应远离地层的卓越周期，以避免共振。为此，除须查明地震烈度外，尚要了解地震波的频率特性。各种建筑物的自振周期可根据理论计算或经验公式确定。地层的卓越周期可根据当地的地震记录加以判断。如经核查有发生共振的可能时，可以改变建筑物与基础的连接方式、建筑材料、结构类型和尺寸，以调整建筑物的基本周期。

(2)加强基础和上部结构的整体性

加强基础与上部结构的整体作用可采用的措施有：①对一般砖混结构的防潮层采用防水砂浆代替油毡；②在内外墙下室内地坪标高处加一道连续的闭合地梁；③上部结构采用组合柱时，柱的下端应与地梁牢固连接；④当地基土质较差时，还宜在基底配置构造钢筋。

(3)加强基础的防震性能

基础在整个建筑物中一般是刚度比较大的组成部分，又因处于建筑物的最低部位，周围还有土层的限制，因而振幅较小，故基础本身受到的震害总是较轻的。一般认为，如果地基良好，在 $7\sim8$ 度烈度下，基础本身强度可不加核算。加强基础的防震性能的目的主要是减轻上部结构的震害。措施如下：①合理加大基础的埋置深度；②正确选样基础类型。

(4)地下结构物抗震的设计措施

原则上与上部结构相同。跨度较大时，应适当增加内隔墙以增加刚度，并沿纵向每隔一定距离设置一道防震缝。

2. 天然地基和基础抗震验算要点

(1)对下列建筑可不进行天然地基及基础的抗震承载力验算

① 砌体房屋、多层内框架砖房、底层框架砖房、水塔；

② 地基主要受力层范围内不存在软弱粘性土层(指 7 度、8 度和 9 度时地基静承载力分别小于 80kPa、100kPa 和 120kPa 的土层)的一般单层厂房、单层空旷房屋和多层民用框架房屋及与其基础荷载相当的多层框架厂房；

③ 7 度和 8 度时，高度不超过 100mm 的烟囱；

④ 规范规定可不进行上部结构抗震验算的建筑。

（2）天然地基竖向承载力的抗震验算要点

验算天然地震作用下竖向承载力时，按地震作用效应标准组合的基础底面平均压力和边缘最大压力应符合(11-4)、(11-5)、(11-6)的要求。

$$p \leqslant f_{aE} \qquad (11-7)$$

$$p_{max} \leqslant 1.2 f_{ae} \qquad (11-8)$$

$$f_{ae} = \xi_a f_a \qquad (11-9)$$

式中：f_{aE}——调整后的地基抗震承载力设计值；

　　　ξ_a——地基抗震承载力调整系数（表 11-3）；

　　　f_a——深度修正后的地基承载力特征值，应按现行国家标准《建筑地基基础设计规范》（GB50007）采用；

　　　p——地震作用效应标准组合的基础底面平均压力；

　　　p_{max}——地震作用效应标准组合的基础边缘的最大压力。

表 11-3　地基土抗震承载力调整系数

岩土名称和性状	ξ_a
岩土，密实的碎石土，密实的砾、粗、中砂，$f_{ak} \geqslant 300$kPa 的粘性土和粉土	1.5
中密，稍密的碎石土，中密合稍密的砾、粗、中砂，密实和中密的细、粉砂，150kPa$\leqslant$ $f_{ak} < 300$kPa 的粘性土和粉土，坚硬黄土	1.3
稍密的细、粉砂，100kPa$\leqslant f_{ak} < 150$kPa 的粘性土和粉土，可塑黄土	1.1
淤泥，淤泥质土，松散的砂，杂填土，新近堆积黄土及流塑黄土	1.0

高宽比大于 4 的高层建筑，在地震作用下基础底面不宜出现拉应力；其他建筑，基础底面与地基之间零应力区域面积不应超过基础底面面积的 15%。

3. 桩基抗震设计技术要点

承载力竖向荷载为主的低承台桩基，当地面下无液化土层，且桩承台周围无淤泥、淤泥质土和地基承载力特征值不大于 100kPa 的填土时，下列建筑可不进行桩基抗震承载力验算。

（1）不进行桩基抗震承载力验算的建筑

① 砌体房屋；

② 7 度和 8 度时的下列建筑：

a. 一般的单层厂房和单层空旷房屋；

b. 不超过 8 层且高度在 25m 以下的一般民用框架房屋；

c. 基础荷载与(b)项相当的多层框架厂房。

（2）地基抗震验算

执行《抗震规范》相关规定。

[想一想]

　抗震的设计原则包括哪些内容?

四、地基基础抗震措施

1. 软弱粘性土地基

软粘土的承载力较低,地震引起的附加荷载与其经常承受的静荷载相比占有很大比例,往往超过了承载力的安全贮备。此外,软粘土的特点是:在反复荷载作用下,沉降量持续增加;当基底压力达到临塑荷载后,急速增加荷载将引起严重下沉和倾斜。地震对土的作用,正是快速而频繁的加荷过程,因而非常不利。因此,对软粘土地基要合理选择地基的承载力值,基底压力不宜过大,以保证留有足够的安全储备,地基的主要受力层范围内如有软弱粘性土层时,应结合具体情况综合考虑;采用桩基或各种地基处理方法、扩大基础底面积和加设地基梁、加深基础、减轻荷载、增加结构整体性和均衡对称性等。桩基是抗震的良好基础形式,但应补充说明的是,一般竖直桩抵抗地震水平荷载的能力较差,如承载力不够,可加斜桩或加深承台埋深并紧密回填;当地基为成层土时,松、密土层交界面上易于出现错动、为防止钻孔灌注桩开裂,在该处应配置构造钢筋。

2. 不均匀地基

不均匀地基包括土质明显不均、有古河道或暗沟通过及半挖半填地带。土质偏弱部分可参照上述软粘土处理原则采取抗震措施。可能出现地震滑坡及地裂部位也可参照本章滑坡防治一节采取措施。鉴于大部分地裂来源于地层错动,单靠加强基础或上部结构是难以奏效的。地裂发生与否的关键是场地四周是否存在临空面。要尽量填平不必要的残存沟渠,在明渠两侧适当设置支挡,或代以排水暗渠;尽量避免在建筑物四周开沟挖坑,以防患于未然。

3. 可液化地基

对可液化地基采取的抗液化措施应根据建筑物的重要性、地基的液化等级,结合具体情况综合确定,选择全部或部分消除液化沉陷、基础和上部结构处理等措施,或不采取措施等。

全部消除地基液化沉陷的措施有:采用底端伸入液化深度以下稳定土层的桩基或深基础,以振冲、振动加密、砂桩挤密、强夯等加密法加固(处理至液化深度下界)以及挖除全部液化土层等。

部分消除地基液化沉陷的措施应使处理后的地基液化等级为"轻微"。对单独基础与条形基础,尚不应小于基础底面下液化土特征深度和基础宽度的较大值;处理深度范围内,应挖除其液化土层或采用加密法加固,使处理后土层的标准贯入锤击数实测值大于相应的临界值。

[想一想]

地基基础的抗震措施应注意哪些问题?

减轻液化影响的基础和上部结构处理,可以综合考虑埋深选择、调整基底尺寸、减小基础偏心、加强基础的整体性和刚度(如采用连系梁、加圈梁、交叉条形基础,筏板或箱形基础等),以及减轻荷载、增强上部结构刚度和均匀对称性、合理设置沉降缝等。

本章思考与实训

1. 影响黄土湿陷性的主要因素有哪些?

2. 如何处理湿陷性黄土地基?

3. 什么是红粘土? 对红粘土地基应采取哪些措施?

4. 什么是地震震级、地震烈度以及抗震设防烈度?

5. 地基的常见危害有哪些? 判别地基土是否可能产生液化以及液化等级的步骤有哪些?

参考文献

1. 黄林青．地基与基础(第 1 版)．北京：北京工业出版社，2003

2. 顾晓鲁，钱鸿缙等．地基与基础(第 3 版)．北京：中国建筑工业出版社，2003

3. 务新超．土力学．郑州：黄河水利出版社，2003

4. 杨太生．地基与基础(第 2 版)．北京：中国建筑工业出版社，2007

5. GB/T50123—1999，土工试验方法标准．北京：中国计划出版社，1999

6. 土工试验规程，SL237—1999．北京：中国水利出版社，1999

8. 中华人民共和国国家标准．岩土工程勘察规范(GB50021—2001)．北京：中国建筑工业出版社，2001

9. 陈书申，陈晓平．土力学与地基基础(第三版)．武汉：武汉理工大学出版社，2006

10. 王雅丽．土力学与地基基础(第一版)．重庆：重庆大学出版社，2004

11. 曾庆军，梁景章．土力学与地基基础(第一版)．北京：清华大学出版社，2006

12. 马虹．土力学及地基基础自学考试指导与题解．北京：中国建材工业出版社，2002

13. 朱炳寅等．建筑地基基础设计方法及实例分析．北京：中国建筑工业出版社，2007

14. 国振喜，徐建．建筑结构与构造规定与图例．北京：中国建筑工业出版社，2003

15. 中华人民共和国行业标准．建筑基桩检测技术规范(JGJ106—2003)．北京：中国建筑工业出版社，2003

16. 中华人民共和国行业标准．建筑基桩技术规范(JGJ94—2008)．2008